ELID 鏡面研削技術
ELID 研削加工技術
基礎開発から実用ノウハウまで

大森　整 原著　黃錦鐘 編譯

台灣磨粒加工學會
全華科技圖書股份有限公司　印行

「ELID 鏡面研削技術」中文版出版之際

筆者發明 ELID 研削法是在 1987 年左右，至今已快 20 年了。其間，ELID 研削法幸蒙多位專家及客戶的支持，正式朝著實用技術方向發展至今。而且，從批量加工至最終的奈米級精度加工技術方向拓展開來。

近年來，利用 ELID 研削法對微細加工的展開、先進光學元件的開發，以及在超精密模具加工領域的 ELID 貢獻、資訊技術的適用或應用、桌上加工系統及加工量測整合系統，甚至對奈米加工技術、生物技術等都有顯著貢獻，特別對表面改質方面的發展更是令人矚目。

1998 年，筆者以 ELID 爲主要營業項目而設立新創公司。然公司活動的宗旨是爲了普及 ELID，有助於更多人及社會。ELID 法可以朝向「技術」上而進化，隨著普及到達之處的同時，更牽引著「科學」發展。

筆者認爲 ELID 技術係一種帶來技術革新的新型超精密、奈米級精密加工方法，將爲實現人類夢想，從此繼續活躍著。本發明，今後也將日日推出更新發明以及產出更多的智慧財產權。就作爲人類財產之一而言，筆者相信今後會有更多人利用一系列發明，並朝著更新的研究而邁進。

此外，ELID 法業已聯繫了各種各樣的技術領域或立場的人們。經常出現了互動式瞭解與需求配合，或領域間的合作。遠至歐美的工業界，已經認可筆者的發明，若言及不同領域的話，天文領域也有貢獻。

如此來說，筆者相信以後會有更多的同好給予支持，使 ELID 技術繼續發展下去。在此，至今爲止筆者對大森研究室、ELID 研究會、理研新創公司新世代加工系統的各位同好，全世界的各位同好，特別是台灣的各位同好對此的支持與關心，表示衷心的感謝，並謹以此作爲本書中文版的記念文。

ELID 研究會
會長　大森　整
2006 年 8 月

附錄

有關 ELID 的表揚功績：

1992 年	10 月 第 12 屆 1992 年度(社團法人)日本精密工學會技術獎
1996 年	8 月 CIRP Taylor Medal
1997 年	4 月 第 43 屆大河內記念技術獎
1999 年	6 月 平成 11 年度（1999 年）日本發明表揚經濟團體聯合會會長發明獎
2000 年	11 月 (社團法人)日本機械學會生產加工與工具機部門技術業績獎
2003 年	4 月 日本教育科學部部長獎（研究功績者）
2003 年	4 月 市村學術獎
2003 年	9 月 日本精密工學會蓮沼記念獎

「ELID 研削加工技術の全て」発刊にあたって

　私が、ELID 研削法を発明したのは 1987 年頃であったが、早くも約20 年を迎えようとしている。この間、ELID 法は、多くの同志やお客様に支えられながら、本格的な実用技術へと発展してきた。また、量産加工から、究極の精度を目指すナノ精度加工技術へと展開がなされてきた。

　近年、ELID 法による微細加工の展開、先進光学素子開発、超精密金型加工における ELID の貢献、情報技術への適用・応用、卓上加工システムや加工計測融合システム、さらにナノテクノロジー、バイオテクノロジーへの貢献、特に表面改質への発展には、目を見張るものがある。

　私が ELID を主たる事業とするベンチャー企業を設立したのが、1998 年であったが、ELID を普及させ、さらに多くの人々、社会の役に立てるべく、活動を進めてきた。ELID 法は「技術」へと進化し、普及の途に着くとともに、さらに、「科学」をも牽引するようになったと言える。

　ELID 法は、技術革新をもたらす新しい超精密・ナノ精度加工法として、人類の夢の実現のために、これからも活躍し続けるであろう。本発明は、その後も日々、新たな発明を生み、多数の知的財産を生み出している。人類の財産の一つとして、今後も、より多くの方に、一連の発明を利用していただけるように、さらなる研究に邁進する次第である。

　また ELID は、さまざまな技術分野や立場の人々をつないできた。

常に、インタラクティブなシーズ・ニーズマッチングや、分野間連携やコミュニティ形成が行われてきた。遠く欧米の業界においても私の発明をお認め戴くとともに、異分野と言えば天文分野においても貢献しようとしている。

　このように、これからも多くの同士に支えられながら、ELID は発展して行くだろう。以上、今日までの、大森研究室や ELID 研究会、理研ベンチャー・新世代加工システムの同志各位、そして世界の同志、特に台湾の同志各位の格別なるご支援に感謝し、この度の発刊の記念の辞として記す。

ELID 研究会

会長　大森　整

理事長之序

　　傳統的磨輪在研削工件一段時間，難免會發生磨輪磨粒間塞縫或平滑，甚至脫落現象，因而必須立即停機使用削正器或削銳器，以恢復磨輪形狀的正確與銳利。亦即研削完成工件表面，總是歷經多次停機、開機動作，在仍然可有效研削之前加工工件。

　　本書乃為此而開發了可在研削中利用電解作用對磨輪進行削正或削銳作業，可使磨輪經常維持銳利狀態，並針對難削材的平面、內圓、外圓及球面形狀，在既有的工具機上只需加裝簡單的供電設備，可達不同需求的表面粗度，甚至輕易獲得鏡面效果。這樣的研削方式，稱為「ELID 鏡面研削技術」，一般簡稱為「ELID」。

　　創始人大森 整博士在學生時代，即開始從事此技術的研發工作，歷經 15 年左右的苦心積慮奮鬥研究，終於達成實用化目標。本書的內容即為作者從基礎實驗至最終實用的一連串實驗過程，不藏己私，特地把此技術相關秘訣，一一公開，期望更能因此而擴展到其它領域，廣為世界各國所用。作者的氣魄與心胸，至為感人，此書謂為鏡面研削技術的「聖經」並無不可。

　　值此我國產業轉型之際，牽涉到許多精密加工領域皆需鏡面研削處理，讀了這本書，不僅可吸收此技術的精髓，亦可作為量產的參考。

　　本書的完成，係經本學會全體理監事等多人集思廣益，盡心盡力，且本著「有力出力，有錢出錢」之精神，終至出版成為中文本，希望有助於相關產業的提昇與獲益。

中華民國磨粒加工學會
理事長　陳正

譯者綴言

2005 年 3 月底時，偶然從中國砂輪公司白陽亮副董事長手中，收到一本日文書禮物，書名就是本書的名字。經一遍飛快地翻閱後，發覺簡直是一本詳細談論鏡面研削的技術書本，乃認為可以促進我國在鏡面加工上的認識，隨即利用課餘時間，歷經 3 個月整，一口氣翻譯完畢。

在 5 次校正內文之後，經中華民國磨粒加工學會多次開會確認，並由學會出版。

後來為使本書內文正確無誤，乃透過多位理監事多次奔走聯絡，首先透過學會理監事校正索引部份，接著請求本書作者大森 整博士的嫡傳弟子林偉民博士（大陸籍），予以全文對照中日文挑出可能的錯誤之處，並給予文字的潤飾與意境的完善。因此本書的出版，林博士功不可沒。林博士在百忙之中，花費了三個月的寶貴時間，鉅細無遺地精心校正，讓本書更能看出大森博士在 ELLD 鏡面研削上的一番奮鬥過程與技術上的奧妙之處。

最後仍要衷心感謝中華民國磨粒加工學會理事長陳 正博士以及全體理監事諸位的幫忙，才能在最短時間內，完成校稿事宜。對於盡心盡力奔走不辭厭煩聯絡的白陽亮監事，給予最深厚的謝意。此外，本書作者大森先生字字珠璣的出刊詞，適時遠從日本寄達，亦將有蓬蓽生輝之賀。

譯者不才，若內容有不明或不妥之處，敬請不吝賜函斧正。

黃錦鐘 拜上
2006 年 8 月 15 日

序　言

　　筆者至今投入的「鏡面研削」研究，是在利用許多素材與功能性工業材料之際，欲提供不靠研磨加工而以磨輪研削創新的劃時代加工法，來加工不可或缺的高品味表面。開發當時，連研削加工初步如何都不曉得的一個外行人，只是夜以繼日實驗，以難加工材料爲對象，繼續惡鬥苦戰。結果，因著眼以鑄鐵爲黏結材的磨輪表面所生特殊電解現象，因而提案至今所無的新式研削法，並提倡至今可實現各種硬質脆性材料的鏡面加工「ELID」法。

　　所謂的「ELID」，係由「電解線上削銳」的英文名詞「Electrolytic In-process Dressing」中，取 EL.I.D 的 4 個字母造出的簡稱。而且，凡利用 ELID 法的研削加工，統稱爲「ELID 研削法」。

　　ELID 研削法正式作爲加工技術建構之際，幸蒙諸位專家、前輩，以及一同參予持續實驗的許多企業技術人員的幫忙，同時在開始從事與研究時的技術需求或背景，也是幸運之神眷顧。在面臨半導體裝置或光學元件的開發競爭激烈時代，常需針對素材與表面、形狀的需求而持續進行研究。

　　其中，ELID 研削法的研究開發已通過了幾個重大的轉機。第一個是在 1991 年成立 ELID 研削研討會，與會員企業各家進一步進行展開的研究；第二個是在 1993~1994 年間，更進一步著眼超精密、高平滑的 ELID 研削，正式開始朝超精密加工系統的研究開發。而第三個，則由 1997 年開始展開微加工的應用研究。此外，1998 年把 ELID 研削技術事業化而成立新創企業：新世代加工系統公司。近年來，ELID 研削系統的量測與控制的研究也著手進行。其間，與國內的許多專家深交，同時包含經由 ELID 團隊而自力的多位研修生在內諸位支援，使得本技術得以普及。與實用化並行，國內外有關專利業已取得（有關資訊，請參考 ELID

研究會網頁 http://www.elid.org/）。

　　本書正面臨總括技術確立時期，實用化正開始讓人看到 ELID 研削技術進展之際，筆者將沿著至今進展的基礎開發研究，以至加工原理、適用技術，以及實用技術與秘訣的建構之研究流程，試圖予以解說。在整理本書期間，亦讓人見識到 ELID 實用化技術更進一步推展擴大。然而無論如何地實用，本書都是從 ELID 法原理發明至實用過程予以解說唯一的技術書本，對將來使用者諸兄，亦將提供諸多的資訊與啟示。

　　最後，本書之所以能夠刊行之前，藉此篇幅，衷心感謝幫忙與指導甚大的諸位專家、多位共同研究者以及工業調查會的各位先生小姐。

2000 年 5 月
大森　整

目 錄

開發篇

　　從 ELID 研削法的發明至開發實用之前，係歷經爲數不少的基礎實驗或預備實驗，以及試作、改良的過程。本篇針對矽、鐵氧體、陶瓷、玻璃等的硬脆材料，敘述如何尋找其鏡面研削效果的經緯，並提示基礎加工數據。

◎ 研究的背景

筆者時在 1986 年，正就讀東京大學研究所之際，開始進行研削加工的研究，當時正逢有許多研究者莫不認爲所謂「鏡面研削」之詞，感到強烈抵抗的時代。可是從那時以來，經過多年後，超越「鏡面研削」而出現「超精密研削」這樣響亮名詞，卻無什麼特別奇怪的。但在長久的研削加工歷史中，磨粒加工高度化對工業界愈見需求高漲，現已被認知是一種這麼重要且劃時代的加工技術，不過在許多生產現場當中讓人尚無迫切需要。就具有脆性的許多功能性材料而言，「精密研削」尚處於無法定位於「高品位加工」之中的時代，面對「磨輪研削如何磨出鏡面」的難題，而且又要達成特別難以採用鑄鐵纖維黏結磨輪如此高強度金屬黏結磨輪至鏡面研削環境下，回顧當時，與其認爲年輕果敢挑戰，不如說是有勇無謀的挑戰。

在這種有如處於懸崖狀況產生的「ELID」法，現今已逃脫以「鏡面研削」爲手段的範疇，而往高品位除去加工統一的概念，開始獨自發展。雖認爲有親生父母之喜，但在原理上開發當時，受限於不完備裝置形態或粗糙加工條件，總有不安定因素存在，然後續經過許多實驗過程的飛躍進展，「ELID」以擔任超精密研削一翼，繼續往進化與擴大之道進行。

支撐現代科技產業的電子材料、光學材料、磁性材料等之中，有很多是由硬脆材料組成的各種功能材料等之中，有很多是由硬脆性材料所組成的各種功能材料，加上年年用途增多的陶瓷、複合材料之類新素材、尖端材料，又有以延性材料爲主的常用結構材料等等，面對多元化工業材料現況，ELID 研削法作爲有效率實現加工表面粗度、加工精度、加工品質等主要性能的新式研削加工技術，就工業界來說，筆者認爲已開始認識確可達成的角色。

◎ 開發的過程

4

　　鑄鐵黏性磨輪[1]是開啓鑄鐵燒結技術開啓之端，係透過鑄鐵粉及羰基鐵粉形成鑽石磨粒燒結技術的開發而獲得傳統以來所無的高強度金屬黏性磨輪。一般認爲對陶瓷、超硬合金等材料的精磨，有其效果，且研究也持續進行著[2]，不過其應用技術的主流，朝向具有高剛性、高馬力的切削中心(MC)高效率研削上[3]，之後在基地內採用鑄鐵纖維，以增加韌性的鑄鐵纖維黏結磨輪[4]問世，這種研究的趨向才加快前進。

　　在這種狀況中，筆者的電解削銳或 ELID 研削法的研究，乃採用鑄鐵纖維黏結鑽石磨輪對單晶矽晶圓鏡面研削法開發研究，才正式開始。此項研究的第一篇[5]係針對#600 所謂較粗磨輪表面，施以機械削正，報告了有關鑽石磨粒前端平滑化改善矽晶圓研削面的調查報告；接著的第二篇[6]更進一步針對精加工面粗度的改善，報告了在鑄鐵纖維黏結鑽石磨輪，混合氧化鋁游離磨粒的研削加工法(「磨漿研削」：**相片 A**)試驗結果。這些報告，雖已確認各自精磨的複合效果，但仍無法達到所謂「鏡面」表面粗度 0.1S 的境界。此外，未見確立削銳方法之下，議論削正法的第一篇中，回顧當時，深覺時間尚早。

　　期間，就後述基礎實驗，於鑄鐵纖維黏結磨輪與工件的矽晶圓之間，附加電加工原理的「放電複合研削法」(**圖 A，相片 B**)試驗[7][8]，終於捕捉住根據電作用的鑄鐵纖維黏結鑽石表面狀態變化。此處所稱的「放電複合研削」，與一般「放電研削」不同的地方，在於本研究設定「磨輪側爲陽極而工件側爲陰極」之點。就一般放電研削而言，因作爲加工對象的工件設定陽極是普通常識。

相片 A 磨漿研削的樣子

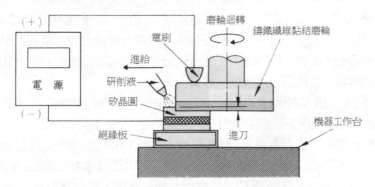

圖A 鑄鐵纖維黏結磨輪對矽晶圓的
放電複合研削法原理

相片B 放電複合研削的樣子

　　經歷這些經驗，就上述磨漿研削實驗裝置而言，以維持、供應研削液與磨漿為目的所設計的水槽，在水中進行上述放電複合研削，發現了電的複合效果。由此切入，一直到開發成功 ELID 研削初期形態的水槽式電解削銳法[9)-12)](初期報告以「電解研削」、「電解複合研削」等名詞表現如**圖B**所示)為止。

　　接著，當時也有其它研究團隊也在進行金屬黏結磨輪的放電削正相關的研究[13)]，筆者模仿其放電形態，進行削正實驗的時候，由於電極形

狀、相對接觸面積等不同，實際上並無發現引起放電的電弧現象，只重複磨輪表面顏色隨時間變化下去的電解現象而已，是接近現在 ELID 研削法形態進行的這一段始末。有時偶然遇到適合磨輪材質、電解波形、研削液等因素組合，獲得傳統技術所無特殊電解削銳的效果。等到完全明白的時候，大約是這以後很久的事。

另外，雖未在學會上報告，不過在這些電解削銳形態的過渡期，亦曾試驗過，陰極不設在工件而在別處設置(因為工件或機器都絕緣)，亦即把海綿貼於陰極表面上，磨輪面與工件加工相互在海綿表面上通過之際，以研削液浸入的海綿為媒介，供給電解電流這種複雜細密的海綿電極式電解複合之方法(**圖 C**)。包含這些總結在內，可在**圖 D** 所示研究歷程上知道，其後又經過多少過程，複合的形態洗練不少，致使「ELID 研削法」接近完成階段。以下，就由放電複合的電削銳作用發現這個的階段開始解說。

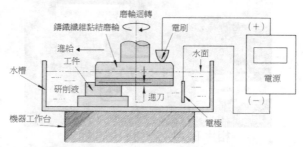

圖 B 鑄鐵纖維黏結磨輪在水槽內電解複合研削法的原理

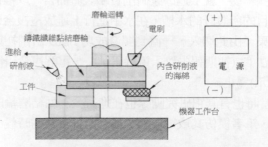

圖 C 以海綿為媒介的電解複合研削方式

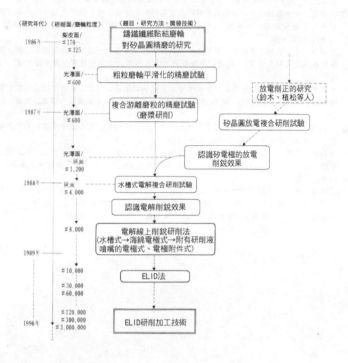

1） Y. Hagiuda, K. Karikomi and T. Nakagawa：Manufacturing of a Sintered Cast Iron Lapping Plate with Fixed Abrasives and Its Abilities, CIRP Annals 1981 Manufacturing Technology, 30, 1,(1981) 227~231.

2） 刈込勝比古，萩生田善明，吉岡潤一，中川威雄：鋳鉄ボンドダイヤモンド砥石の製作とファインセラミックスおよび超硬合金の研削，昭和57年度精機学会秋季大会学術講演講演論文集，(1983) 253~255.

3） 例えば，鈴木清，植松哲太郎，中川威雄：マシニングセンタによる硬脆材料の研削，昭和60年度精機学会春季大会学術講演会講演論文集，(1985) 809~812.

4） 中川威雄，木村正夫，鈴木清：研削ファイバをマトリックスとするダイヤモンド砥石の製造，昭和61年度精密工学会秋季大会学術講演会講演論文集，(1986) 633~636.

5） 大森整，中川威雄：鋳鉄ボンドダイヤモンド砥石によるシリコンの研削加工（第1報），昭和61年度精密工学会秋季大会学術講演会講演論文集，(1986) 35~38.

6） 大森整，中川威雄：鋳鉄ボンドダイヤモンド砥石によるシリコンの研削加工（第2報：アルミナ懸濁液使用による効果），昭和62年度精密工学会春季大会学術講演会講演論文集，(1987) 635~636.

7） 鈴木清，植松哲太郎，大森整，中川威雄：カップ砥石による放電研削によるシリコンの表

8

面仕上げ，昭和62年度精密工学会春季大会学術講演会講演論文集，(1987) 45〜46.

8) 大森整，中川威雄：カップ砥石を用いた放電研削によるシリコンの表面仕上（第2報：ロータリ平面研削盤への適用），昭和62年度精密工学会秋季大会学術講演会講演論文集，(1987) 689〜690.

9) 大森整，中川威雄：鋳鉄ボンドダイヤモンド砥石によるシリコンの研削加工（第3報：電解研削による複合効果），昭和62年度精密工学会秋季大会学術講演会講演論文集，(1987) 687〜688.

10) 大森整，中川威雄：鋳鉄ボンドダイヤモンド砥石によるシリコンの研削加工（第4報：超微粒砥石による鏡面研削），昭和63年度精密工学会春季大会学術講演会講演論文集，(1988) 521〜522.

11) 大森整，中川威雄：鏡面研削によるフェライトの仕上加工，昭和63年度精密工学会春季大会学術講演会講演論文集，(1988) 519〜520.

12) 大森整，成田俊宏，中川威雄：固定砥粒複合ラッピングによる仕上げ加工（第1報：電解複合によるシリコンの鏡面仕上），昭和63年度精密工学会春季大会学術講演会講演論文集，(1988) 589.

13) 鈴木清，植松哲太郎，柳瀬辰仁，大平研五，中川威雄：マシニングセンタによる硬脆材料の研削加工（第6報：放電加工を利用した機上ドレッシング／ツルーイングの試み），昭和61年度精密工学会秋季大会学術講演会講演論文集，(1986) 687〜690.

第1章　發現放電複合削銳的效果

1.1 實驗系統

表1顯示電解削銳法前身的放電複合研削基礎實驗系統規格。本系統大概可由①研削加工機，②電源裝置，③研削磨輪及④工件等所組成。以下，針對組成實驗系統的各部分，予以說明。

表1 放電複合研削實驗系統規格

研削機器	立式精密迴轉式平面磨床：RGS-60(實驗機)〔不二越公司〕，裝置(+)電極供電電刷、(−)電極耦合、絕緣板等機構
研削磨輪	鑄鐵纖維黏結磨輪(直徑 200 mm×W5 mm)＃1200〔平均磨粒直徑約 11.6 μm〕，集中度 75〔新東工業公司〕
電源裝置	線切割放電用電源:MGN-15W〔牧野銑床製作所〕
工件	矽:φ4″厚切割晶圓(電阻係數為 12.03Ω・cm)〔信越半導體公司〕
其它	研削液:Noritake cool AFG-M，50 倍稀釋(抵抗係數為 $0.24×10^4$ Ω・cm程度)〔Noritake 公司〕 工具、削銳器:WA 磨棒(＃80 及＃400)〔Mart 公司〕 量具:表面粗度儀 Surf test 401 記錄器〔三豐公司〕

相片 1.1 適用立式迴轉式平面磨床外觀　　**相片 1.2** 採用鑄鐵纖維黏結磨輪外觀

(1) 研削加工機

使用的加工機是立式精密迴轉式平面磨床: RGS-60(實驗機) (**相片 1.1**)，而此磨床主軸、工作台轉軸皆採用可調溫的油靜壓軸承，擁有綜合剛性高的獨特結構。此外，因爲研削液從磨輪主軸中心排出，故可期待充分的冷卻效果。本磨床上爲遂行放電複合研削的基礎實驗，安裝供電電刷、對工件絕緣或對工件安裝電極等等方面做了一些改良。

(2) 研削磨輪

所使用的磨輪爲鑄鐵纖維黏結鑽石磨輪(以後簡稱「CIFB-D 磨輪」)，而所採用的迴轉式平面磨輪，則如**相片 1.2** 所示，直徑爲 $\phi 200$ mm，刃寬爲 5 mm的盆狀，係爲了改善精磨加工面粗度，乃選用 # 1200(集中度 75)的這樣細粒度。此處雖然無詳述，不過 CIFB-D 磨輪的結合強度儘管爲細粒度，但確具充分強度。

(3) 電源裝置

爲複合放電需要所用電源裝置，乃選用已有的線切割放電加工機專用直流脈衝電源: MGN-15W(**相片 1.3**)。本電源裝置的電壓波形屬矩形波，加上外加電壓 Eo、最大電流值 Ip、脈衝寬(放電時間 τ_{on}、

休止時間 τ_{off})等的條件,具有在輸出的電容器電路上能並聯聯接的特徵。

相片 1.3 採用放電加工用
電源裝置外觀

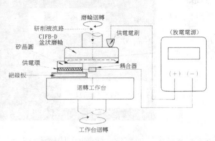

圖 1.1 迴轉式平面磨床上的
放電複合研削法示意法

(4) 工件及研削液

工件是選用 $\phi 4''$ 單晶矽晶圓。工件厚因需考量纏繞電極,故選用 3 mm左右的厚切晶圓。工件以丙烯基(acryl)板,從機器本體予以絕緣。此外,研削液使用一般的水溶性研削液:AFG-M。

1.2 放電複合研削實驗方法

首先,研削固定在工作台上的＃80 及 400WA 磨棒,接著進行 CIFB-D 磨輪的削正及機械式削銳。其次,矽晶圓以試料板為媒介,固定於工作台上,然後在各種研削條件(磨輪圓周速度 υ、進給速度 f、進刀深 d 等為變數)及放電條件之下,進行實驗。**圖 1.1** 顯示迴轉式磨床施予放電複合研削法的示意圖。磨輪側於外周抵住電刷,作為供電用,當作陽極,而在矽晶圓側,先於晶圓外周捲上銅線,並以工作台迴轉中心

的耦合器為媒介供電,並當作陰極(**相片 1.4**)。工件的絕緣,如後述相片所示,透過丙烯基板,並於試料板與工作台之間施行。此外,作為工件的矽晶圓前加工,係以＃600 CIFB-D 磨輪粗磨。研削表面粗度乃以基準長 2.5 mm量測及評價。

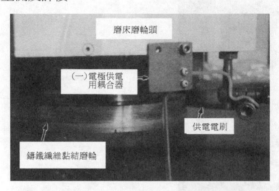

(a) 接觸盆狀磨輪外周的供電電刷樣子

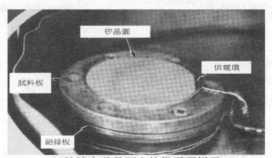

(b)捲繞在矽晶圓上的供電環樣子
相片 1.4 磨輪及工件供電方法

1.3 放電複合研削實驗結果

(1) 一般研削特性

首先,就迴轉式平面磨床而言,調查矽晶圓一般研削特性、CIFB-D 磨輪一經 WA 磨棒削銳後,不進行放電,即馬上加工。就進給速率 f 為

44、107、202 及 359 mm/min 的 4 種情況，如**圖 1.2** 所示，變化研削次數後所生的加工表面粗度結果。隨研削次數增加的同時，f 爲 107mm/min 時有少許改善，而 f 爲 44 mm/min 時，則有相當研削表面粗度的降低。這是公認在一般研削中，因 CIFB-D 磨輪施行機械式削銳結果導致。其它的條件，大致上在一般研削上，不會獲得光澤面，只出現梨皮面而已。

(2) 外加電壓的影響

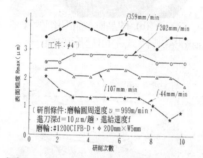

圖 1.2　#1200 CIFB-D 磨輪
　　　　的一般研削特性

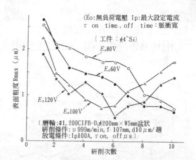

圖 1.3　外加電壓的影響

其次，使用經 WA 磨棒削銳完後的 CIFB-D 磨輪，調查外加電壓對放電複合研削面粗度的影響。外加電壓 E_o 變化爲 60V、80 V、100 V 及 120V 的 4 種情況，如**圖 1.3** 所示，即爲研削次數對放電複合研削面粗度的變化調查結果。在電壓爲 60V 及 80V 情況下，隨研削次數增加的同時，研削面粗度逐漸改善，但在 100V 與 120V 的情況，表面粗度會在研削 5、6 次之前降低，這以後則顯示惡化的傾向。這是一般認爲放電過強，導致電能量集中而影響到工件表面，而且磨輪表面只要出現任何狀態的變化，就會使加工表面惡化。**相片 1.5** 顯示放電複合研削後的矽晶圓與迴轉式平面磨床的樣子。

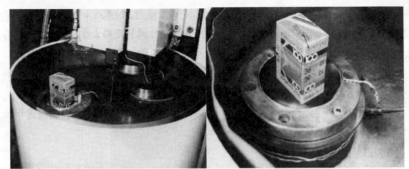

(a) 加工後的實驗裝置樣子　　　　　　　(b) 矽晶圓鏡面研削的樣子

相片 1.5 放電複合研削後的矽晶圓與迴轉式平面磨床的樣子

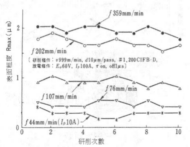

圖 1.4 放電複合研削特性

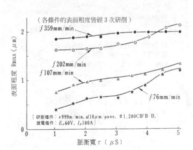

圖 1.5 電壓頻率與表面粗度的

(3) 放電複合研削特性

　　接著，調查放電複合研削特性。由上述結果來看，經外加電壓 60V 施予 10 次放電複合研削後的 CIFB-D 磨輪，一般認爲可擁有最好的表面狀態，因此此狀態的磨輪，以後就稱爲「放電削銳後」。**圖 1.4** 即使用放電削銳後的磨輪，調查研削次數對放電複合研削面粗度的變化。與**圖 1.2** 及**圖 1.3** 比較，放電複合的 CIFB-D 磨輪削銳效果大，即便以高速進給 f=359mm/min 研削，亦能持續良好的研削面，而可知低速進給 f=44mm/min，亦可實現 0.1~0.2 μm Rmax 程度的鏡面形貌。

(4) 電壓頻率的影響

　　緊接著，調查電壓頻率對放電複合研削面的影響。供給電壓的頻率係由脈衝寬 τ_{on}(on time)與 τ_{off}(off time)設定。先定 $\tau = \tau_{on} = \tau_{off}$，而 τ 值在 1~5 μs 之間變化，施予放電複合研削。使用放電削銳後的磨輪，τ 與放電複合研削面粗度的關係，如**圖 1.5** 所示。不管任何情況，隨著 τ 的增大(但頻率降低)，研削面粗度趨於惡化狀態。而表面粗度惡化的程度，隨著進給速度的下降，反而增大，不過進給速度在 359mm/min 的情況，只有少許惡化。這是因為 τ 愈大，愈容易引起放電，使得在低速進給情況下，放電集中過度，恐對研削表面有燒焦之虞，而在高速進給情況，則顯現進給速度的影響。

(5) 進給速度與表面粗度的關係

　　最後調查進給速度與表面粗度的關係。**圖 1.6** 顯示事先只施行 WA 磨棒削銳的 CIFB 磨輪，與再經放電削銳的 CIFB-D 磨輪，個別進行一般研削及放電複合研削的結果。不管任何進給速度，兩者之間都有 1.0~1.5 μm 的大差距存在。例如在獲得 1.5 μmRmax 研削表面情況，可知放電複合研削是一般研削的 4 倍效率左右。

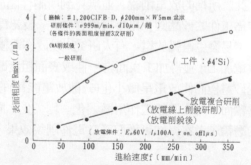

圖 1.6 進給速度與表面粗度的關係

1.4 實驗結果的考察

　　透過本實驗獲得①於迴轉式平面磨床上，使用 CIFB-D 盆狀磨輪的放電複合研削，其加工表面粗度確較一般研削有改善空間，而在②放電

複合研削經一定時間後，可持續良好的加工表面粗度等的結果來看，可知電性削銳效果(此處稱為「放電削銳」)確有作用。最後，再以 #1200CIFB-D 磨輪，進行放電複合研削單晶矽晶圓，找出可實現如**相片 1.6** 所示 0.1~0.2 μ m Rmax 良好研削表面的條件。

相片 1.6 放電複合研削與一般研削對矽晶圓加工表面的比較
(左:放電複合研削,右:一般研削)

　　另外，此處所稱的放電削銳，並無見到所謂伴隨放電的火花現象。這是因為作為工件的矽晶圓正是半導體材料，一般認為摻雜效應導致導電性降低，不易發生電弧放電。有人研究 [1] 以矽作電極材料而進行大面積工件的放電加工，獲得加工表面均一性或表面粗度改善等的效果。這是因為透過矽電極而使放電呈微小化(分散放電能量)的結果。藉這種性質，針對磨輪面，可促使放電作用微弱化、均一化，同時面對#1200 如此細粒度的磨輪，考察得知可獲取適當電性削銳效果。

參考文獻

1 ）毛利尚武, 齋藤長男, 大竹廣定, 高鷲民生, 小林和彦：大面積仕上放電加工の研究, 精密機械, 53, 1 (1987) 124~130.

第2章　電解線上削銳研削法的基礎開發

2.1 基礎實驗系統

　　表 2.1 顯示整理電解削銳法基礎開發所用的實驗系統規格。本系統組成雖與放電複合研削情況同樣，但因在液中進行電解，故於迴轉式平面磨床上設置裝滿了研削液的水槽，並在水槽內，設置電極，予以通電的裝置，以進行實驗。此實驗裝置，在後來與現今形態的 ELID 研削法開發有關係。以下，就組成實驗系統的各部分，予以說明。

表 2.1 電解複合研削實驗系統規格

研削機器	立式精密迴轉式平面磨床：RGS-60(實驗機)〔不二越公司〕 內裝置水槽、(＋)電極供電電刷、(－)電極(銅線、銅板)等多項
研削磨輪	鑄鐵纖維黏結鑽石磨輪(φ200mm×W5mm) #4000〔平均磨粒直徑約 4.06μm〕，集中度 50； #8000〔同上約 1.76μm〕，集中度 50〔新東工業公司〕
電源裝置	線切割放電用電源：MGN-15W〔牧野銑床製作所〕
工件	矽：φ4″厚切晶圓(抵抗係數 12.03Ω・cm)〔信越半導體公司〕 Mn-Zn 鐵氧體(1.0Ω・cm)〔住友特殊金屬公司〕
其它	研削液：Noritake cool AFG-M，50 倍稀釋(抵抗係數 0.24×10⁴ 　　Ω・cm 程度)〔Noritake 公司〕 削銳器：WA 磨棒(#80 及#400)〔Mart 公司〕 量具：表面粗度儀 Surf test 401 記錄器〔三豐公司〕

(1) 研削加工機

　　本實驗所用的研削加工機是立式精密迴轉式平面磨床：RGS-60(實驗機)。本磨床的磨輪主軸、工作台迴轉軸皆用油靜壓軸承，而且因實驗機剛性高，故可得到充分加工精度的基礎數據。此外，研削液設計從磨輪中心排出，所以一般認為連通常研削作業上常見磨輪塞縫的防止效果不錯。本裝置為進行電解，因而如**相片 2.1** 所示，加裝了維持研削液的水槽、磨輪供電的電刷等裝備，以進行實驗。

相片 2.1 迴轉式平面磨床進行電解複合研削中模樣

(2) 電解電源

　　產生電解作用的電源裝置，選用線切割放電加工機用電源：

相片 2.2 電解中的電源裝置控制面板

MGN-15W(**相片 2.2**)。本電源裝置的電壓波形屬矩形波，可設定外加電壓 Eo、最大電流 Ip、頻率(on time τ_{on}、off time τ_{off})等條件，以進行電解條件設定與調整。

(3) 研削磨輪

　　迴轉式平面磨床所用的磨輪，係盆狀鑄鐵纖維黏結鑽石磨輪(CIFB-D 磨輪：直徑 ϕ 200mm，刃寬 W5mm，粒度#4000，集中度 50，而#8000，集中度 50)。上述已確認了矽晶圓精磨電性削銳作用的放電複合研削基礎實驗上，採用#1200 的磨輪粒度，可得良好加工表面，但為追求研削表面粗度接近鏡面狀態，本實驗採行#4000(平均磨粒直徑約 4.06 μ m)及#8000(平均磨粒直徑約 1.76 μ m)如此相當細粒度的磨輪(「微粒磨輪」或「微細磨粒磨輪」)，以進行實驗。此處雖無詳述，但粒度儘管微粒，但 CIFB-D 磨輪的強度仍然充分。

(4) 研削液

　　研削液採用一般水溶性研削液：Noritake cool AFG-M，予以 50 倍稀釋，不作任何與電解液特別混合使用，所以不用擔心一般所謂機器的腐蝕問題。

2.2 實驗方法

　　圖 2.1 顯示迴轉式平面磨床的電解複合研削加工法示意圖。工件係以蠟接著在試料板之後，被固定在迴轉工作台上的水槽內，並以浸沒在研削液中的狀態加工、工件採用矽晶圓(ϕ 4″ xt0.6~3mm)及鐵氧體塊(37 x11xt6mm)。(＋)電極接觸磨輪外周的磷青銅製電刷，而(－)電極，則以設置在注滿水槽內研削液的銅線或銅板充當。亦即磨輪與(－)電極之間，以研削液為媒介，使其經常發生電解現象，進行通電。實驗前，先以 WA 磨棒(#80 及#400)研削，再以機械式削正/削銳 CIFB-D 磨輪。之後，變化電解條件、研削條件，進行一般研削及電解複研削實驗。工件的粗磨(前加工)，先以#600 及#1200CIFB-D 磨輪施行，以供實驗用。此

外，研削表面粗度係以基準長 2.5mm 量測。

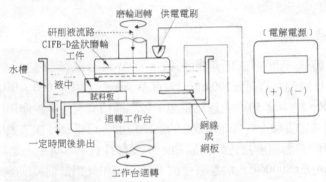

圖 2.1　迴轉式平面磨床上的電解複合研削法示意圖

2.3 矽晶圓的鏡面研削實驗

(1) 一般研削特性

　　首先調查在迴轉式磨床的晶圓一般研削特性。使用的#4000CIFB-D 磨輪，是先以 WA 磨棒削銳後馬上研削。**圖 2.2** 顯示研削次數對研削表

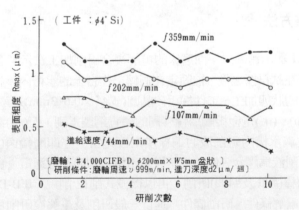

圖 2.2 #4000CIFB-D 磨輪的一般研削特性

面粗度的變化。由圖來看，進給速度 f=44mm/min 條件下，隨著研削次數的增加而有些許表面粗度的改善。有關此現象，雖無詳細解析，恐係研削加工所生切屑與 CIFB-D 磨輪表面黏結材之間磨擦、磨耗現象，而使磨輪進行機械式的削銳緣故。若是微粒磨輪的情況，爲使磨粒凸出所需削銳的量少些即可的話，那麼以極端不生塞縫的工件時，加工導致機械式削銳作用一般認爲較易出現。其次，若以 f=107mm/min 以上進給速度情況，研削次數的增加會使表面粗度改善的現象，幾無發現。

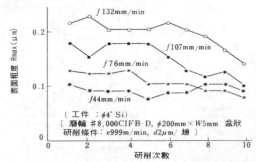

圖 2.3 微細粒 CIFB-D 磨輪的一般研削特性

另一方面，**圖 2.3** 顯示使用#8000CIFB-D 磨輪，調查其一般研削特性的結果。與#4000 同樣，可見到係經研削中機械式削銳作用而使研削表面粗度改善。#8000CIFB-D 磨輪方面，進給速度影響很小，若在進給 f=44~107mm/min 之間，那麼表面粗度可說幾無差異。但在 f=44mm/min 時，一般研削雖也可獲得 0.1 μ mRmax 的鏡面狀態，然而一般研削存有穩定性問題，只要提高進給速度，表面粗度即變動很大。

(2) 電解削銳的效果

其次，經 WA 削銳完後馬上使用 CIFB-D 磨輪，以進行實驗。若定進給速度一定而變化最大電流 Ip 分別爲 100A、120A、140A 及 160A 的四種情況，調查研削次數對電解複合研削表面粗度的變化，可如**圖 2.4** 所示。任何的情況，隨著研削次數的增加，皆會改善加工表面粗度，而在 Ip=140A 與 160A 的情況，只要研削次數在 7 次以上，即可達到 0.1~0.2

μ m Rmax。一般認為這是因電解作用而使 CIFB-D 磨輪進行削銳動作。特別是 Ip=160A 的情況，其在研削 1 次及 4 次時的研削表面粗度形態，分別顯示在**圖 2.4** 中的(a)、(b)。**相片 2.3** 顯示電解複合研削後矽晶圓及迴轉式磨床的模樣。誠如相片所示，透過所用#4000CIFB-D 磨輪的電解複合研削作用，可知獲得至今所無優異的鏡面狀態。

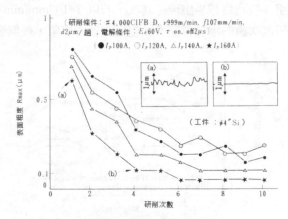

圖 2.4 電解削銳效果

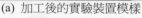

(a) 加工後的實驗裝置模樣　　　(b) 經鏡面研削後的矽晶圓模樣
相片 2.3 電解複合研削後的矽晶圓及加工機的模樣

接著，調查#8000CIFB-D 磨輪對電解削銳效果，進行與#4000 同樣的電解複合研削實驗。首先，進給速度設定為一定值，改變最大設定電流 Ip，經調查電解削銳效果，可得如**圖 2.5** 所示結果。在#4000CIFB-D

磨輪方面，Ip 愈大，電解削銳效果愈大；而在#8000CIFB-D 磨輪方面，Ip 若較低者(Ip=10A：使用電源的最低設定電流)呈穩定狀，持續維持鏡面研削(0.04μm Rmax)狀態。當 f=107mm/min 時，一旦設定 Ip=50A 以上，電解作用太強，恐使磨粒脫落，而隨研削次數的增加，呈惡化傾向。然而儘管設定 Ip=50A 時，即使提高至 f=132mm/min 情況，磨粒不生脫落現象，鏡面研削穩定，可持續進行。由以上可知，#8000CIFB-D 磨輪方面，必需設定穩定的電解削銳條件，來避免電解作用的集中。

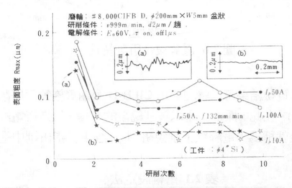

圖 2.5 電解削銳的效果

(3) 電解複合研削的特性

　　由上述結果可知，設定電解條件 Ip=160A 經 10 次電解複合研削後的#4000CIFB-D 磨輪狀態，稱為「電解削銳後」。透過此磨輪面狀態，當作電解複合研削特性，調查加工表面粗度，可得**圖 2.6** 之結果。與一般研削特性比較，藉電解作用的 CIFB-D 磨輪削銳效果較大，即使提高到 f=359mm/min，亦可持續維持 0.4μm Rmax 的研削面，而在低速進給 f=44mm/min，亦可實現 0.06~0.08μm Rmax 的鏡面。此外，使用電解削銳後的 CIFB-D 磨輪進行電解複合研削時，儘管以後降低設定電流，仍可持續維持研削表面粗度。

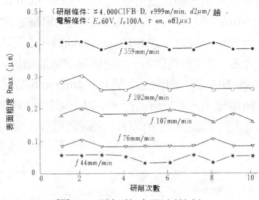

圖 2.6 電解複合研削特性

　　由此基礎實驗結果可以整理使用 CIFB-D 磨輪實施鏡面研削的磨輪設定法(**表 2.1**)。在此，採用上述電解削銳後的磨輪，以進行電解複合研削之事，以後就稱爲「電解線上削銳研削」。線上係指研削中進行電解作用之意。

表 2.1 磨輪設定法

順序	法名	電解條件	對磨輪面效果
1	削正	—	磨輪面平滑化
2	電解削銳	強	磨粒適當凸出
3	電解線上削銳	弱	除去切屑與維持磨粒凸出

(4) 清磨的效果

　　此實驗係邊複合電解，邊測試無研削火花(spark out)加工。起初先以 f=107mm/min 施行電解複合研削的加工表面，重複出現無火花研削(稱爲清磨)現象。**圖 2.7** 顯示清磨次數的表面粗度變化。由圖可知，研削時進刀深度 d 愈深，無研磨火花時的表面粗度明顯改善。這是一般認爲初期進刀深度較深情況，研削殘留量愈大，清磨導致加工表面也跟著顯著改善。取進刀深度 d=2μm 時，順便記入 1 次及 4 次清磨時的表面

粗度形態。

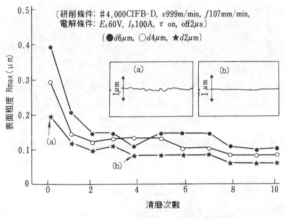

圖 2.7 無研削火花的效果

(5) 進給速度與表面粗度的關係

　　透過#4000 及#8000CIFB-D 磨輪，來調查進給速度與表面粗度的關係。**圖 2.8** 及**圖 2.9** 分別顯示只施行 WA 磨棒削銳的 CIFB-D 磨輪，與再附加電解削銳的 CIFB-D 磨輪，個別進行一般研削、電解線上削銳研削的結果。**圖 2.8** 是使用#4000 的情況，而**圖 2.9** 則選用#8000 的情況。就前者而言，一般研削與電解複合研削之間的表面粗度，可見到 0.4~0.7 μm 的差距。例如在獲得 0.5 μmRmax 加工面場合，可知其電解複合研削是一般研削的 5~6 倍效率，不易受進給速度的影響。另一方面，在 #8000CIFB-D 磨輪方面，猶如#4000 情況，不受進給速度影響，即便在一般研削進行 f=44mm/min 與 f=198mm/min 之下，兩者最多只有 0.18 μmRmax 的差距。然而就電解複合研削來說，可知其差距可降至大約 1/3 程度的 0.06 μmRmax。

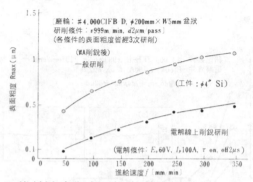

圖 2.8 進給速度與表面粗度的關係(使用#4000 的情況)

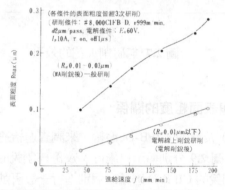

圖 2.9 進給速度與表面粗度的關係(使用#8000 的情況)

　　由此,特以微細磨粒 CIFB-D 磨輪來施行電解線上削銳研削的話,是可以期待進給速度的影響至極小境地。

(6) 磨輪粒度的影響

　　為調查 CIFB-D 磨輪粒度的影響,變化#1200、#4000 及#8000 磨輪三種粒度而進行電解線上削銳結果,可如**圖 2.10** 所示。但電解條件等,可因應粒度來設定。

電解線上削銳研削方面，是採用#8000CIFB-D 磨輪，穩定可獲得鏡面這一點而言，已確認極高效果(f=107mm/min 時，可得 0.05 μ m Rmax 程度)。另一方面，#4000CIFB-D 磨輪則在 f=107mm/min 時，可得 0.20 μ m Rmax 程度，是#8000 情況的 4 倍左右表面粗度。此外，#1200CIFB-D 磨輪在 f＝76mm/min 時，則有 0.50 μ m Rmax 大小，而在 f=107mm/min 時，會有 0.8 μ m Rmax 的結果。亦即進給速度愈大，磨輪粒度的影響愈加顯著。

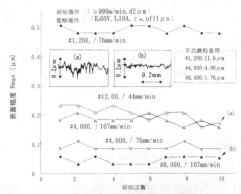

圖 2.10 磨輪粒度的影響

(7) 微細磨粒的效果

為 確 認 #8000CIFB-D 磨 輪 微 細 磨 粒 是 否 有 效 果，乃作對照實驗，選用 與本磨輪同一規格的鑄鐵 纖維黏結(只有黏結材存在 而無磨粒：**相片 2.4**)，以進 行研削試驗。**圖 2.11** 顯示 其加工特性，而**相片 2.5(a)** 為加工表面形貌。畢竟只

相片 2.4 為比較而試作無磨粒的鑄鐵纖維黏結

有鑄鐵纖維黏結,儘管施行電解線上削銳研削,仍得梨子皮表面,而且
加工條件是否影響也不明確,畢竟由此#8000CIFB-D 磨輪的微細鑽石磨
粒導致的鏡面研削效果是肯定的。

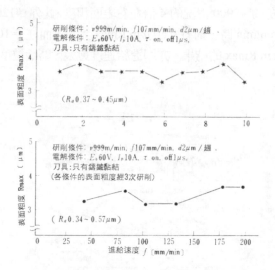

圖 2.11 只有鑄鐵纖維黏結的研削特性(賦予電解)

(a) 只有鑄鐵纖維黏結的加工面   (b) #8000CIFB-D 磨輪的加工面

相片 2.5 微細鑽石磨粒的效果

(8) 精加工面形貌與鏡面研削效果

　　#8000CIFB-D 磨輪的研削面，由於是微細磨粒，一般研削也難以發生大的脆性破壞，而由電解線上削銳所得鏡面形狀，可知是因微細塑性流動而形成高品位研削加工表面(**相片 2.5**(b))。這是一般認為電解導致微細磨粒凸出效果、有效磨粒增加、切屑除去效果等相乘作用而致的。**相片 2.6** 顯示加工後排除水槽內研削液的實驗裝置樣子。其次，**相片 2.7** 顯示#4000CFIB-D 磨輪的電解線上削銳效果之例，而**相片 2.8** 說明同樣方式使用#8000CIFB-D 磨輪施行鏡面研削矽晶圓之例。誠如後述解說，採用微細磨粒磨輪的電解線上削銳研削所得矽晶圓鏡面表層缺陷，經確認亦屬較少。

相片 2.6 排除水槽內研削液加工　**相片 2.7** 電解複合研削與一般研削
　　　　　 後的實驗裝置模樣　　　　　　　　的矽晶圓加工面比較
　　　　　　　　　　　　　　　　(左：電解複合研削，右：一般研削)

相片 2.8 #8000 鏡面研削矽晶圓的樣子

2.4 鐵氧體的鏡面研削實驗

(1) 一般研削特性

　　首先，與矽晶圓同樣，調查#4000CIFB-D 磨輪對鐵氧體(ferrite)的一般研削特性(圖 2.12)。CIFB-D 磨輪係經削正完後馬上使用。研削面是進給速度愈低，愈具良好傾向，但不論進給速度如何，穩定性欠佳，表面粗度確有變動。當 f=107mm/min 以下時，類似矽晶圓一般研削特性，透過研削的機械式削銳作用，可見到伴隨研削次數增加而有稍許表面粗度的改善。一般而言，f=44mm/min 時的 0.13 μ mRmax 程度是極限。與矽晶圓一樣，一般研削表面容易成爲混入脆性破壞的梨子皮表面~光澤面。

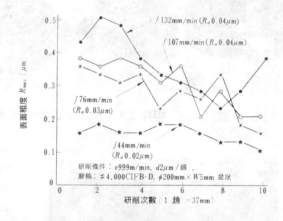

圖 2.12 #4000CIFB-D 磨輪對鐵氧體的一般研削特性

(2) 電解削銳效果

　　其次，先削正後的 CIFB-D 磨輪狀態，開始進行電解削銳研削。變化三種的設定電流 Ip，經調查研削次數對表面粗度變動，得到如**圖 2.13** 所示結果。由圖可知，Ip 愈大，電解削銳的效果就愈大，而且

研削表面粗度的改善也愈快。特別是 Ip=160A 時，只需第 3 趟(研削距

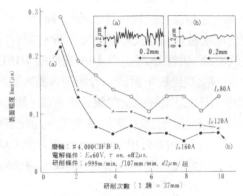

圖 2.13 電解削銳的效果

離 111mm)，即擁有近初次(0.22 μm Rmax)1/3 的鏡面(0.08 μm Rmax)改善效果。圖中也同時記入第 1 趟與第 10 趟的研削表面粗度形態。

　　相片 2.9 顯示電解線上削銳成鏡面後的工件及加工機器模樣。此處，本實驗以浸沒水中的銅板(10mm 寬)，作為(－)電極，但電解削銳的效率一般認為可經由電極形狀、極間距離(磨輪~電極)等的改良而得以改善。

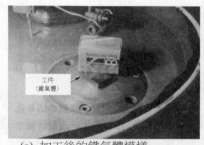

(a) 加工後的鐵氧體模樣　　　　　(b) 排除水槽內研削液狀態(與初
　　　　　　　　　　　　　　　　　　期實驗裝置比較，陰極較大)
　　　相片 2.9 電解線上削銳對鐵氧體鏡面研削後的模樣

(3) 電解線上削銳研削特性

　　與矽晶圓研削實驗情形一樣，先以電解削銳成圖 2.13 表面粗度(a)
的磨輪狀態後，調查電解線上削銳特性。設電解條件一定，針對 4 種進
給速度，經調查研削次數對加工表面粗度變化時，則得如**圖 2.14** 所示結
果。電解削銳後的磨輪，儘管 Ip 設定爲 10A(初期的 1/16)，但加工穩定，
可得鏡面效果。與矽晶圓比較，對於一般所謂容易塞縫的鐵氧體而言，
仍可持續維持鏡面，因此以電解線上削銳效果來說，基於磨粒黏結材(鑄
鐵纖維黏結)後退導致磨粒凸出及切屑除去效果，而使磨輪表面狀態可
以持續維持。此外，進給速度 f=107mmmin 亦可達到 0.08 μm Rmax，
而在 f=44mm/min 也可實現 0.05~0.06 μm Rmax 的鏡面效果。甚至進刀
深度 d=6 μm 之下，表面粗度絲毫不變化。

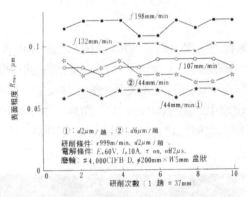

圖 2.14 電解線上削銳特性

(4) 清磨效果

　　與矽晶圓情況同樣，調查無研削火花效果。改變初次研削進刀深
度，如**圖 2.15** 所示清磨結果。一般研削方面，初次研削進刀深度 d 愈大，
清磨效果愈大，表面粗度改善也愈大；然而在初次電解線上削銳研削的
情況，即使進刀深度 d=6 μm，亦不見清磨顯著改善表面粗度。若施行

電解線上削銳研削的話，因磨輪銳利度良好，研削殘餘較少，可以說無
需清磨。

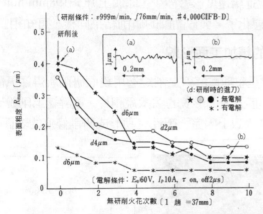

圖 2.15 無研削火花次數的表面粗度變化

(5) 進給速度的影響

與矽晶圓同樣，調查進給速度與表面粗度的關係(**圖 2.16**)。削正完

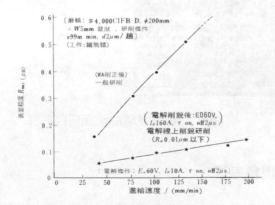

圖 2.16 進給速度與表面粗度的關係

後的 CIFB-D 磨輪狀態，進給速度的影響變得相當強，一旦進給速度 f=132mm/min 時，表面粗度即會超過 0.5 μ m Rmax。另一方面，電解線上削銳研削可說進給速度影響極少，即使上升 f=198mm/min，也不會比 0.15 μ m Rmax 惡化了。與矽晶圓的研削結果同樣，可知相當有效率。

(6) 鏡面研削的精加工面形貌

相片 **2.10** 是整理電解線上削銳適用鏡面研削所得鐵氧體鏡面的樣子、表面粗度形態及表面形貌的顯微鏡相片。電解線上削銳研削所得的鏡面形貌，可知大致上因完全塑性流動形成研削條痕的表面。

(a) 鏡面研削鐵氧體的模樣

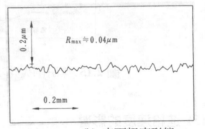

(b) 表面粗度形態

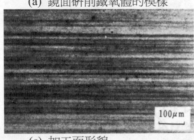

(c) 加工面形貌

相片 2.10 鐵氧體的鏡面研削形貌

2.5 加工現象考察

此基礎實驗，係以 CIFB-D 磨輪對矽晶圓、鐵氧體等功能性硬脆材料為主要對象，實現鏡面研削為目的，著眼於放電複合研削所產生電性

削銳作用，而在水中進行複合電解作用的電解複合研削實驗。結果可確認電解削銳效果及電解線上削銳效果，以目前來講，可說建構現今「ELID 研削法」關聯的基礎技術開發是成功的。

其次，本實驗經確認電解導致電性削銳效果，雖如一般認為與前述放電複合研削的削銳作用屬同等原理，不過此電解複合方法，單獨給予磨輪電能量而無關工件的矽晶圓等材料，不必擔心放電集中工件而生燒焦等現象，或工件的導電性等這些點而言，與放電複合研削比較，可說是穩定性與適用性優異的手法。此外，本基礎實驗的削銳作用，有關為什麼是基於「電解」現象表現者，是根據：①與放電加工情況比較，是在導電性高的水溶性研削液中施行之點；②極間間隙一旦為數 10mm，並無放電容易發生層次之點；③由電極周邊一般認為引起水的電分解產生大量水泡之點；④磨輪表面顏色由初期的銀白色變至茶褐色的明顯變化之點等等多方考慮之下，來作判斷的。

2.6 鏡面研削效果與實用方面的期待

此基礎實驗，針對矽晶圓，使用#4000CIFB-D 磨輪而獲得 0.06~0.08 μ m Rmax 的鏡面效果，而以#8000CIFB-D 磨輪，可實現 0.04 μ m Rmax 左右的鏡面成果。此外，針對鐵氧體，採用#4000CIFB-D 磨輪，就可獲取 0.06 μ m Rmax 前後的鏡面結果。

CIFB 磨輪因為黏結強度高，所以削銳困難，一般不適用精磨，雖對實現鏡面研削有其問題，但由結果得知複合電解線上削銳(ELID)上，應該期待更多硬脆材料能有效率的鏡面研削效果吧！此外，由本實驗所得鏡面研削特性獲知，若作為取代傳統游離磨粒研磨加工的前工程或研磨加工技術，在縮短工程或合理化上是可以期待實用性的。

第3章 ELID鏡面研削法的基本形態 與適用方式

3.1 ELID 研削法的改良及其過程

　　爲達成鑄鐵系金屬黏結磨輪精磨單晶矽晶圓而作的基礎研究 [1],[2]是經過發現放電複合研削產生電性削銳效果的這種進展，經投入電解線上削銳研削法的基礎開發結果，終於在矽晶圓、鐵氧體材料上成功實現了鏡面研削 [5]~[7]。然而初期的實驗裝置方面，是在水槽內注滿研削液的狀態，期待出現電解削銳作用，因此在其它方面，譬如不能設置水槽或不能在水槽內注滿研削液狀態加工的機器(例如是臥式平面磨床之類)，即無法適用，甚至研削液管理上使用水槽加工處理很麻煩等等，怎麼看皆讓很多人持有「實用化困難」的這種印象。特別加工中，工件埋沒水面下無法看到，亦即加工進行中的樣子，完全毫無所悉的這觀點，一般認爲實用上難以解決的最大缺點。

　　針對這種初期電解削銳裝置給予的現實評價，經試作與思考不斷的結果，好不容易才摸索到「水槽要達到其任務，是否存在更簡單的裝置嗎？」的這個改良要點。觸動想像力所試作出來的裝置，係於供應研削液的塑膠噴嘴前端，以膠帶(乙烯樹脂)固定小的紅銅電極(銅板)，並使銅板靠近磨輪面，兩者之間供應研削液，以產生電解的方式。起初可以實現的契機是接在矽晶圓之後，接受陶瓷或玻璃是否可以作鏡面研削 [8],[9]諮詢而在著手實驗準備的時候。

　　從這些經過，經由「水槽式」至「海綿電極式」，若認爲可以顯現

的話，就是「附加冷卻劑噴嘴的電極式」，改良進展至極接近現今 ELID
研削法的裝置形態。由水槽式變化到電極式的時候，此加工法才正式以
「ELID 研削法」或「ELID 鏡面研削法」問世。這時正在 1988 年的日
本精密工學會秋季大會中發表。

　　「ELID」這樣的命名，腔調不錯，外觀也不賴，甚至自己都認為傑
作，不過這時很難把它一一詳細說出「電解線上削銳」，而且會被人誤
解「電解」這個詞為過去的「電解複合研削」印象。這是回憶當時情況
而有這個名字的緣由。另外，英語讀為「ELID」，德語或法語唸為
「ELIT」，確信這個名字各國技術名詞是相通的。或許從國外來看，
「ELID」也許不會有人認為這是日本人技術，到了後來才明白。更有
為求「ELID」這個單字，也有拼命猛查厚厚字典的外國研究者。

　　本章包含 ELID 研削法基礎開發至改良的進展，針對陶瓷、光學玻
璃之類硬脆材料用的鏡面研削情況的加工性與效果，予以整理。而且也
針對現今主流的矽晶圓鏡面研削方式－縱送(infeed)研削適用的可能
性，就施行基礎實驗所得結果，予以歸納。

3.2 ELID 鏡面研削的原理

　　此實驗為實現陶瓷的鏡面研削，乃以微粒 CIFB-D 磨輪與上述研削
加工裝置結合成可以適用的 ELID 研削法。**圖 3.1** 顯示 ELID 鏡面研削
法的原理，而**相片 3.1** 為該法所用的鏡面研削實驗裝置。本裝置係採用
磷青銅接觸磨輪的台金部位，此磷青銅作為板狀彈簧角色，稱為供電電

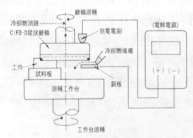 

圖 3.1 ELID 鏡面研削實驗裝置外觀　**相片 3.1** ELID 鏡面研削實驗裝置外觀

刷,設定為(＋)極,而距離磨輪面 0.1mm
左右間隙而與供電電刷對向的銅板,設
定為(－)極,並在其狹小間隙空間內,噴
出弱導電性研削液(與冷卻劑同樣),而可
在加工中施行電解削銳的「電解線上削
銳(ELID)」。**相片 3.2** 顯示實驗所用電解
削銳專用電源(實驗機)外觀。

3.3 ELID 鏡面研削系統

相片 3.2 使用電解削銳專
用電源(實驗機)

(1) 研削加工機

實驗系統的規格,則如**表 3.1** 所示,研削用機器是選用立式精密迴
轉平面磨床:RGS-60(實驗機),磨輪主軸與工作台轉軸皆採用油壓軸
承,而研削試驗上,則可期待有充分的剛性與精度。本機上為遂行 ELID
研削,乃如相片 3.1 所示,施予供電用電極安裝上等的改良。冷卻劑則
以自來水稀釋市售的水溶性研削液後使用。

(2) 研削磨輪

使用的磨輪是微細粒鑄鐵纖維黏結鑽石(CIFB-D)磨輪。此輪直徑為
ϕ200mm、刃寬為 W5mm 的盆狀磨輪,為實現可以鏡面研削各種陶瓷、
光學玻璃等的脆性材料,乃採用#1200(平均粒徑約為 11.6μm)以及
#4000(平均粒徑約 4.06μm)所謂的微細磨粒磨輪。初期工件表面的粗
磨,則選用#600(平均粒徑約 25.5μm)同形狀磨輪。

(3) 電解電源

施行 ELID 研削所用電源裝置,是新試作的電解削銳用電源(實驗
機)。本電源裝置的波形為矩形波,可以設定外加電壓 Eo、設定電流值
Ip、on time τ_{on}、off time τ_{off} 等的條件。輸出為因應電解削銳強度而
準備強弱各一通道,共兩個通道,但本實驗只用強的一個通道。

3.4 陶瓷的 ELID 鏡面研削實驗

(1) 實驗方法

首先，使用#100C 磨輪與剎車器式削正器，進行 CIFB-D 磨輪的削正，希望磨輪面的振動能抑制到 2μm 程度。削正之後，針對各材料施予一般研削及 ELID 研削，以調查數種研削條件及電解條件的加工特性。加工特性係以基準長 0.8mm 量測並評價研削表面粗度。

表 3.1 ELID 鏡面研削實驗系統

1. 研削機器	立式精密迴轉平面磨床：RGS-60(實驗機)，磨輪主軸馬達 5.5kW〔不二越公司〕
2. 研削磨輪	鑄鐵纖維黏結鑽石磨輪(ϕ 200×W5mm 盆狀： #600，集中度 100〔平均磨粒直徑約 25.2μm〕； #1200，集中度 75〔平均磨粒直徑約 11.6μm〕； #4000，集中度 50〔平均磨粒直徑約 4.06μm〕 〔新東工業公司〕
3. 電源裝置	電解削銳用電源(實驗機)〔Stanrey 電氣公司〕
4. 工件	陶瓷：碳化矽〔日本製作所〕 氧化鋯〔三豐公司〕，碳化鈦-氧化鋁〔東麗公司〕 光學玻璃：BK-7(ϕ 30xt5mm)，石英：40 × 40mm
5. 其它	研削液：Noritake cool AFG-M 50 倍稀釋液 (電阻係數：0.24×10⁴Ω・cm 左右)〔Noritake 公司〕 工具：#100C 磨輪+剎車器式削正器〔Mart 公司〕 量具：表面粗度儀 Surftest 501 記錄器〔三豐公司〕

(2) 電解削銳的效果

初工程是以#600CIFB-D 磨輪進行粗磨，以獲得各工件的平面。精磨前雖與平面度或加工面積有關，但此處有關加工的工件若以#600CIFB-D 磨輪粗磨至預留量 50μm 以內的話，那麼使用的粗磨法即可用一般研削就行。透過#600CIFB-D 磨輪，可以加工到加工面為 0.4

μmRmax 左右。再由此面狀態，採用經削正後的#4000CIFB-D 磨輪，開始進行電解線上削銳研削。**圖 3.2** 所示是進行電解削銳碳化矽(SiC)的研削表面粗度變化。電解削銳條件，特別是平均實電流 Iw 愈大，由削銳完後獲取鏡面之前的時間會愈短。I_w=1A 時，即使經 10 趟後，仍無法獲得漂亮的鏡面，然而到達 I_w=4A 時，經過 8 趟(電解削銳時間為 8~10min)，即突然呈現鏡面狀態，甚至達到 48nmRmax 或 5nmRa 的境界。

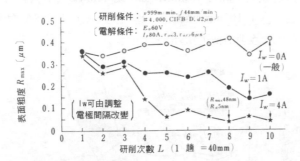

圖 3.2 電解削銳進行中的研削表面粗度變化

表 3.2 顯示適用實驗上的電解削銳條件。此處要注意 ELID 法適用陶瓷鏡面加工時，會因為工件或加工條件的不同，適合電解線上削銳條件亦有少許差異。亦即微細鑽石磨粒的機械式磨耗速度與電解削銳速度，必需相同。然而這裡顯示的意思，並非是最佳電解條件，筆者在經驗上雖獲得自認適當的電解條件，但確信不久將來再加入記載工件數種變數，就可輕易導出適當的電解條件或研削條件。

表 3.2 實驗試用上的電解削銳條件

No.	試削陶瓷	硬度	破壞韌性	試用的 ELID 條件		
				E_w	I_w	τ
1	SiC	HV2700	Kc 3.0	40~50V	3~4A	on 3 μs off 6 μs
2	ZrO$_2$	HV1350	Kc 6.8	20~30V	6~8A	on 6 μs off 7 μs
3	Al$_2$O$_3$-TiC	HRA5.0	Kc 5.0	40~50V	3~4A	on 4 μs off 6 μs

〔註〕E_w：平均實電壓；I_w：平均實電流；τ_{on}：on time，τ_{off}：off time

(3) 電解線上削銳研削特性

其次，進行氧化鋯(ZrO_2)陶瓷的 ELID 鏡面研削。ZrO_2 經#600CIFB-D 磨輪粗磨後，再接受事先 15min 左右的電解削銳，並以#4000CIFB-D 磨輪，調查鏡面研削特性。研削特性係如**圖 3.3** 所示，以數種進給速度及電解條件，來調查精磨表面粗度的穩定性。當進給速度 f=44mm/min 時，在實電流 I_w=2A 之下，伴隨研削距離的增大，表面粗度出現少許惡化，尤其研磨第 10 趟時，更出現第 1 趟的 4 倍程度。然而在 I_w=4A 之下，始終可以維持初期表面粗度 40nmRmax 或 5nmRa 相等程度的表面形貌。另一方面，當 f=107mm/min 時，I_w 不到 6A，甚至 8A 程度，磨粒磨耗持續進行，直至無法研削為止。

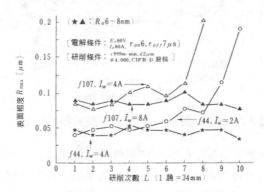

圖 3.3 ELID 鏡面研削特性
(研削表面粗度的穩定性)

(4) 進給速度與表面粗度的關係

工件取氧化鋁-碳化鈦(Al_2O_3-TiC)，進行一般研削及 ELID 鏡面研削，調查進給速度對表面粗度的影響。**圖 3.4** 即為其結果。如圖所示，與目前的單晶矽晶圓加工數據對照，一般研削與 ELID 研削之間，同樣出現極大差距。一般研削上，進給速度 f=130mm/min 以上，即易發生燒焦現象，顯示不可持續研削。相對於此，ELID 研削上可見進給速度的影響極少，即便至 f=198mm/min，也只是到達 f=44mm/min 時的表面

粗度 34~42 μ m Rmax 或 5nmRa 的 3 倍，但仍無惡化現象。一般認為這就是原本的研削性能。

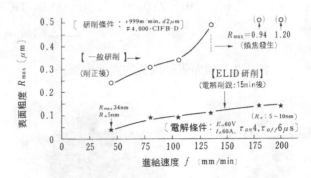

圖 3.4 進給速度與研削表面粗度的關係

(5) 清磨的效果

就陶瓷鏡面研削的情況，使用 CIFB-D 磨輪進行 ELID 研削，即可把研削殘餘量抑制到極小。例如針對最後進刀深度 d=2 μ m 所得鏡面 (42nmRmax 或 5nmRa)而言，即便施予清磨，亦無見到研削條痕有何變化。可是增加至進刀深度 d=6 μ m 程度，雖是同樣進給速度，但可獲得 100nmRmax 或 8nmRa 之值。不過針對這樣表面若施行 1 次無研削火花研磨(清磨)，則可改善至 60nmRmax 或 6nmRmax 境界(表面粗度形態亦呈凸部平滑化而有些許變化)。

(6) ELID 鏡面研削的精磨形貌

相片 3.3 顯示施行試磨陶瓷表面的放大相片。SiC、ZrO_2 皆以塑性變形研削條痕構成鏡面，但 Al_2O_3-TiC 並無顯著條痕，係一微細粒界破碎形成的鏡面。在同一加工條件下的表面形貌差異，一般認為是材料物性導致。**相片 3.4** 顯示鏡面研削陶瓷樣本的外觀與表面粗度形態之一例。此外，角狀樣本的平面度良好，即使是異種材料，鏡面之間也會發生吸著現象(linking)。

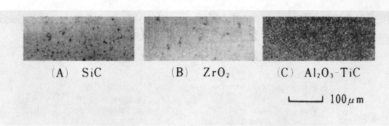

(A)　SiC　　　　(B)　ZrO₂　　　　(C)　Al₂O₃·TiC

⎣_____⎦ 100μm

相片 3.3 鏡面研削陶瓷的表面形貌

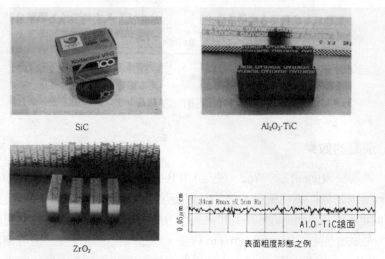

SiC　　　　　　　　　　　　Al₂O₃·TiC

ZrO₂　　　　　　　　　　表面粗度形態之例

相片 3.4 鏡面研削陶瓷的外觀與表面粗度形態

3.5 光學玻璃的 ELID 鏡面研削特性及效果

(1) 光學玻璃的 ELID 鏡面研削

　　玻璃系材料因用途不同而有多種多樣存在，但其精磨工程的大部分都依靠滑溜狀游離磨粒的研磨加工。玻璃材料一般傳統研削加工上容易形成所謂的「毛玻璃」，要獲得具有透明度高的研削精加工表面，有其困難。特別採用硬質磨粒的「鑽石」，以獲取平滑加工表面，一般認為非常困難。此處，以 ELID 法適用光學玻璃加工上，針對鏡面研削特性整理調查的結果。

(2) 實驗方法

使用前述 ELID 研削實驗系統,透過#100C 磨輪與刹車器式削正器,施行 CIFB-D 磨輪的削正。其次,光學玻璃(加工尺寸:ϕ30mm×t5mm)以石蠟固定在試料板上後,設定電解削銳條件或研削條件,開始進行加工實驗。適用的 ELID 研削法示意圖,與**圖 3.1** 所示相同。接觸磨輪台金部位的供電電刷,作為(+)極,而相向磨輪面的銅板,則當作(−)極,其間隙插入噴嘴,邊噴出研削液,邊進行電解削銳。此外,研削表面粗度取基準長 0.8mm,予以量測並作評價。**表 3.3** 顯示 CIFB-D 磨輪的設定法與電解削銳條件之一例(#4000 之例)。

表 3.3 CIFB-D 磨輪設定法與電解條件

順序	設定法名稱	效果	電解削銳條件		
			E_w	I_w	t_d
1	削正	平滑化	—	—	—
2	電解削銳	磨粒凸出	10~20V	6~10A	~20min
3	電解線上削銳(ELID)	切屑除去 磨粒維持	40~50V	0.5~1A	加工中

〔註〕E_w:平均實電壓,I_w:平均實電流,t_d:削銳時間。設定 E_o=60V,
　　　I_p=10A

(3) 一般研削特性(#1200)

首先,以#1200CIFB-D,調查如**圖 3.5** 所示光學玻璃一般研削特性。

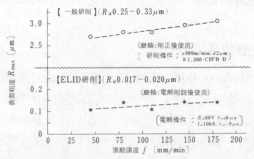

圖 3.5 一般研削與 ELID 研削的進給速度影響(#1200)

磨輪經削正後使用，而電解削銳不論加工前或加工中，都不施行。進給速度愈低，研削表面粗度有些許改善之傾向，而在#1200 一般研削上不管任何條件下，研削表面呈現毛玻璃狀態。儘管進給速度設定在 f=44mm/min 之下，研削表面粗度仍停留在 $2.6\,\mu$ mRmax 或 $0.26\,\mu$ mRa 的極限。一般研削表面，呈現的脆性破碎尺寸及佔有率較大，出現毛面形貌。

(4) 電解削銳的效果(#1200)

其次，從削正後的#1200CIFB-D 磨輪狀態，在適當的電解條件之下，開始進行 ELID 研削。與至今已明白電解的磨輪削銳效果同樣 [1]-[4]，透過一定時間的電解削銳，呈現出研削表面突然帶有高透明度的表面形貌。以這個時間點，當作磨粒凸出完成，經調查進給速度與研削表面粗度的關係，則如**圖 3.5** 所示。與一般研削不同，$0.12\,\mu$ m Rmax 或 $0.017\,\mu$ m Ra 的鏡面形貌，使用#1200 磨輪是可以達成。ELID 研削上，即使增加進給速度，研削表面粗度並不怎麼變化。

(5) 一般研削特性(#4000)

調查#4000CIFB-D 磨輪的一般研削特性。採用先經#1200CIFB-D 磨輪粗磨後，再經削正的#4000CIFB-D 磨輪，進行進給速度的影響，則如圖 3.6 所示結果。#4000 的一般研削表面由於處於切刃幾無存在的磨輪表面狀態，因此出現顯著的脆性破碎現象，可見透明度與平面度皆是問題。此外，強制增加進給速度或進刀深度，研削表面即易發生燒黏痕跡傾向。至於#4000 磨輪在一般研削上，也有 $0.8\,\mu$ m Rmax 或 $0.06\,\mu$ m Ra 的極限存在。

(6) 電解削銳的效果(#4000)

然而，使用#4000CIFB-D 磨輪開始進行 ELID 研削時候，發現與#1200CIFB-D 磨輪情況同樣，亦可得具有高透明度的鏡面。在#4000 的情況，研削表面到達透明之前的時間，亦即可知電解削銳所需時間遠較#1200 情況為短。電解作用削銳完畢，調查進給速度的影響，結果如

圖 3.6 所示。施行 ELID 研削，即使把進給速度提升至 f=180mm/min 時，也只是止於 0.11μm Rmax 的程度，可維持良好的透明度。此外，在較低進給條件之下，可以實現 20~60nmRmax 或 4~7nmRa 如此極佳鏡面。

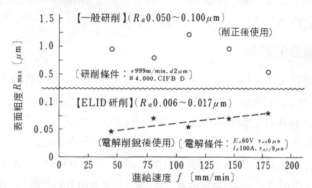

圖 3.6　一般研削與 ELID 研削對進給速度影響

此情況的研削條痕，已經無法以肉眼確認了。

(7) ELID 鏡面研削性能

其次，電解削銳完畢的 CIFB-D 磨輪，針對電解線上削銳(ELID)研削的持續性，予以調查。主要使用#1200CIFB-D 磨輪，如**圖 3.7** 所示，調查研削距離與表面粗度的關係。由圖來看，可知 ELID 研削法可以使

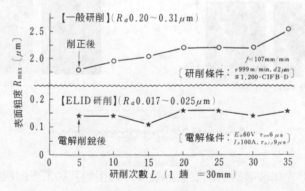

圖 3.7　一般研削與 ELID 研削特性的比較(#1200)

微粒 CIFB-D 磨輪,穩定採用。此外,有關#4000CIFB-D 磨輪,若僅限於發生電解,歷經長時間亦可持續維持鏡面狀態。電解削銳強度伴隨電解的進行,亦即伴隨磨粒凸出狀況,自然呈現微弱狀,因此磨輪的電解導致的消耗,一般認為極少。另外,中途切斷電解,可知會再度回歸至一般研削表面上。

(8) 清磨的效果

使用 CIFB-D 磨輪,進行 ELID 研削的話,因為磨輪銳利度改善而使研削抵抗降低,一般認為可抑制研削殘餘量至最小。因而經#4000CIFB-D 磨輪所得鏡面,即使重複多次無研磨火花,並無見到研削表面粗度有何變化。然而進刀在 4~6 μm 的研削表面,只見少許研削殘餘量存在,若初次為 0.12 μm Rmax 或 0.01 μm Ra 的話,那麼經 1~2 次清磨,亦可改善到 0.08 μm Rmax 或 0.008 μm Ra 的境地。清磨的效果,受機器的精度或剛性影響很大。

(9) 鏡面研削的精磨表面形貌

相片 3.5 顯示經#1200 及#4000CIFB-D 磨輪的一般研削表面與 ELID 研削表面顯微鏡相片、表面粗度形態之一例。一般研削表面與 ELID 研削表面形貌,誠如上述#1200 與#4000 這兩者差異很明顯,磨輪銳利與否引起的脆性破碎程度差異,由顯微鏡相片來看,非常明確。此外,工

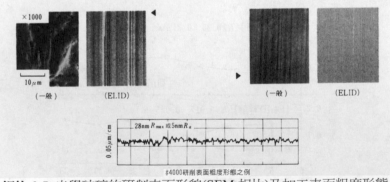

相片 3.5 光學玻璃的研削表面形貌(SEM 相片)及加工表面粗度形態

件的光學破璃物性，亦會影響磨輪狀態與表面形貌的關係。**相片 3.6** 顯示光學玻璃及石英經 ELID 研削樣本的外觀。與陶瓷同樣在玻璃的情況，亦會因工件材質的不同，使研削條件、電解條件與加工表面粗度等功能的關係，有所不同。

A. BK-7（左：ELID）　　　　　　　　B. 石英（右：ELID）

相片 3.6 光學玻璃及石英予以 ELID 鏡面研削樣本外觀

(10) 結論

本實驗是以微粒 CIFB-D 磨輪的 ELID 研削法，進行陶瓷鏡面加工，調查精磨表面形貌。其結果，與傳統比較，可知高效率實現 40nm Rmax 或 5nm Ra 的鏡面效果。

本法可高效率獲得伴有難加工性的陶瓷鏡面，若可實用化的話，一般認為大體上可以省略游離磨粒的研磨加工作業。

另一方面，透過使用微細磨粒 CIFB-D 磨輪的 ELID 研削法，主要進行光學玻璃的鏡面研削，並調查其精磨特性，結果依本法可知可以獲得 0.06μm Rmax 或 0.007μm Ra 玻璃材料的鏡面(透明加工表面)效果。

3.6 適用 ELID 的縱向進給鏡面研削試驗

(1) 縱向進給研削方式的檢討

已如上述所言，開發出 ELID 研削法的基本原理，透過具有微細磨粒的鑄鐵纖維黏結鑽石磨輪，成功實現了單晶矽、陶瓷、玻璃之類硬脆

材料的鏡面研削。然而以上的開發由於是在迴轉式平面磨床上施行，所以 ELID 鏡面研削的適用，只限於採用盆狀磨輪的深切緩進(creep feed)方式，或者是直通進給(through feed)方式。

　　鏡面研削屬輕切削，無法想像何種預留量，不過在考量替代游離磨粒研磨加工的場合，經由批量式變換到每片加工方式之際，就鏡面研削而言，有必要實現某種程度的加工效率。因此 ELID 研削法的原理適用工件自轉的縱向進給(infeed)研削方式，對於矽晶圓之類枚片式生產加工方式的加工對象而言，乃就試圖鏡面研削高效率化試驗[10]，予以整理。

(2) 適用 ELID 縱向進給的研削法

　　透過具有微細磨粒鑄鐵纖維黏結鑽石的 ELID 研削法，以開發當初目的的單晶矽為始而發展到鐵氧體、精密陶瓷、玻璃等的鏡面研削法，其效果直受到肯定為止。所開發的 ELID 研削基本原理，係以水槽內注滿水的研削液為媒介，並於作(＋)電極的鑄鐵纖維黏結磨輪與液中設置的(－)電極之間，供應電壓，是可以期待電解削銳效果，而後經過幾個過程，改良至擁有某種程度的面積而對接於磨輪面上的(－)電極方式。

　　表 3.4 為整理至今施行 ELID 法基礎開發深切緩進方式的 ELID 研削法特徵與鏡面研削效果，而**表 3.5** 則歸納有關鏡面研削高效率化所期待縱向進給方式的 ELID 研削法特徵。此外，**圖 3.8** 顯示嘗試縱向進給方式的 ELID 研削法原理，而**相片 3.7** 為實際使用 ELID 法所組成的縱向進給研削裝置外觀。此處，本研削方式稱為「ELID 縱向進給研削」。

表 3.4 深切緩進方式的 ELID 鏡面研削特徵與效果

ELID 鏡面研削主要特徵	ELID 鏡面研削效果
1. 藉電解削銳作用，可使用微粒磨輪。	磨輪：#4000CIFB-D 盆狀
2. 線上削銳，研削可穩定。	效率：f=60mm/min，d=2μm/趟
3. 鑄鐵纖維黏結磨輪消耗極小。	結果：34~54nmRmax 或 5nmRa

表 3.5 縱向進給方式的 ELID 鏡面研削特徵

1. 微細磨粒 CIFB-D 磨輪的剛性與強度可最大限利用。
2. 電解線上削銳可實現磨輪持續銳利。
3. 與深切緩進方式比較，可期待高的除去效率。
4. 進刀控制可使單一粒度適用至最後精加工。
5. 透過工件與磨輪的迴轉，可容易控制形狀精度。

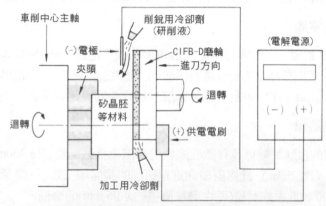

圖 3.8 ELID 縱向進給研削法的原理

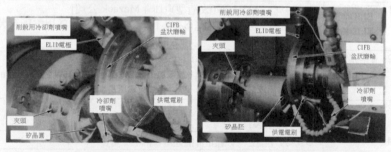

(a) 矽晶圓加工　　　　　　　　　(b) 矽晶胚加工

相片 3.7 ELID 縱向進給研削實驗裝置的外觀

3.7 適用 ELID 縱向進給研削實驗系統

(1) 研削加工機

　　表 3.6 為使用的實驗系統。本實驗為進行縱向進給研削的基礎開發，主要採用車削中心：QT-10N(改造型)。本機係一擁有銑床主軸的 CNC 車床，而以縱向進給研削方式，判斷進行 ELID 研削性能的耐久試驗是適當的，並以裝有盆狀磨輪及 ELID 裝置的縱向進給研削加工機，作為研削用。冷卻劑是水溶性研削液，經稀釋 AFG-M 至 50 倍使用。

(2) 電解電源

　　ELID 電源，主要選用線切割放電加工機用電源：MGN-15W。

　　本電源裝置的電壓波形屬矩形波，以最大設定電流 I_p、脈衝電壓頻率(τ_{on}，τ_{off})等作為變數，進行電解削銳條件的設定與調整。

(3) 研削磨輪

　　採用的盆狀磨輪係具有微細磨粒的鑄鐵纖維黏結鑽石(ϕ 200mm，集中度 50，刃寬 5mm)。此處對縱向進給研削的鏡面加工效果，寄予厚望，採用#4000 如此微細磨粒(平均磨粒直徑約 4.06 μm)的磨輪。

表 3.6 ELID 縱向進給鏡面研削實驗系統

1. 研削機構	車削中心：QT-10N(改造型)[山崎 Mazack 公司] 立式迴轉平面磨床：RGS-60[不二越公司]、ELID 用電極等裝備
2. 研削磨輪	微細磨粒鑄鐵纖維黏結鑽石磨輪 (ϕ 200mm：#4000，集中度 50，平均粒徑 4.06 μm，刃寬 5mm) [新東工業公司]
3. 電源裝置	線切割放電加工用電源：MGN-15W [牧野銑床製作所]
4. 工件	ϕ 4″ 矽晶胚、矽晶圓[信越半導體公司]
5. 其它	研削液：Noritake cool AFG-M，50 倍稀釋液 　　　　　(電阻係數：0.24 $\times 10^4 \Omega \cdot$ cm)〔Noritake cool 公司〕 工具：#80、#100C 磨輪[Mart 公司] 量具：表面粗度儀 Surf test 501 記錄器[三豐公司]

3.8 矽晶圓的 ELID 縱向進給研削實驗

(1) 實驗方法

首先，把#100C 或 GC 磨輪夾在工件轉軸上，並迴轉，以進行 #4000CIFB-D 磨輪的削正。削正完畢，再施予 10~15min 的電解削銳，做好磨輪的初期狀態。由此狀態，再夾定好單晶矽晶胚，開始進行縱向進給方式的 ELID 研削。研削條件係變化工件迴轉數、磨輪迴轉數與迴轉方向等多項，而進刀速度以連續進給方式施行，並以機器最小的設定值 100μm/min 進行。電解條件係經多次試磨而選適當值。至於研削特性，則量測及評價加工表面粗度、磨輪主軸的負荷(馬達消耗電流)等多項。

(2) 研削表面粗度的持續性

以 ELID 縱向進給研削，作耐久實驗。**圖 3.9** 顯示以 ϕ4″ 矽晶胚研削量(厚度)換算成矽晶圓研削片數的值與加工表面粗度的關係。研削表面粗度為了排除加工機振動特性的影響，主要以中心線平均粗度 Ra 評價。由圖可知，除了幾片預留量造成加工表面粗度少許偏差外，使用 #4000CIFB-D 磨輪的進刀速度，以 100μm/min 那麼高的值進行研削時，加工表面粗度才進入穩定狀態，直至 460 片之間的研削量，亦可維

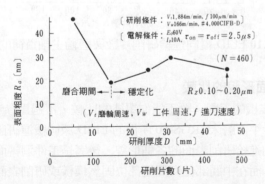

圖 3.9 ELID 縱向進給研削片數與表面粗度的變化(1 片厚度為 0.1mm)

持 20~30nmRa(量測基準長 L=2.5mm)鏡面形貌。ELID 的設定條件,雖然最大電流設定 Ip=40A,但其平均實電流最大也僅是 4A 左右。

(3) 研削抵抗的穩定性

其次,調查研削片數與研削抵抗(磨輪主軸負荷)的關係。**圖 3.10** 顯示研削至 150 片之間的磨輪主軸負荷變化結果。與**圖 3.9** 所示研削表面粗度結果同樣,有關研削負荷亦呈現穩定狀,可知幾乎維持一定之值。作爲切削工具機用的車削中心磨輪迴轉精度或進給精度,雖未可說是足夠成爲所希望縱向進給鏡面加工機,不過從如此嚴苛研削條件下的負荷穩定性來看,一般認爲 ELID 的磨輪面支撐效果很大。透過 ELID 的應用,就高效率加工方式而言,一般認爲充分活用具有微細磨粒的 CIFB-D 磨輪,可以把它發揮到最大極限。

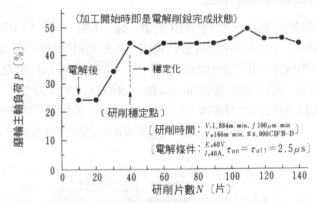

圖 3.10 ELID 縱向進給研削片數與磨輪主軸負荷的變化

(4) 研削表面形貌的比較

由於加工機的不同,雖不能作單純的比較,不過爲參考比較起見,**相片 3.8** 顯示平面磨床:RGS-60 所做的 ELID 深切緩進研削表面以及試驗 ELID 縱向進給研削表面的各種形貌。後者是工件迴轉而微細研削條痕呈交叉狀,而在中間部位與周邊部位固然模樣或研削表面粗度容或有

少許差異，但因磨輪銳利的支撐效果，可知是無顯著發生脆性破碎現象。此處所施行縱向進給研削的加工耐久試驗，如**相片 3.9** 所示端面呈鏡面的矽晶胚群樣子，而**相片 3.11** 及**相片 3.10** 分別顯示深切緩進研削

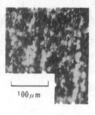

A. 一般研削　　　　　B. ELID深切緩進　　　　　　C. ELID縱向進給

周邊部位　　中間部位

相片 3.8 ELID 研削方式的研削表面形貌差異

相片 3.9 ELID 縱向進給研削的耐久試驗用矽晶胚群

深切緩進方式　　　　縱向緩進方式

相片 3.10 各 ELID 研削方式的矽晶圓模樣

表面粗度以及外觀比較的模樣。

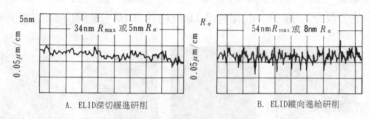

圖 **3.11** 各 ELID 研削方式的表面粗度形態

3.9　結論

本實驗為使 ELID 法在鏡面研削達更高效率化起見，乃採用以矽晶圓等為標的的縱向進給研削方式，嘗試調查基本的加工特性及加工耐久實驗。結果，使用#4000CIFB-D 磨輪而在進刀速度 100 μ m/min 條件下，即使在 ϕ 4″ 矽晶胚上研削厚達數 10mm 後，其加工表面形貌、研削負荷也幾無變化，由此可確認了 ELID 縱向進給研削方式的效果。

參考文獻

1 ）大森整，中川威雄：鋳鉄ボンドダイヤモンド砥石によるシリコンの研削加工（第 1 報），昭和61年度精密工学会秋季大会学術講演会講演論文集，(1986) 35～38.
2 ）大森整，中川威雄：鋳鉄ボンドダイヤモンド砥石によるシリコンの研削加工（第 2 報：アルミナ懸濁液使用による効果），昭和62年度精密工学会春季学術講演会講演論文集，(1987) 635～636.
3 ）鈴水清，植松哲太郎，大森整，中川威雄：カップ砥石を用いた放電研削によるシリコンの表面仕上，昭和62年度精密工学会春季大会学術講演会講演論文集，(1987) 45～46.
4 ）大森整，中川威雄：カップ砥石を用いた放電研削によるシリコンの表面仕上（第 2 報：ロータリー平面研削盤への適用），昭和62年度精密工学会秋季学術講演会講演論文集，(1987) 689～690.
5 ）大森整，中川威雄：鋳鉄ボンドダイヤモンド砥石によるシリコンの研削加工（第 3 報：電解研削による複合効果），昭和62年度精密工学会秋季学術講演会講演論文集，(1987) 687～688.
6 ）大森整，中川威雄：鋳鉄ボンドダイヤモンド砥石によるシリコンの研削加工（第 4 報：超微粒砥石による鏡面研削），昭和63年度精密工学会春季学術講演会講演論文集，(1988) 521～522.
7 ）大森整，中川威雄：フェライトの鏡面研削による仕上加工，昭和63年度精密工学会春季学術講演会講演論文集，(1988) 519～520.
8 ）大森整，中川威雄：鋳鉄ファイバボンド砥石による硬脆材料の鏡面研削，昭和63年度精密工学会秋季学術講演会講演論文集，(1988) 355～356.
9 ）大森整，黒沢伸，中川威雄：鋳鉄ファイバボンド砥石によるガラス系材料の鏡面研削加工，昭和63年度精密工学会秋季学術講演会講演論文集，(1988) 357～358.
10）大森整，外山公平，中川威雄：鋳鉄ボンドダイヤモンド砥石によるシリコンの研削加工（第 5 報：インフィード鏡面研削の試み），昭和63年度精密工学会秋季学術講演会講演論文集，(1988) 715～716.

適用篇

　　所開發的 ELID 研削法，已分別適用於平面研削、圓筒外周與內面研削、球面與非球面研削等多方面，不僅硬脆材料如此，而且鋼鐵材料的鏡面研削也已確立。

　　針對這些實驗內容與加工數據，予以整理解說。此外，有關粗粒磨輪的高效率研削效果與特性，亦作敘述。

第4章 ELID研削法對平面加工的適用

4.1 ELID 法的平面研削

　　如至今所述，筆者針對鑄鐵黏結鑽石磨輪，發現電解削銳的效果，再者使用電解線上削銳法與#4000~#8000 等的微細磨粒磨輪，專對矽、鐵氧體、陶瓷、玻璃之類的硬脆材料，實現了鏡面研削 [1)~6)]。此加工原理，稱爲「ELID 研削法」，特別是在加工表面呈現鏡面狀態的情況，稱作「ELID 鏡面研削法」，其基本形態是在迴轉式平面磨床上，以深切緩進研削方式完成，而且在前章爲實現矽晶圓等電子材料基板的高效率鏡面研削，已適用於邊自轉工件邊加工形態的縱向進給研削方式，業已確認其效果。

　　本章針對 ELID 研削法如何適用平面加工，以及以 ELID 法基本形態完成盆狀磨輪的平面加工方式，提示幾則適用事例，並就平直形磨輪從事 ELID 鏡面研削試驗與效果，予以整理。

4.2 盆狀磨輪的 ELID 鏡面研削法

　　ELID(電解線上削銳)研削法是在作(＋)極的鑄鐵纖維黏結鑽石磨輪與此呈對向銅板等裝成(－)電極之間，供應弱導電性研削液(水溶性研削液)，並於兩極間施加脈衝直流電壓，而獲取磨輪作業面的電解產生線上削銳效果的研削法。完善的 ELID 研削法基本形態是採用盆狀磨輪加

工的方式[4),[5)而如圖 **4.1** 所示已模式化的迴轉方式(開發原理)與直線進
給方式(基本原理)。由此而得的電解削銳作用,一般認為有:①金屬黏
結除去導致磨粒凸出效果;②塞縫除去效果,而為了不必透過工件得到
電解現象,工件不問導電件或絕緣體,可以期待微細磨粒磨輪連續維持
鏡面研削效果。依本原理而言, 電極只要對向設在磨輪面上,磨輪面,
亦即磨輪銳利可維持穩定化,即便如圖 **4.2** 所示縱向進給研削方式,亦
可期待鏡面加工效果。

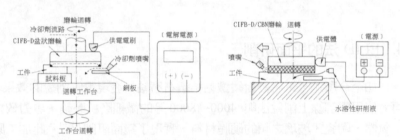

A. 迴轉平面研削方式(開發原理)　B. 直線進給的平面研削方式(基本原理)

圖 4.1 ELID 鏡面研削法的原理

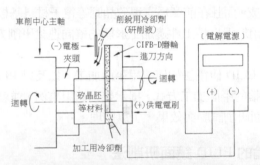

圖 4.2 ELID 縱向進給研削法原理

4.3 盆狀磨輪的 ELID 鏡面研削實驗系統

(1) 研削加工機

如**表 4.1** 所示,係一使用盆狀磨輪進行 ELID 研削加工實驗系統的

規格。本實驗針對矽晶圓而以#10000 如此微細磨粒鑄鐵纖維黏結鑽石磨輪試用實驗，乃使用立式精密迴轉平面磨床：RGS-60 與臥式縱向進給磨床。前者是具有油壓軸承的實驗機，作爲深切緩進鏡面研削(如**圖 4.1A** 所示方式)用，而後者則作爲縱向進給鏡面研削(如**圖 4.2** 所示方式)實驗上用。

　相片 4.1 顯示裝置電極附件而因應 ELID 的迴轉式平面磨床外觀。**相片 4.2A** 爲臥式縱向進給研削加工機全景，而在**相片 4.2B** 則顯示安裝磨輪、工件、ELID 電極等的模樣。此外，同樣使用盆狀磨輪作平面加工鋼鐵材料(如**圖 4.1B** 所示)的加工機，係門形切削中心：VQC-15/40(如**相片 4.3A**：以下，簡稱爲「MC」)。在此加工機上，爲實現鑄鐵纖維黏

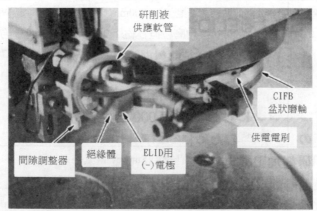

相片 4.1 裝有電極附件的迴轉式平面磨床外觀

A. 臥式縱向進給研削加工機全景　　B.安裝工件、磨輪及 ELID 電極的外觀

相片 4.2 安裝 ELID 電極的縱向進給研削加工機

結磨輪可作電解削銳,乃在磨輪的台金部分接觸磷青銅製供電電刷,並作(＋)極,而銅板則固定冷卻劑噴嘴前端之形式,與磨輪面呈對向狀,並作(－)極(如**相片 4.3B** 所示)。不論如何,冷卻劑(研削液)係以具有弱導電性的水溶液研削液:Noritake cool AFG-M 經自來水稀釋 50 倍後使用,一般認爲對加工機的防銹效果應是充分的。

表 4.1 鏡面研削實驗系統的規格

1. 研削機器	立式精密迴轉平面磨床:RGS-60[不二越公司] 臥式縱向進給研削加工機[湘南工程公司] 門形切削中心:VQC-15/40[山崎 Mazack 公司] 以上皆裝有 ELID 用電極等設備
2. 研削磨輪	鑄鐵纖維黏結鑽石磨輪(ϕ 200mm 及 ϕ 150mm,刃寬 W5mm), 盆狀:#4000[平均磨粒直徑約 4.06 μ m],#6000[平均磨粒直徑約 2.8 μ m],#8000[平均磨粒直徑約 1.76 μ m], #10000[平均磨粒直徑約 1.27 μ m],以上集中度各爲 50。 而鑄鐵纖維黏結 CBN 磨輪(ϕ 75×W5mm 盆狀:#140、#600[25.5 μ m],集中度各爲 100) [新東工業公司]
3. ELID 電源	電解削銳用電源(實驗機)[Stanrey 電氣公司] 線切割放電用電源:MGN-15W[牧野銑床製作所]
4. 工件	ϕ 4″ 矽晶圓[信越半導體公司],ϕ 3″ 及 ϕ 4″ GaAs 晶圓 [三菱材料公司];鋼鐵材料:SKH51、SKD11、SKS9
5. 其它	研削液:Noritake cool AFG-M,50 倍稀釋液(電阻係數 0.24 ×10$^4\Omega$ • cm)[Noritake 公司] 工具:C 磨輪+刹車器式削正器[Noritake 公司][Mart 公司] 量具:表面粗度儀 Surf test 501 記錄器[三豐公司]

(2) 研削磨輪

φ4″矽晶圓及φ3″、φ4″ GaAs(砷化鎵)晶圓鏡面研削所用的盆狀磨輪，係微細磨粒鑄鐵纖維黏結鑽石磨輪(迴轉用φ200mm，縱向進給用φ150mm：刀寬各 5mm)(以下簡稱為「CIFB-D 磨輪」。此處，針對矽晶圓的鏡面研削而言，試用#10000(平均磨粒直徑約為 1.27μm)如此超微粒磨(**相片 4.4**)，以調查 ELID 效果；同時比較#8000(平均磨粒直徑約為 1.76μm)及#6000(平均磨粒直徑約為 2.8μm)等的 CIFB-D 磨輪。此處針對 CaAs 而論，主要使用#4000CIFB-D 磨輪(集中度各為 50)。另外在 MC 上，鋼鐵材料使用於 ELID 研削實驗的磨輪，係盆狀鑄鐵纖維黏結 CBN 磨輪(φ75mm，刀寬 5mm：#140 及#600(平均磨粒直徑約為 25.5μm，集中度各為 50)(以下簡稱「CIFB-CBN 磨輪」。

A. MC 全景　　　　　　　B. 附有噴嘴的 ELID 電極外觀
相片 4.3 MC 的 ELID 研削裝置

相片 4.4 試用的#10000CIFB-D 磨輪外觀

(3) ELID 電源

電解削銳(ELID)用電源裝置，係採用電解削銳電源(實驗機)及線切

割放電加工電源：MGN-15W。這兩者的電壓波形屬矩形波，以外加電壓 Eo、設定電流 I_p 等作為變數，以設定及調整電解削銳條件。電壓的脈衝頻率 τ_{on}、τ_{off}，依預備實驗，選擇一般認為適當經驗之值，進行實驗。

4.4 矽晶圓的 ELID 鏡面研削實驗 [7]

(1) 實驗方法

首先，使用#100C 磨輪與剎車器式削正器，經進行 CIFB-D 磨輪削正後(表 4.2)，並施行裝於加工機上 10~15min 電解削銳的初期削銳作業。由此狀態，夾定工件，開始進行 ELID 鏡面研削。本實驗主要為了確認#10000CIFB-D 磨輪的適用性，就有關鏡面研削特性及進給速度(深切緩進)、進刀速度(縱向進給)的影響，予以調查。為了儘可能排除加工法以外諸因素的影響，加工表面以 Ra 及 Rz 兩種粗度變數，進行評價(基準長 0.8mm)。

表 4.2　為進行 ELID 鏡面研削而作的磨輪削正法

1. 若為深切緩進方式，看是否磨輪予以傾斜或削銳邊緣，有助於外周對加工有所幫助；
2. 若為縱向進給方式，儘可能使磨輪面平坦化而使磨輪整個面均一貢獻於加工上；
3. 面對磨輪的迴轉振動，先由使用磨粒的平均粒徑上，予以減少，是較理想的；
4. 磨輪面先精加工至無凹凸的均一光澤表面，促使黏結劑的波紋低於磨粒直徑以下。

(2) ELID 鏡面研削的穩定性

首先，作#10000CIFB-D 磨輪的深切緩進鏡面研削試驗。研削條件雖使用與至今常用的#4000CIFB-D 磨輪同等條件，但如圖 4.3 所示，50 趙加工以內，表面粗度幾無變化，一般認為具有充分耐用的穩定性。30~40nmRmax 的鏡面由於與#4000 磨輪情況同等加工效率，可得穩定狀

態，可知 ELID 上使用 1μm 大小粒徑的微細磨粒，亦可有效利用。此外，加工表面皆無刮痕之類痕跡。**相片 4.5** 顯示鏡面加工後的迴轉式平面磨床外觀。

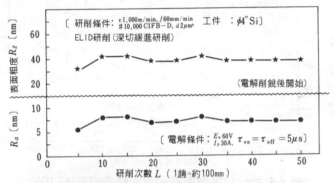

圖 4.3 #10000 磨輪施行深切緩進鏡面研削特性(ELID)

相片 4.5 ELID 鏡面研削後的迴轉式平面磨床外觀

(3) 研削加工條件的影響

其次，超微粒磨輪施行深切緩進鏡面研削上，調查進給速度的影響 (**圖 4.4**)。於 30~200mm/min 之間，變化進給速度，經比較#8000 磨輪與#10000 磨輪的表面粗度，確認在高的進給速度條件下，加工特性出現差異。而在低的進給速度之下，並無顯著差距，尤以高速(100~200mm/min)

之下，可知#10000 磨輪對進給速度的影響較少。此外，同樣磨輪提升進給速度至 200mm/min 時，亦無超越 100nmRmax 之值。

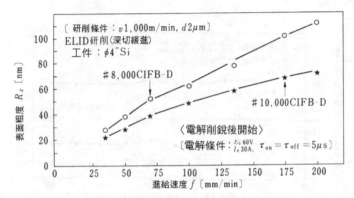

圖 4.4　磨輪粒度對進給速度影響的差異(ELID)

(4) 縱向進給研削與加工表面形貌

接著，以超微粒磨輪進行縱向進給研削試驗。#10000 磨輪就縱向進給研削而言，仍然難以受到加工速度影響，如**圖 4.5** 所示，粒度的差異亦無明顯顯現。此方式遠較深切緩進方式，可有效率加工至良好的鏡

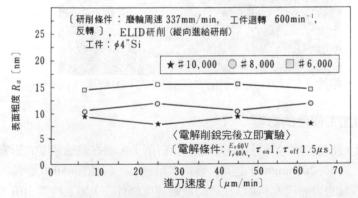

圖 4.5　磨輪粒度對進刀速度影響的差異(ELID)

面，特別把進刀速度提升到 100μm/min 之值，亦可在 1 min 以內得到 30~40nmRmax 的鏡面。**相片 4.6** 及**圖 4.6** 分別顯示各加工表面形貌，而**相片 4.7** 為經鏡面加工後矽晶圓的外觀。此外，透過高精度加工機，一般認為可以改善加工表面品質或加工精度。

A. 一般研削　　B. ELID 深切緩進研削　　C. ELID 縱向進給研削
相片 4.6 各研削方式產生表面之形貌

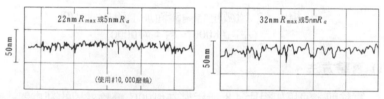

A. ELID 深切緩進研削　　　　　　B. ELID 縱向進給研削
圖 4.6 各研削方式產生表面粗度形態之例

4.5 鋼鐵材料的 ELID 鏡面研削試驗[8]

自從開發最強韌金屬黏結磨輪的鑄鐵纖維黏結鑽石磨輪以來，有關陶瓷之類難削性硬脆材料的高效率研削，雖有很多開發研究在進行，然而利用切削中心(以下簡稱「MC」)轉用於「研削中心」[9]相關上，針對鋼鐵材料的高效率研削方面，亦有「鑄鐵纖維黏結 CBN(CIFB-CBN)磨輪」被開發出來，而研究亦由此開始進行的這個經過。然而一旦開始研究，鋼鐵材料的一般研削上[10],[11]，很難使用鑄鐵纖維黏結 CBN 磨輪，如果無法確實獲得 CBN 磨粒凸出效果，那麼工件的「鋼」與黏結材的「鑄鐵」之間的親和性，很明顯地就會比脆性材料還要容易發生燒黏這樣問題。因此，使用 CIFB-CBN 磨輪，透過 ELID 研削法的運用，嘗試

鋼鐵材料的鏡面研削，以實現穩定的研削性能爲目標。此處，如**圖 4.1(B)**所示方式，作爲基礎開發，針對盆狀磨輪施行 ELID 鏡面研削鋼鐵材料試驗結果，予以整理。

相片 4.7　超微粒磨輪鏡面加工矽晶圓之例
(左：#8000，右：#10000)

(1) 實驗方法

實驗前，使用如**相片 4.8** 所示裝在#100C 磨輪外周的刹車器式削正

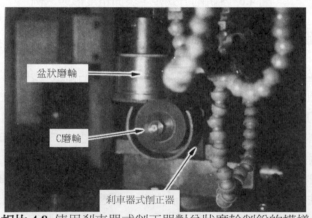

盆狀磨輪

C磨輪

刹車器式削正器

相片 4.8 使用刹車器式削正器對盆狀磨輪削銳的模樣

器，進行欲採用 CIFB-CBN 磨輪削銳。其次，爲調查電解削銳效果，本磨輪先以#80WA 磨棒磨石施行機械式削銳之後，就一般研削與 ELID 研削方面，調查研削次數對研削抵抗及研削表面粗度的變化，並就盆狀磨輪研削加工表面高精度化的可能性，予以評估。此外，**相片 4.9** 顯示使用 WA 磨棒磨石作機械式削銳之情形；而**相片 4.10** 爲電解削銳實景。

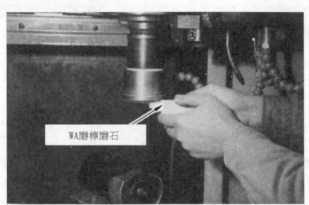

相片 4.9 以 WA 磨棒磨石施行機械式削銳的模樣

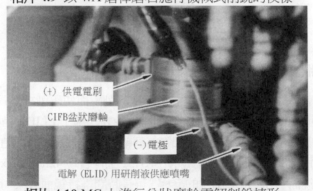

相片 4.10 MC 上進行盆狀磨輪電解削銳情形

(2) 盆狀磨輪的電解削銳效果

採用#140 與#600 兩種盆狀磨輪，針對鋼鐵材料研削加工的電解削銳效果，予以調查。根據預備實驗，如果不計機械式削銳時間的話，那

麼#140 以一般研削方式研削高速鋼(SKH51)、模具鋼(SKD11)，在某種程度是可能的(這兩種鋼皆經淬火，硬度為 HRC61~63)。然而在工具鋼上(調質材 SKS9，HRC58)，即使使用#140 也會因切屑熔著而無法持續一般研削。另一方面，#600 盆狀磨輪不論任何工件，一般研削仍缺穩定，幾至無法加工狀態。**圖 4.7** 顯示電解削銳引起負荷減輕的效果。無關粗磨粒或微細磨粒，可知為使鑄鐵纖維黏結 CBN 磨輪可穩定研削鋼鐵材料，電解削銳有其必要。

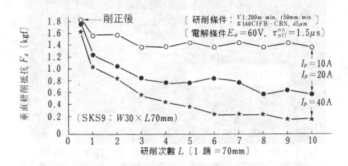

圖 4.7 電解削銳減輕荷重的效果

(3) 盆狀磨輪的鏡面研削效果

接著進行 ELID 研削過程，會因電解削銳而使研削抵抗逐漸減少，研削表面亦緩慢呈現鏡面形貌。削正完後立即施予 ELID 研削，會隨著研削次數的增加而使表面粗度改善(磨輪削銳一般認為即便在加工中亦可進行)，經 8 趟後，如**圖 4.8** 所示，SKH51 工件實現 42nmRmax 或 5nmRa 的良好鏡面。由於電解削銳的參與，可長時間維持鏡面效果。而在 SKS9 工件方面，即使選用#140CIFB-CBN 磨輪情況，ELID 研削若能適用的話，亦可獲得同樣的鏡面形貌(56nmRmax)。不過這種現象，一般認為這是因為盆狀磨輪對鋼鐵材料平面研削時出現的特徵，是由於 CBN 磨粒伴隨著加工的進行，會在某種程度消耗後，呈現平坦化，而且粗磨粒緣故，不太容易脫落，長時間可獲得鏡面狀態的加工表面。此外，又因

爲工件本身材質的特徵，易造成塑性流動，一般認爲也容易獲取良好的加工表面。有關各種鋼鐵材料的 ELID 研削特性詳情，容後再與其它材料適用效果與加工特性，一併敘述。

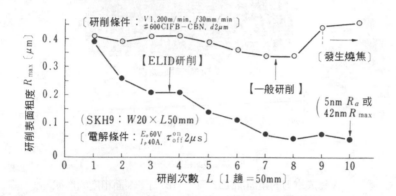

圖 4.8 盆狀磨輪的研削加工特性

(4) 盆狀磨輪的研削表面形貌

在 SKH51 與 SKD11 工件的情況，即使是#140 磨輪，也會因電解削

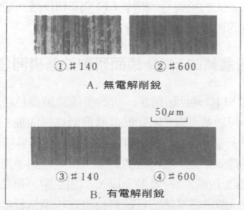

相片 4.11 盆狀磨輪的研削表面形貌

A. 完成車刀的鏡面加工之例

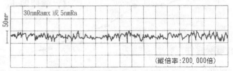

B. 加工表面粗度的形態

A.完成車刀的鏡面加工之例　　B.加工表面粗度的形態

相片 4.12 高速鋼的 ELID 鏡面研削之例

銳作用而獲得 0.2μ mRmax 的良好研削表面，透過一般研削方式，可知呈現伴隨著塑性流動痕跡的鏡面形貌。即使是使用#600 情況，可知電解削銳後(**相片 4.10** 所示)，可得均一且微細的塑性流動表面。**相片 4.11** 顯示這些研削表面的形貌，而**相片 4.12** 為 ELID 鏡面研削樣本的外觀及加工表面粗度的形態。

4.6 平直形磨輪的 ELID 鏡面研削法基礎開發

如上述 ELID 鏡面研削法，可改善鑄鐵纖維黏結鑽石的研削性能，在加工中亦可維持不變，因此就盆狀磨輪作平面加工而言，可獲得廣泛的適用效果。電解線上削銳(ELID)法，已在實現各種硬脆材料可穩定鏡面研削的基礎效果上，獲得確認，係一有效達到①對微細磨粒而言，具有適當磨粒凸出(削銳)的效果，以及②加工中，可除去切屑(防止塞縫)效果。特別是鑄鐵纖維黏結盆狀磨輪可實現鋼鐵材料鏡面研削方面，就

金屬黏結磨輪研削金屬材料來說，不會發生切屑熔著現象(或積極由電解除去附著的金屬性切屑)，可說確立持續高品位研削加工的基本技術。同時對於鋼鐵材料來說，可說確認了鑄鐵纖維黏結 CBN 磨輪的適用效果。

　　本節再度以 ELID 法對平直形磨輪的適用方式，就有關鑄鐵纖維黏結鑽石平直形磨輪的 ELID 鏡面研削法基礎開發，予以如下敘述。本方式，如**圖 4.9** 所示，鑄鐵纖維黏結平直形磨輪當(＋)電極，而對向磨輪面的銅板當(－)電極，適用 ELID 法 [12]·[13]。就(－)電極而言，磨輪半徑帶有曲率，乃採用能涵蓋磨輪作業所定面積的銅電極。研削液係由沿磨輪迴轉方向而朝向磨輪與電極之間間隙的冷卻劑噴嘴，受磨輪迴轉而被捲入，可作充分供應，使兩電極間，產生電解作用。平直形磨輪的 ELID 研削方式，就許多作業現場來說，可利用於一般所用的平面磨床，現今正期待廣泛實用與普及。

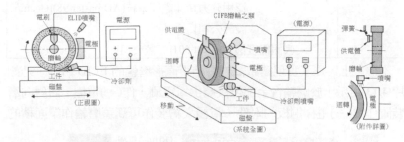

圖 4.9 平直形磨輪的 ELID 鏡面研削適用方式

4.7 平直形磨輪的 ELID 鏡面研削實驗系統

(1) 研削機器

　　本實驗所用的 ELID 研削系統，如**表 4.3** 所示。使用的研削加工機係往覆式平面磨床：GS-CHF。本機的磨輪主軸前方擁有金屬動壓軸承，而後方具有滾珠軸承，是一可期待同時握有良好迴轉精度與剛性的磨輪。

表 4.3 ELID 研削實驗系統的規格

1. 研削機器	往覆式平面磨床：GS-CHF，2.2kW[黑田精工公司]，裝有 ELID 電極附件
2. 研削磨輪	鑄鐵纖維結鑽石磨輪(φ 150mm，刃寬 W10mm)；平直形磨輪 (#170，集中度 125；#4000，集中度 50)[新東工業公司]
3. ELID 電源	線切割放電用電源：MGN-15W[牧野銑床製作所] 電解削銳電源：EDD-04S 型[新東工業公司]
4. 工件	氮化矽陶瓷[常壓繞結]：50 ×50 ×20mm[新京窯業公司] 超硬合金：30 ×30 ×10mm[YKK 吉田工業公司]
5. 其它	研削液：Noritake cool AFG-M，50 倍稀釋液 　　　　　(電阻係數 0.24 ×10^4×Ω・cm[Noritake 公司] 工具:#100C 磨輪+剎車器式削正器[Noritake 公司][Mart 公司] 量具：分力計：8 角彈性應力環(半導體應變計黏貼)[自製] 　　　　　泛用分力量測處理系統(ADmaster 98)[Cosmo 設計公司] 表面粗度儀 Surftest 501[三豐公司]

　　本機之上，爲了實現鑄鐵纖維黏結平直形磨輪的 ELID 研削，乃如 **相片 4.13** 所示，於磨輪台金部位接觸供電電刷，作(＋)電極，而對向磨輪裝置作爲(－)電極銅板的附件。電極大約裝作可涵蓋磨輪作業面積的

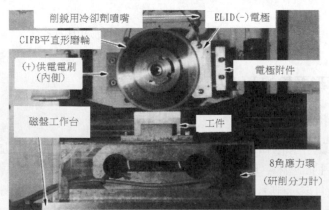

相片 4.13 安裝 ELID 電極附件的往覆式平面研削實驗裝置外觀

1/6，並依兩根金屬導塊，裝置可調整與磨輪之間間隙的機構，同時固定在磨輪蓋之內。本機種一般常用的磨輪直徑為 ϕ200~ϕ220mm，但鑄鐵纖維黏結磨輪則定為 ϕ150mm，目的是為了磨輪蓋內有足夠空間，以容納電極。電解削銳用冷卻劑噴嘴，係以安裝在磨輪蓋上的連接器為媒介，供應冷卻劑進入磨輪與電極之間的間隙內。機器的工作台上，使用磁盤固定分力計，以備利用。冷卻劑(研削液)係以自來水先經 50 倍稀釋具有弱導電性水溶性研削液：Noritake cool AFG-M 之後使用，一般認為充分具有防止加工機生鏽的效果。

(2) 研削磨輪

本實驗所用的磨輪，係採用平直形鑄鐵纖維黏結鑽石(CIFB-D)磨輪 [ϕ150mm ×W10mm：#170，集中度 125；#4000(平均磨粒直徑約 4.06 μm)，集中度 50]。此處，作為加工對象的胚件(氮化矽、超硬合金)粗磨試用#170，而最後鏡面加工則試用#4000。

(3) ELID 電源

ELID 用的電解電源是針對粗粒平直形磨輪的 ELID 粗磨試驗上，採用具有充分輸出容量的線切割放電加工機用電源裝置：MGN-15W。此外，微粒平直形磨輪的 ELID 鏡面研削試驗上，則選用當初開發作為放電削正用，而今為因應 ELID 用改良內部電路的直流脈衝電源 (EDD-04S，**相片 4.14**)。本電源的輸出電壓屬矩形波，外加電壓 Eo 為

相片 4.14 ELID 用的脈衝電源裝置外觀

140V，設定最大電流 Ip 為 3A，為一分別固定的簡易規格。另外，輸出電壓的脈衝寬 τ_{on}、τ_{off} 亦分別固定為 5μs、1.7μs；因屬低容量，為確保電解效率，乃使用歸類於放電加工的高負荷(duty)條件。

4.8 平直形磨輪的 ELID 研削加工實驗及考察

(1) 實驗方法

加工實驗之前，先以裝置#100C 磨輪的剎車器式削正器施行預定使用各 CIFB-D 平直形磨輪的削正。剎車器式削正器的迴轉軸相對磨輪的移動軸，傾斜大約 15°，以帶動迴轉方式執行機械式削正。削正的最後階段，C 磨輪至不引起帶動迴轉為止，施行無火花研削。透過削正，微細磨粒磨輪可減低表面振動至 2~4(μm/全周)境界。其次，為調查 ELID 的效果，各個磨輪再以#80WA 磨棒磨輪，經手作業作初期削銳之後，就一般研削(無 ELID)與 ELID 研削各情況，量測研削抵抗的變化，以調查差異。加工方式採取橫進研削。工件為氮化矽、超硬合金塊材，而研削抵抗則以 8 角應力環，作為分力計量測。為達成鏡面研削的#4000CIFB-D 磨輪，在最後加工上主要是採用事先施行初期電解削銳的磨輪，進行 ELID 研削實驗，以調查加工表面狀態。

(2) ELID 研削的粗磨效果(氮化矽)

首先，使用#170CIFB-D 平直形磨輪，進行氮化矽的粗磨試驗。**圖 4.10** 顯示一般研削及 ELID 研削的法線研削抵抗變化。氮化矽性難削，就磨粒保持力高的鑄鐵纖維黏結磨輪進行一般研削來說，經由磨擦磨耗磨粒前端呈平坦化的磨輪破碎狀態，一般認為磨輪黏結材與加工表面的接觸，會發生火花現象 [14], [15]。本實驗以進刀深 d=29μm(橫進間距 p=3mm)、進給速度 f=20m/min 的這樣條件來看，一般研削容易發生火花，避免不了研削抵抗明顯上升(**圖 4.10**)。與此相對，ELID 研削即使與一般研削同樣條件，研削抵抗呈飽和狀，可足以進行穩定的粗磨加工。最後再與一般研削比較，可以 1/2 以下低負荷，呈穩定狀，亦可確認加工精度改善是可預測的優越性。

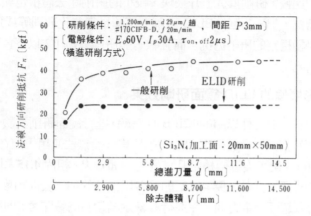

圖 4.10 粗粒 CIFB-D 磨輪的 ELID 研削效果與特性(氮化矽)

(3) ELID 研削的粗磨效果(超硬合金)

其次，同樣情況，調查超硬合金的粗磨效果。**圖 4.11** 顯示施行一般研削與 ELID 研削情況的研削抵抗變化。由於超硬合金為燒結合金，當然其切屑亦屬金屬材質，一般認為與金屬黏結的親和性高。因此一般研

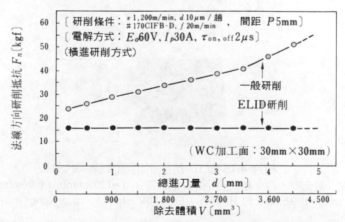

圖 4.11 粗粒 CIFB-D 磨輪的 ELID 研削效果與特性(超硬合金)

削與氮化矽比較，研削抵抗上升較快，較小的研削除去體積也顯示有較高的研削抵抗。另一方面，ELID 研削上不論是與氮化矽同等或這以上條件，可得極穩定的研削抵抗，而且較一般研削只需 1/2 以下負荷，即可連續粗磨。

(4) 平直形磨輪的 ELID 鏡面研削效果

最後對針各個工件以#4000CIFB-D 磨輪，進行鏡面研削試驗。#4000 這種微粒磨輪情況，一般研削即生研削燒焦，而無法使用，但在 ELID 研削各工件下，則可獲得極穩定且良好的鏡面效果。**相片 4.15** 顯示鏡面研削樣本的外觀。此外，**圖 4.12** 即爲各個工件的加工表面粗度形態之例。此處有關超硬合金方面，在進行鑄鐵黏結鑽石磨輪開發初期的性能評估實驗過程中，亦有多項報告 [16], [17]，即使一般研削也可獲取接近較佳鏡面的加工表面狀態。但在加工法的穩定性上卻無觸及，何況平直形磨輪的橫進研削一旦進給速度升高，即易發生燒焦，而使用本方式所得的鏡面研削效果，並未看到這類報告。**相片 4.16** 是包含#170 進行粗加工在內所得氮化矽研削表面形貌的顯微鏡相片。

相片 4.15 ELID 鏡面研削加工樣本的外觀

(左：氮化矽，右：超硬合金)[研削條件：υ =1200m/min，f=20m/min，d=1 μ m，p=1~0.6mm；ELID 條件：Eo=140V，Ip=3A，τ_{on}=5 μ s，τ_{off}=1.7 μ s]

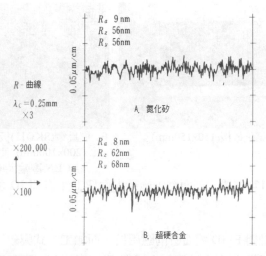

圖 4.12 ELID 鏡面研削的表面粗度形態

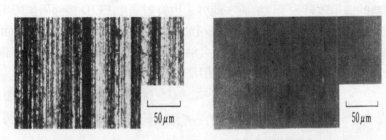

A. ELID 粗磨（#170）　　　　　　B. ELID 鏡面研削(#4000)
相片 4.16 各磨輪粒度的 ELID 研削表面形貌(氮化矽)

　　像這樣以平直形磨輪作 ELID 研削的方式，由粗粒磨輪至微粒磨輪皆可進行穩定的研削加工，而且加工表面狀態亦可達成大幅度的高品位化。即使是常用的往覆式平面磨床，亦經確認可以本研削方式達到 ELID 的效果，意義可謂重大。**相片 4.17** 是應用本實驗所得到大面積工件的 ELID 鏡面研削事例。

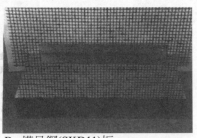

A.氮化矽板(150×150mm)　　B. 模具鋼(SKD11)板
　　　　　　　　　　　　　　　 (200x100mm) 使用鑄鐵纖維黏
　　　　　　　　　　　　　　　 結 CBN 磨輪(#4000)

相片 4.17 往覆式平面磨床施行大面積工件的 ELID 鏡面研削之例

　　本章針對 ELID 鏡面研削應用於平面加工方式與效果，就盆狀磨輪進行深切緩進/縱向進給研削方式與平直形磨輪進行平面橫進(快速進給)的研削方式，整理出氮化矽之類的硬脆材料、鋼鐵材料、超硬合金等金屬材料的適用效果，予以解說。此外，也針對適用 ELID 鏡面研削所用鑄鐵纖維黏結磨輪方面，不只是鑽石磨粒，亦就 CBN 磨粒適用的鏡面研削效果，皆經確認無誤。透過至今解說的基礎開發研究，可謂已確認了針對 ELID 鏡面研削平面加工適用法的基礎技術吧！

參考文獻

1 ）大森整，中川威雄：鋳鉄ボンドダイヤモンド砥石によるシリコンの研削加工（第 3 報：電解研削による複合効果），昭和62年度精密工学会秋季大会学術講演会講演論文集（1987）687～688.

2 ）大森整，中川威雄：鋳鉄ボンドダイヤモンド砥石によるシリコンの研削加工（第 4 報：超微粒砥石による鏡面研削），昭和63年度精密工学会春季大会学術講演会講演論文集，（1988）521～522.

3 ）大森整，中川威雄：フェライトの鏡面研削による仕上加工，昭和63年度精密工学会春季大会学術講演会講演論文集，（1988）519～520.

4 ）大森整，中川威雄：鋳鉄ファイバボンド砥石による硬脆材料の鏡面研削，昭和63年度精密工学会秋季大会学術講演会講演論文集，（1988）355～356.

5 ）大森整，黒沢伸，中川威雄：鋳鉄ファイバボンド砥石によるガラス系材料の鏡面研削加工，昭和63年度精密工学会秋季大会学術講演会講演論文集，（1988）357～358.

6 ）大森整，外山公平，中川威雄：鋳鉄ボンドダイヤモンド砥石によるシリコンの研削加工（第 5 報：インフィード鏡面研削の試み），昭和63年度精密工学会秋季大会学術講演会講演論文集，（1988）715～716.

7 ）大森整，外山公平，中川威雄：鋳鉄ボンドダイヤモンド砥石によるシリコンの研削加工（第 6 報：＃10,000砥石による電解ドレッシング鏡面研削），1989年度精密工学会春季大会学術講演会講演論文集，（1989）365～366.

8 ）大森整，山田英治，中川威雄：マシニングセンタによる鉄鋼材料の研削加工（第 3 報：鉄鋼材料の電解インプロセスドレッシング研削法），昭和63年度精密工学会秋季大会学術講演会講演論文集，（1988）43～44.

9 ）たとえば，鈴木清，植松哲太郎，中川威雄：マシニングセンタによる硬脆材料の研削，昭和60年度精機学会春季大会学術講演会講演論文集，（1985）809～812.

10）山田英治，中川威雄：マシニングセンタによる鉄鋼材料の研削加工，昭和62年度精密工学会春季大会学術講演会講演論文集，（1987）617～618.

11）山田英治，中川威雄：マシニングセンタによる鉄鋼材料の研削加工（第 2 報：金型材料への応用），昭和62年度精密工学会秋季大会学術講演会講演論文集，（1987）505～506.

12）高橋一郎，大森整，中川威雄：硬脆材料の高能率研削加工，昭和63年度精密工学会秋季大会学術講演会講演論文集，（1988）401～402.

13）高橋一郎，大森整，中川威雄：硬脆材料の高能率研削加工（第 2 報：平面研削盤による電解ドレッシング研削），1989年度精密工学会春季大会学術講演会講演論文集，（1989）355～356.

14）刈込勝比古，中川威雄：ファインセラミックスの鋳鉄ボンドダイヤモンド砥石によるクリープフィード研削機構，精密工学会誌，54, 11 (1988), 2156.

15）刈込勝比古，中川威雄：鋳鉄ボンド砥石による窒化けい素セラミック研削における火花の発生に関する考察，精密工学会誌，57, 1 (1991), 166.

16）Y. Hagiuda, K. Karikomi, and T. Nakagawa : Manufacturing of a Sintered Cast Iron Lapping Plate with Fixed Abrasives and its Lapping Abilities, Annals of the CIRP Vol. 30/1/1981, 277.

17）中川威雄：鋳鉄の粉末冶金と焼結品，精密機械，50, 10 (1984), 1575.

第5章 ELID研削法對圓筒加工的適用

5.1 盆狀磨輪的 ELID 圓筒外周鏡面研削法

　　透過使用鑄鐵纖維黏結微細磨粒鑽石磨輪的 ELID 研削法，已可實現矽、鐵氧體、玻璃、精密陶瓷等各種各樣高硬度脆性材料或高硬度金屬材料的鏡面加工 [1]~[4]。誠如前述，從採用盆狀磨輪方式，開始進行 ELID 研削的開發研究，也已嘗試過平直形方式的適用。ELID 鏡面研削的適用，至今為止只是關係到平面的鏡面加工為主，然而對於傳統以來圓筒形狀製品高效率鏡面加工技術，也有強烈期待。因此，首先嘗試使用盆狀磨輪，以 ELID 研削法適用於圓筒外周鏡面加工。

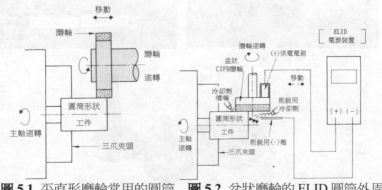

圖 5.1 平直形磨輪常用的圓筒研削方式　　**圖 5.2** 盆狀磨輪的 ELID 圓筒外周鏡面研削方式

　　就 ELID 系統來說，與平面研削情況同樣，接觸磨輪台金部位的電刷，當作(＋)電極，而對向磨輪面的電極板則作(－)電極，其間的間隙，以水溶性研削液(冷卻劑)供應入內，以施行 ELID 研削。誠如常用的圓筒外周研削一樣，採行如**圖 5.1** 所示平直形磨輪方式，可以想像磨輪端面振動與迴轉振動容易產生相乘作用需要求某種程度的機器精度。面對此而作基礎開發嘗試的本方式，採用盆狀磨輪與工件迴轉軸呈直交狀迴轉，再以橫進研削方式施行外周鏡面研削(**圖 5.2**)[5]。使用 ELID 法因為具有微細磨粒的盆狀磨輪也能適當持續作出磨粒凸出作用，所以可以期待實現穩定的圓筒外周鏡面研削。

5.2 盆狀磨輪的 ELID 圓筒鏡面研削系統

(1) 研削機器

　　本實驗所用的 ELID 研削系統規格，如**表 5.1** 所示。以圓筒外周研削用加工機而言，採用了如**相片 5.1** 所示車削中心：QT-10N 改造型。

(a) 裝置全景　　　　　　　　(b) 裝置主要部位

(c) 使用的 CIFB-D 盆狀磨輪

相片 5.1 車削中心的 ELID 圓筒外周鏡面研削裝置外觀

本機雖是附有銑床主軸的 CNC 車床，爲了作爲就圓筒研削加工機來使用，將其規格等方面作了些變更及改造。本實驗機爲了施行 ELID 研削需要，乃再裝設供電電極等裝置。冷卻劑(研削夜)則以具弱導電性水溶性研削液(Noritake cool AFG-M)，以自來水稀釋 50 倍使用。此外，作爲實驗比較用的平面研削加工機，亦選用立式精密迴轉式平面磨床：RGS-60(不二越公司)以及門形切削中心：VQC-15/40(山崎 Mazack 公司：**相片 5.2**)。有關這些加工機也裝設 ELID 電極附件等裝置，以用於ELID 鏡面研削實驗。

相片 5.2 切削中心的 ELID 平面鏡面研削裝置外觀

表 5.1 ELID 研削實驗系統規格

1. 研削機器	車削中心：QT-10N 改造型[山崎 Mazack 公司] 立式精密迴轉式平面磨床：RGS-60[不二越公司] 門形切削中心：VQC-15/40[山崎 Mazack 公司] 以上三款皆裝有 ELID 用電極等裝置。
2. 研削磨輪	鑄鐵纖維黏結鑽石磨輪(φ50 ×W3mm，φ50×W5mm，φ150×W5mm 盆狀；#600[平均磨粒直徑約 25.5μm]，集中度 100；#2000[6.88μm]，集中度 75；4000[4.06μm]，集中度 50；#6000[2.8μm]，集中度 40)[新東工業公司]
3. ELID 電源	線切割放電用電源：MGN-15W[牧野銑床製作所]
4. 工件	氮化矽(Si_3N_4)[京陶公司]，超硬合金(WC-Co)[YKK 吉田工業公司]，各圓筒與平面胚料。
5. 其它	研削液：Noritake cool AFG-M(50 倍稀釋液)[Noritake cool 公司] 工具：#100C 磨輪[Noritake 公司][Mart 公司] 量具：表面粗度儀 Surftest 50l 記錄器[三豐公司]

(2) 研削磨輪

使用於圓筒外周研削的磨輪,係盆狀鑄鐵纖維黏結鑽石磨輪(以下簡稱"CIFB-D 磨輪")。此爲 ϕ 50/ ϕ 75 ×W5mm 盆狀磨輪,選用粗磨用#600(平均磨粒直徑約 25.5 μ m)及鏡面精磨用#2000(約 6.88 μ m)、#4000(約 4.06 μ m)以及#6000(約 2.8 μ m)共 3 種磨輪粒度。此外爲比較用,乃以適用平面的 ELID 鏡面研削時使用的 ϕ 150 ×W5mm 的盆狀 CIFB-D 磨輪,一起進行實驗。

(3) ELID 電源

爲逐行 ELID 研削所選用的電解電源,乃採用了用線切割放電加工機用電源:MGN-15W。本電源裝置的電壓波形屬矩形波,主要設定外加電壓 Eo、設定電流 Ip、τ_{on}、τ_{off} 等項。在預備實驗過程中,爲因應所用磨輪粒度或加工條件,乃以邊監視平均實電流等項,邊設定適當的輸出電解條件。條件設定方法的概要,是愈微細磨粒的磨輪、進刀深愈深者,設定愈高的供應電解電力。

(4) 工件

就作爲 ELID 圓筒外周鏡面研削的基礎開發而言的本實驗,主要是取代表性難削材的氮化矽陶瓷(加工部位: ϕ 48 ×L46mm),以及高硬度金屬材質代表例的超硬合金(加工部位: ϕ 20 ×L70mm)使用。

5.3 氮化矽陶瓷的 ELID 圓筒鏡面研削實驗

(1) 實驗方法

首先,在車削中心上,以夾定工件主軸的#100C 磨輪,進行 CIFB-D 磨輪的削正工作。有細粒的 CIFB-D 磨輪,經本削正而得磨輪端面呈平滑化是重要的。其次,依設定的電解條件,進行 15min 左右的初期電解削銳,以逐行所用磨輪初期削銳需要。由此削銳狀態,再把圓筒形陶瓷工件夾在主軸上,開始進行 ELID 研削實驗。就研削特性而言,設定 ELID 條件在一定值之下,調查研削條件(主要是進給速度、工件周速)與表面

粗度的關係。

(2) 電解削銳特性

　　鏡面研削實驗之前，先調查初期電解削銳特性。經調查某設定條件之下的平均實電壓 Ew 及實電流 Iw 與削銳時間的關係，即如**圖 5.3** 所示結果。CIFB 磨輪方面，削正完後的電解電流雖流動 6~8A 之值，但隨著電解削銳的進行，電解電流呈低落狀，但極間的電壓卻一路攀升不止。電解電流低落，幾呈穩定磨輪狀態雖可權宜當作初期削銳完成，不過其削銳速度，亦即以電解電流值的初期值與穩定值之間的差距至穩定之前所花時間除以之值(所謂 "電解電流低落率")，雖受設定電解條件、磨輪迴轉數、電極面積、磨輪粒度等多項因素決定，但經驗上呈近反 "S字" 形曲線的特性，經確認多次，確有相同傾向。

(3) 磨輪進給速度的影響

　　就研削條件的影響而言，調查磨輪(橫進)進給速度與加工表面粗度的關係。經削正#2000 及#4000CIFB-D 磨輪之後，依**圖 5.3** 所示電解削銳特性，施行大約 15~20min 的初期電解削銳，經調查 ELID 圓筒研削的磨輪進給速度影響，即得如**圖 5.4** 所示結果。當變化進給速度 fz，可知在 f=60mm/min 附近可得最好的表面粗度。其它條件上，加工表面上

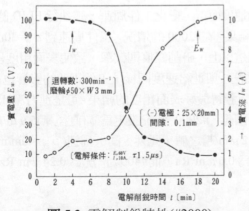

圖 5.3 電解削銳特性(#2000)

呈明顯螺旋狀條痕。此外，#4000 方面，因為出現較微細的加工表面形貌，可說進給速度的影響很小。

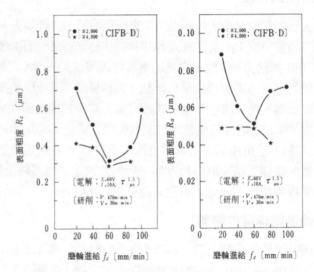

圖 5.4 進給速度與表面粗度的關係(氮化矽)

(4) 工件周速的影響

　　就一定進給速度而言，變化工件周速，經執行 ELID 圓筒研削，即得如**圖 5.5** 所示結果。在#2000 的情況，工件周速到 υ_w=30m/min 之前，雖幾無變化，但這以上，研削條痕則較深，致使表面粗度呈惡化傾向。然而在 #4000 情況，與進給速度同樣，工件周速的影響也很小，會在 υ_w=40m/min 附近獲得最好表面粗度的結果。可是進刀深 d_x 係因應磨輪粒度而設定的，因此，#2000 情況設定為 ϕ(直徑量)5 μm/趟，而#4000 的情況，則為 ϕ2 μm/趟之值。此外，同一周速(υ_w=40m/min)之下，會出現#2000 情況為 0.6 μm Ra，而#4000 情況為 0.24 μm Rz 加工表面粗度的差異。

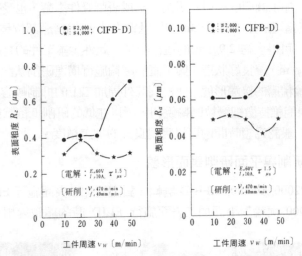

圖 5.5 工件周速與表面粗度的關係(氮化矽)

(5) ELID 研削性能

使用#2000CIFB-D 磨輪，針對 ELID 圓筒研削的持續性，予以調查結果，只要賦予電解，即可長時間獲得穩定的鏡面研削。雖經調查研削移動(橫進)距離至 1000mm 的表面粗度，也未發現因距離出現的變化。此外，也調查#4000CIFB-D 磨輪的持續性，經確認微細磨粒亦具同樣穩定性。

(6) 清磨的效果

經 ELID 研削後殘留切削量，與一般研削比較，在平面研削的情況，已確認極少。因此，就本實驗的 ELID 圓筒研削來說，透過＃2000 及＃4000 的兩磨輪，經適當條件所得各研削表面實施無火花研磨(1、2 及 4 次共三種)，並無顯著精磨表面粗度改善的效果。與平面研削同樣，本來殘留切削量就少，且擁有 CIFB-D 這樣高剛性磨輪，亦會受磨輪主軸迴轉精度的影響，一般認為並無清磨顯著效果。

(7) 圓筒度及真圓度

當然，加工圓筒度不只受研削方法或研削條件影響，也受工作夾定方法等因素影響，如 φ 48×L93mm(以懸臂方式夾定)精磨部位長度 46mm 的圓筒度，可得大約 2.9 μm 的這樣結果。此外，本工件的真圓度，約至 0.3~0.5 μm，屬良好狀態。與平直形磨輪施行橫進研削狀況不同，由於盆狀磨輪精磨的接觸形態，使得圓筒外周加工上的抑制較容易，加上 ELID 效果能維持微細磨粒磨輪銳利，所以在低的研削抵抗狀態下，使用良好，一般認為短時間內可以實現良好的加工精度。

(8) 圓筒研削與平面研削表面形貌

使用#2000 及#4000CIFB-D 磨輪，對圓筒加工表面施行 ELID 時以及使用#4000 磨輪對平面加工表面施行 ELID 時的顯微鏡相片，可由

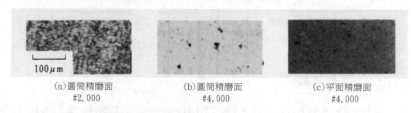

(a)圓筒精磨面　　　　　(b)圓筒精磨面　　　　　(c)平面精磨面
#2,000　　　　　　　　#4,000　　　　　　　　#4,000

相片 5.3 圓筒精磨面與平面精磨面形貌

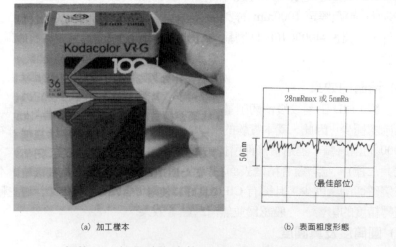

(a) 加工樣本　　　　　　　　　(b) 表面粗度形態

相片 5.4 氮化矽陶瓷的 ELID 平面鏡面研削之例

相片 5.3 顯示。圓筒研削表面係混合著塑性流動與脆性破壞現象，呈有規律的研削條痕(螺旋狀)表面形貌，不過一般認為這是受某種程度機器振動影響很大的緣故。另一方面，平面研削表面大致上呈現塑性流動現象，而顯現平滑化的均一表面形貌，可得如**相片 5.4** 所示使用迴轉式平面磨床獲得 50nmRmax 左右的鏡面。這些的不同點，一般認為係受磨輪迴轉精度、磨輪與工件的接觸形態、機械剛性等加工系統特性的影響很大。**相片 5.5** 顯示所獲得氮化矽陶瓷的圓筒外周鏡面研削代表性加工表面粗度形態與加工樣本。

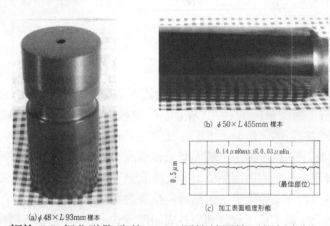

(b) φ50×L455mm 樣本

0.14μmRmax 或 0.03μmRa

(最佳部位)

(c) 加工表面粗度形態

(a) φ48×L93mm 樣本

相片 5.5 氮化矽陶瓷的 ELID 圓筒外周鏡面研削之例

5.4 平直形磨輪的 ELID 圓筒外周鏡面研削

　　猶如前節所述，透過使用盆狀磨輪的圓筒外周研削方式應用 ELID法，針對各種陶瓷材料以及超硬合金的鏡面研削效果 [5]、[6]，予以解說。本加工方式，因為使盆狀磨輪與工件迴轉軸直交軸迴轉而精磨圓筒外周，故在振動抑制效果等加工穩定性之點，可說是優越方式，然而在諸如有段差圓筒外周面的鏡面加工之類複雜形狀工件上，卻無法因應。因此，本節所敘述的適用方式，係使用平直形磨輪施行圓筒外周研削方式。

　　已如前章所言，使用平直形磨輪的往覆式平面研削方式可適用 ELID 法，已確認具鏡面研削效果 [7]。大致上，使用平直形磨輪的研削方法，會因磨輪偏心導致迴轉振動與基於磨輪主軸迴轉精度的迴轉振動兩者相乘作用，而易於加工中發生顫振現象，造成鏡面研磨困難。然而，反之若能使 ELID 法適用於一般磨床上的話，是可以期待更廣範圍加工達成鏡面研削效果。原理上，以金屬黏結(鑄鐵系)磨輪當作 (＋)電極，而對向此磨輪面作爲(－)電極，此兩極間間隙設定爲 0.1~0.3mm，再供應具有弱導電性的水溶性研削液入其間，邊進行電解削銳，邊施行圓筒外周研削。依本方式，把已明確的 ELID 效果，可期待適當應用於圓筒外周鏡面研削。

5.5 ELID 削正法 [8]的原理

　　至今就 ELID 研削實驗上所用鑄鐵系金屬黏結(鑽石/CBN)磨輪的初期削正(去振作業)，是採用較粗粒 C 磨輪之類削正器等機械式削正方法，予以施行的。然而，本節嘗試使用平直形磨輪施行圓筒外周研削，係原本應用在傳統磨床上較大型磨輪情況，初期削正精度較傳統爲高，這在實現良好鏡面研削品位上，極爲重要，而且此削正效率爲確保整個研削過程的作業效率上，也是極爲重要的課題。

　　因此，就本章所敘述圓筒外周研削方式上所用的平直形磨輪而言，

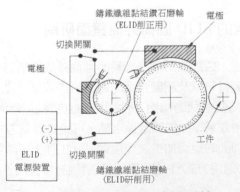

圖 5.6 ELID 研削/削正系統

係以同樣金屬黏結鑽石磨輪，作爲工具利用的機械式削正方式，當作應用 ELID 法的 "ELID 削正法[8]" 看待。此削正原理配合 ELID 圓筒外周研削方式，予以模式化的話，可如**圖 5.6** 所示。圖中，把電解電源接在工具磨輪側，經施行 ELID 削正之後，再改爲實際圓筒外周加工用磨輪側，逐行 ELID 鏡面研削。

5.6 平直形磨輪的 ELID 圓筒外周鏡面研削系統

表 5.2 爲適用的實驗系統規格。以下，依主要項目予以說明。

表 5.2 ELID 圓筒外周鏡面研削系統規格

1. 研削機器	圓筒磨床 GP-25R[大隈鐵工所(現 Okuma)]
2. 研削磨輪	鑄鐵纖維黏結鑽石磨輪/CBN 磨輪(平直形) φ300mm ×W20mm，#170~#4000 [新東 Breiter 公司]
3. 電源裝置	電解用電源：ELID PULSER(EPG-30ST) [新東 Breiter 公司]
4. 工件	圓筒形狀(φ50×150mm) 硬脆材料：氮化矽、超硬合金、碳化矽 鋼鐵材料：S55C(生材)，S55C(淬火材)， 　　　　　　SCM415H，SACM645
5. 其它	研削液：Noritake cool AFG-M，50 倍稀釋液 　　　　　[Noritake 公司] 量具：表面粗度儀 Surftest 501[三豐公司] 　　　記錄器 Analyzing recorder[橫河電機 　　　公司]

(1) 研削加工機

加工機採用圓筒磨床：DP-25R，裝設 ELID 用電極((−)電極附件、供電電刷)等裝置而用於實驗上(**相片 5.6**)。(−)電極附件係以石墨或鋼作胚件製作，面對φ300mm 這樣較大型磨輪而言，爲實現均一電解削銳，

宜需有充分研削液的供應。因此從電極背面適當設計貫通溝槽,直接進行噴出研削液的特殊構造。此外,本機在磨輪主軸後側為能擁有迴轉削銳用迴轉驅動軸,乃在此軸安裝平直形鑄鐵纖維黏結鑽石磨輪,如**相片5.7** 所示,改造成可以作 ELID 削正實驗用。

A. 加工機全景

B. ELID 電極相關位置的樣子

C. 圓筒形工件加工的模樣

相片 5.6 安裝 ELID 電極的圓筒磨床外觀

相片 5.7 ELID 削正(迴轉式削銳)用後軸外觀

(2) 研削磨輪

使用的磨輪分別爲平直形鑄纖維黏結鑽石/CBN 磨輪(以下分別簡稱 "CIFB-D" 及 "CIFB-CBN 磨輪")兩種。這是分別採用直徑 φ 300mm、刃寬 20mm 較大型平直形磨輪，粗磨用爲#170(平均粒徑約 80 μm)而精磨用爲#1200(約 11.6μm)，以及最後精磨鏡面研削用#4000(約 4.06μm)。

(3) ELID 電源

爲逐行 ELID 研削所要電解削銳用電源，選用如**相片 5.8** 所示電解削銳電源裝置： ELID PULSER(EPS-30ST)。本電源裝置的電壓波形屬矩形波，設定無負荷電壓 Eo(可切換 60V、100V 及 140V 三種)、設定電流 Ip(最大爲 30A，可作 99 段切換)、τ_{on}/τ_{off}(2~200μ s／20~2000μs，各可作 99 段切換)等變數(輸入： 3 相 AC200V，3kVA)。決定電解削銳強度的輸出電解條件，是因應所用磨輪粒度或研削加工條件等，而由預備實驗來設定找出來的適當值。

相片 5.8 ELID 電源裝置的外觀

(4) 研削抵抗量測裝置

有關圓筒外周研削抵抗的量測方法，係如**相片 5.9** 所示以支撐工件的頂心上，貼上應變計，作爲感測器用，再以轉換器，偵測加工負荷，把本感測器訊號透過放大器，傳入解析式筆記錄器，進行量測數據的記錄。至於研削抵抗，主要是量測法線方向的分力，以作爲有關圓筒外周

研削加工穩定性的評估資料。

相片 5.9 研削抵抗量測用應變計(箭頭所指之處)

5.7 平直形磨輪的各種材料 ELID 圓筒外周研削實驗

(1) 實驗方法

圓周研削實驗之前，先依 ELID 削正法，進行所用鑄鐵纖維黏結磨輪的削正。其次，再以#170CIFB 磨輪或#1200CIFB 磨輪施行工件粗、精磨之後，最後以#4000CIFB 磨輪進行 ELID 鏡面研削實驗。此外，各磨輪在 ELID 研削實驗開始前，施行大約 30min 的初期電解削銳，以求適當削銳。至於 ELID 研削特性，主要是針對有關研削抵抗穩定性或加工表面粗度，予以調查及評估。

(2) ELID 削正特性

像金屬黏結磨輪那樣極硬磨輪，能在加工機上有效率施行削正之點，誠如上述，在 ELID 研削實用上是極爲重要的。因此，ELID 研削實驗之前，就有關 ELID 削正效果，予以調查。首先，針對#170CIFB-CBN 磨輪而言，#170CIFB-D 磨輪作爲工具使用，經施行 ELID 削正，初期可把 50 μm 多的磨輪振動，進刀量約 70 μm，在極短時間內，很容易地減少到 1 μm 境地。相對此的 GC 磨輪當作工具使用情況的削正，其

磨輪振動只能減到 5~6μm 而已，何況磨輪整個皆生波紋，無法完全消除振動。此外，此情況的 GC 磨輪總進刀量亦達到 4.5mm 弱，需要相當長的時間。**圖 5.7** 是綜合比較這些情況。

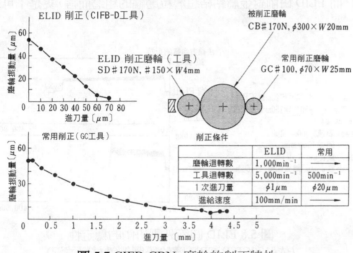

圖 5.7 CIFB-CBN 磨輪的削正特性

這意謂著以工具使用的 GC 磨輪損耗速度，與 ELID 削正情況的工具用 CIFB 磨輪比較，顯現極高狀態，即使是被削正磨輪的 CIFB 磨輪初期振動花長時間也無法完全除去。因此，今後 ELID 研削上採用大型(指大直徑、大寬厚之意)金屬黏結超磨粒磨輪的削正作業，雖可適用 ELID 削正法，但為確保其作業效率之下，ELID 研削實用化上是一有力手法，自是勿庸置疑。

(3) ELID 圓筒外周研削的穩定性

為調查 ELID 圓筒外周研削的穩定性，首先採用粗粒磨輪，即 #170CIFB-CBN 磨輪，並嘗試以 S55C(生材)作高效率研削實驗。選用寬 20mm 的磨輪，針對直徑 φ50mm 工件試作直進式切削，若賦予 ELID 的情況，工件一迴轉的進刀深度 10μm 連續研削時，即便總研削量超過 1000mm³，研削抵抗呈穩定狀，持續保持良好的銳利度。此情況的總

研削量相當於直徑 5mm 以上的量。另一方面，無 ELID 的情況，隨研削進行的同時，磨輪出現塞縫現象，致使研削抵抗短時間急劇上升。**圖 5.8** 顯示這些比較結果。特別是在生材作直進式研削時，塞縫現象更是明顯，而 ELID 研削對金屬黏結超磨粒磨輪的粗磨而言，更是不可或缺。

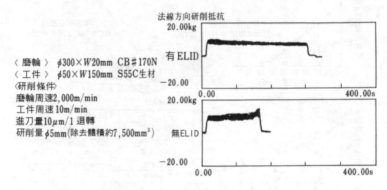

圖 5.8 ELID 圓筒外周研削的穩定性
(依#170CIFB-CBN 磨輪研削鋼鐵材料情況)

(4) 磨輪粒度的影響

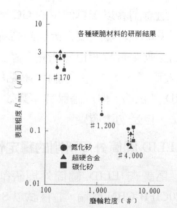

其次，針對陶瓷材料，選擇氮化矽，就磨輪粒度與研削表面粗度的關係，予以調查。首先，粗磨方面使用#170CIFB-D 磨輪，以 ELID 研削施行橫進切削，可得研削加工表面粗度 1.6~2.1 μm Rmax 或 0.16~0.2 μm Ra。此外，在#1200 方面，則會有 0.2~0.5 μm Rmax 或 0.03~0.05 μm Ra，而#4000CIFB-D 磨輪則有 0.07~0.11 μm Rmax 或 0.005~0.011 μm 的鏡面效果。

圖 5.9 磨輪粒度與工件材種的影響(採用 CIFB-D 磨輪及各種陶瓷的情況)

　　圖 5.9 顯示研削表面粗度相對磨輪粒度是呈現直線狀改善傾向。至於有關磨輪粒度與表面粗度的關係，容後述同其它工件(如鋼之類)亦出現同樣傾向。

(5) 加工工程的影響

　　氮化矽因具有高的難削性，在隨著加工表面粗度改善的同時，就微細磨粒磨輪的情況而言，磨輪面與加工面之間，易生研削抵抗導致的滑移。因此，經#170CIFB-D 粗磨之後，直接以#4000CIFB-D 磨輪嘗試鏡面研削的情況，顯示容易殘留因無法除去加工表面粗磨所生加工痕跡的傾向。相對此採用#170粗磨後，於中間工程介入#1200之後，再使用#4000經進行鏡面研削，可以抑制殘留切削量而得到良好的表面粗度。**圖 5.10** 顯示這些加工工程的影響。

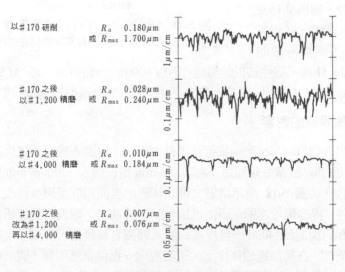

·研削條件：磨輪周速1,200m/min　．工件周速 15m/min，
　　　　　　橫進量2mm/1週轉

圖 5.10 加工工程的影響
(CIFB-D 磨輪對氮化矽陶瓷的 ELID 研削)

(6) 工件的影響

其次，針對工件材種的加工表面粗度相異點，予以調查。就鋼鐵材料而言，S55C 生材、S55C 淬火材、SCM415H 滲碳鋼及 SACM645 氮化鋼共 4 種，以橫進切削方式所得的表面粗度，在 #170CIFB-CBN 磨輪為 4 μm Rmax 左右而在 #4000 時，則為 0.15 μm Rmax 境地，並無見到因工件不同導致的

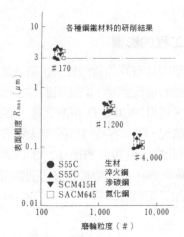

圖 5.11 磨輪粒度、工件材種的影響
(使用 CIFB-CBN 磨輪與各種鋼鐵材料的情況)

差異。**圖 5.11** 顯示這些結果的整理。但在#4000 的鏡面研削上，針對 S55C 生材不適合 ELID 條件下，容易發生研削燒焦，不易獲得均一鏡面形貌。

(7) 磨輪周速的影響

就#170CIFB-CBN 磨輪施行圓筒外周研削，以調查磨輪周速與研削表面粗度的關係。當磨輪周速 v_t=2500m/min 情況與 v_t=2000m/min 以下情況比較，如**圖 5.12** 所示結果，可知其研削表面粗度呈現少許改善傾向。此外，提高周速亦顯示研削抵抗也呈下降趨勢，顯現可穩定研削的傾向。相對與此的#4000 一旦提高周速，顫振容易發生，反而呈現難以穩定的研削。在高周速的條件下，研削液均一提供當然困難，而磨輪通過電極的時間很短，而且電解強度亦呈下降，所以 ELID 的效果欲充分期待是有其困難。

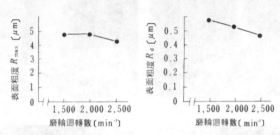

圖 5.12 磨輪周速與研削表面粗度的關係(ELID 粗磨)

(8) 研削表面粗度與鏡面形貌

圖 5.13 顯示以 #4000CIFB-D/CBN 磨輪的典型 ELID 研削表面粗度形態，而**相片 5.10** 則為各種材料經 ELID 鏡面研削加工樣本的外觀。經上述實驗以後，本圓筒外周鏡面研削的表面粗度，在不斷追求研削條件、電解條件以及磨輪

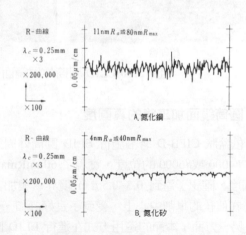

圖 5.13 典型 ELID 圓筒外周鏡面研削的表面粗度形態

黏結劑、磨輪寬選擇等的改善之下,與當初實驗比較,已有相當程度的改善。因此,就傳統的圓筒磨床而言,平直形磨輪適用 ELID 研削方式的結果,可與 ELID 削正法的高精度削正效果相輔相成,已確認了可以實現良好圓筒外周鏡面研削了。

A. 各種鋼鐵材

B. 氮化矽(左)

C. 超硬合金

D. 碳化矽

相片 5.10 ELID 圓筒外周鏡面研削樣本

(9) 圓筒鏡面加工後的真圓度

依盆狀 CIFB-D 磨輪施行 ELID 圓筒外周鏡面研削的適用方式,至今在#4000 或#6000 的粒度,實現了 60nmRmax 的效果。此情況的加工真圓度,確認了達到 0.3~0.5μm 境界。與加工表面粗度、真圓度兩者同時在傳統的車削中心上,受到了良好評價。

另一方面,本節的適用方式在進行 ELID 圓筒外周鏡面研削情況所得的加工真圓度,確已實現了 0.1~0.2μm 極佳之值。**圖 5.14** 顯示此真圓度的量測例子。此處所用的圓筒磨床採用動壓金屬軸承作爲磨輪主

軸,高的磨輪迴轉精度固然可以期待,但包含兩中心支撐剛性對加工點(著力點)變化影響,竟然可以達到至此的精度,一般認爲極具意義。

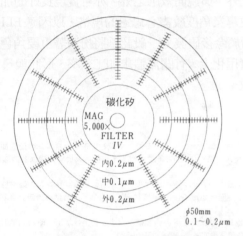

碳化矽

MAG
5,000×
FILTER
IV

內0.2μm
中0.1μm
外0.2μm

φ50mm
0.1~0.2μm

圖 5.14 真圓度量測之例

(10) 研削液對電解的影響

至今事例所無大型磨輪適用在本圓筒磨床上,於實驗過程經交換研削液前後,可看到對 ELID 研削特性有很明顯的不同。具體而言,在經某種程度研削加工之後的研削液狀態,顯示呈易得加工穩定性與良好加工表面粗度的傾向。這是因爲 ELID 研削時透過鑄鐵系金屬黏結磨輪的黏結材產生鐵離子或鋼鐵材料經研削加工件隨切屑產生鐵離子等物質,一點一滴進入研削液中,逐漸增加濃度,導致增強電解作用,以致引起任何可能的電化學反應。有關這些現象,容後章詳加解說。

本章就 CIFB-D/CBN 平直形磨輪施行 ELID 研削法,嘗試適用於圓筒磨床,以調查各種磨輪粒度、各種材料有關的 ELID 研削特性。另外,配合 ELID 削正法的應用事例,亦經證實其效果。

結果,確認了粗磨上的 ELID 研削具穩定性等的效果,同時亦針對

磨輪周速及磨輪粒度的影響，予以調查。其次，微細磨粒(#4000)磨輪的
ELID 研削方面，針對各種材料的結果，確有 $0.1\,\mu\text{mRmax}$ 以下良好鏡
面研削效應。此外，與鏡面效應之外，亦可實現良好的加工真圓度。這
些優點皆是以更專業角度絞盡心思過的規格，以因應 ELID 磨床基礎開
發事例之一，對於今後研發上一般認為將扮演著重要角色。為增進本適
用方式廣範圍實用化上，有關需追求加工效率、形狀與尺寸精度等項目
方面，容後再敘。

參考文獻

1) 大森整，中川威雄：鑄鐵ボンドダイヤモンド砥石によるシリコンの研削加工（第 3 報：電解研削による複合効果），昭和62年度精密工学会秋季大会学術講演会講演論文集，(1987) 687〜688.

2) 大森整，中川威雄：鑄鐵ボンドダイヤモンド砥石によるシリコンの研削加工（第 4 報：超微粒砥石による鏡面研削），昭和63年度精密工学会春季大会学術講演会講演論文集，(1988) 521〜522.

3) 大森整，中川威雄：フェライトの鏡面研削による仕上げ加工，昭和63年度精密工学会春季大会学術講演会講演論文集，(1988) 519〜520.

4) 大森整，中川威雄：鑄鐵ファイバボンド砥石による硬脆材料の鏡面研削加工，昭和63年度精密工学会秋季大会学術講演会講演論文集，(1988) 355〜356.

5) 大森整，高田芳冶，高橋一郎，中川威雄：ターニングセンタによる円筒鏡面研削（第 1 報），昭和63年度精密工学会秋季大会学術講演会講演論文集，(1988) 353〜354.

6) 大森整，高田芳冶，高橋一郎，中川威雄：ターニングセンタによる円筒鏡面研削（第 2 報：超硬合金の電解ドレッシング円筒鏡面研削），1989年度精密工学会春季大会学術講演会講演論文集，(1989) 371〜372.

7) 高橋一郎，大森整，中川威雄：硬脆材料の高能率研削加工（第 2 報：平面研削盤による電解ドレッシング研削），1989年度精密工学会春季大会学術講演会講演論文集，(1989) 355〜356.

8) 大森整，高橋一郎，中川威雄：電解ドレッシング研削におけるツルーイング／ドレッシング法の提案，1989年度精密工学会春季大会学術講演会講演論文集，(1989) 349〜350.

9) 大森整，勝又志芳，高橋一郎，中川威雄：円筒研削盤による電解ドレッシング鏡面研削，1990年度精密工学会秋季大会学術講演会講演論文集，(1990) 255〜256.

第6章　ELID研削法對圓筒內圓加工的適用

至今從硬脆材料到鋼鐵材料驗證 ELID 鏡面研削法的效果與實用性，皆是以廣泛常用的高硬度材料爲對象，主要適用於平面有關的的鏡面加工上 [1)~4)]。此外，對於平面以外加工方式上的適用，嘗試圓周形狀工件的外周鏡面研削，成功實現了與平面加工同樣良好的鏡面狀態。有關此，已在前章針對盆狀磨輪及平直形磨輪施行圓筒外周表面的 ELID 鏡面研削效果與特徵，予以解說了 [5)~7)]。

因此，本章敘述的實驗採取遠較平面或圓筒外周表面加工還要大的拘束條件，亦圓筒內圓鏡面加工的適用作爲目的，嘗試代表性硬脆材料及鋼鐵材料的內圓鏡面研削。硬脆材料採用碳化矽(SiC)、二硼化鈦(TiB$_2$)、氧化鋁(Al$_2$O$_3$)之類各種精密陶瓷、單晶矽(Si)、超硬合金(WC)等，而鋼鐵材料則選擇 SKH、SKD 之類的淬火材或生材，甚至鑄鐵也包含在內，以調查、整理其圓筒內圓鏡面研削的效果與特性。

6.1 電解線上削銳的圓筒內圓鏡面研削法

電解線上削銳(ELID)的圓筒內圓鏡面研削法，係針對至今的平面或圓筒外周表面的鏡面研削，定位爲擴張到圓筒形狀內圓有關的鏡面研削方式。本方式首先利用鏡面精磨圓筒內圓的鑄鐵纖維黏結磨輪等附有較小直徑軸磨輪，作爲前提，開發成功附加 ELID 法的附件。

圖 6.1 顯示 ELID 內圓鏡面研削法的加工原理。就圓筒內圓研削方

式而言，亦因賦予電解"線上"削銳功能，姑且不論是否適用微細磨粒
磨輪，可期待有效率給予①確實的微細磨粒的凸出效果，及②切屑的除
去效果。因此，一般認為傳統上視為解決困難的磨輪塞縫問題，得以回
避。

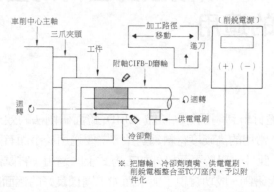

圖 6.1 電解線上削銳(ELID)的圓筒內圓鏡面研削法原理

　　本方式為了在傳統的工具機上，例如是 NC 車床(TC)之類可實現
ELID 鏡面研削圓筒內圓，乃進行開發裝有鑄鐵纖維黏結磨輪與 ELID
專用電極在內的鏡面研削用附件。構造上係利用車削中心的刀座(tool
holder)小型化而設計成可加工到最小內徑 φ45mm。**相片 6.1** 顯示開發成

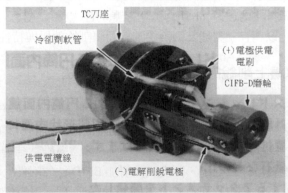

相片 6.1 ELID 圓筒內圓鏡面研削用附件外觀

功內圓鏡面研削用 TC 刀座的外觀。使用的附軸型磨輪是 ϕ 30mm×
W15~20mm 的鑄鐵纖維黏結磨輪。

6.2 ELID 圓筒內圓鏡面研削系統

表 6.1 為圓筒內圓加工實驗用 ELID 研削系統的規格。

表 6.1 圓筒內圓施予 ELID 鏡面研削實驗系統規格

1. 研削機器	・車削中心(TC)：QT-10N 改造型[山崎 Mazack 公司]裝設 ELID 圓筒內圓研削附件(相片 6.1)(作為平面加工比較用)
	・立式精密迴轉式平面磨床：RGS-60[不二越公司]
	・門形切削中心：VQC-15/40[山崎 Mazack 公司]
	以上三款皆裝有 ELID 用電極
2. 研削磨輪	鑄鐵纖維黏結鑽石/CBN 磨輪(ϕ 30×W15,20mm,附軸：＃140/＃170，集中度 100；＃1200[平均磨粒粒徑約 11.6 μm]，集中度 75；＃4000[4.06 μm]，集中度 50；＃8000[1.76 μm]，集中度 25)[新東 Breiter 公司]
3. ELID 電源	線切割放電用電源：MGN-15W[牧野銑床製作所]
4. 工件	碳化矽(SiC)、二硼化鈦(TiB$_2$)、氧化鋁(Al$_2$O$_3$)陶瓷，單晶矽(Si)，超硬合金(WC)，SKH51，SKS3，SKD11(淬火材)，S15C，FC25
5. 其它	研削液：Noritake cool AFG-M(50 倍稀釋液)[Noritake 公司]
	工具：＃100C 磨輪[Noritake 公司，Mart 公司]
	量具：表面粗度儀 Surftest 501
	記錄器[三豐公司]

(1) 研削機器

首先，作為圓筒內圓研削用的加工機，採用車削中心(TC)：QT-10N，
予以改造。本機雖是附有銑床主軸的 CNC 車床，但作為圓筒研削加工
機用時，必須予以改造。**相片 6.2** 顯示本機裝上 ELID 圓筒內圓研削用
附件與工件的外觀。此外，為與圓筒內圓加工比較實驗用的平面研削加
工機，採用了立式精密迴轉式平面磨床：RGS-60 以及門形切削中心：

VQC-15/40。有關這些加工機,皆裝設 ELID 電極附件,以備 ELID 鏡面研削實驗用。另外,冷卻劑(研削液)則以具弱導電性水溶液研削液(Noritake cool AFG-M),經自來水稀釋 50 倍後使用。

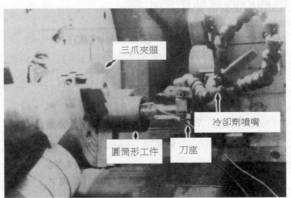

三爪夾頭

冷卻劑噴嘴

圓筒形工件   刀座

相片 6.2 TC 上裝設圓筒內圓施予 ELID
鏡面研削實驗裝置的外觀

(2) 研削磨輪

　　圓筒內圓研削所用的磨輪,係附帶軸的鑄鐵纖維黏結鑽石/CBN 磨輪(以下簡稱"CIFB-D 磨輪"、"CIFB-CBN 磨輪")。這是 ϕ 30× w15~20mm 盆狀磨輪,而粗磨用＃140/＃170,中間磨用＃1200(平均磨粒直徑約 11.6 μm),鏡面用＃4000(約 4.06 μm)以及＃8000(約 1.76 μm)等不同磨輪粒度。此外,為了比較用,平面上的 ELID 鏡面研削選用 ϕ 150×W5mm 盆狀 CIFB-D/CBN 磨輪。

(3) ELID 電源

　　作為遂行 ELID 研削的電解電源而言,本實驗是主要採用線切割放電加工機用電源:MGN-15W。本電源裝置的基本電壓波形屬矩形波,可供應附有電容成分的波紋式電壓波形。基本條件主要有:外加電壓 E_0、設定電流 Ip,τ_{on}/τ_{off} 等的變數設定。**相片 6.3** 為使用的電源外觀。

相片 6.3 採用的 ELID 電源裝置外觀

(4) 工件

本實驗所用的工件，皆選定具有代表性的硬脆材料及鋼鐵材料。硬脆材料有：碳化矽(SiC)、二硼化鈦(TiB₂)、氧化鋁(Al₂O₃)之類各種精密陶瓷，單晶矽(Si)，超硬合金(WC)(內徑約為 ϕ 50~ϕ 82mm)；鋼鐵材料則有：SKH51、SKS3、SKD11(淬火材)、S15C(生材)、FC25(鑄鐵)。

6.3 各種陶瓷的 ELID 圓筒內圓鏡面研削實驗

(1) 實驗方法

首先，以裝設內圓研削用附件的狀態，使用裝在主軸(工件軸)的 # 100C 磨輪施行附有軸的鑄鐵纖維黏結鑽頭磨輪的削正，大約 15min，而後進行電解削銳形成初期削銳功能。之後，因應各陶瓷材料變化進給速度等的加工條件，以調查加工特性。加工特性主要是調查加工內圓的表面粗度。

(2) 內圓加工條件的影響

　　首先，嘗試碳化矽陶瓷的圓筒內圓鏡面研削。磨輪周速 v_t=300min^{-1}，亦即固定 283m/min 之值，針對磨輪進給速度 f_z(mm/rev) 對加工表面粗度的影響，予以調查。由於 ELID 的效果，即使是＃8000 這麼微細磨粒 CIFB-D 磨輪也會在進給速度 2~7mm/rev 範圍內，加工穩定性並無見到變化。由於工件周速 v_w 定為 10m/min，所以 ϕ60mm 的工件迴轉數約為 53min^{-1}，導致磨輪進給速度大約在 106~371mm/min 的廣範圍內，可以得到穩定化。

　　然而如**圖 6.2** 所示，所得的表面加工粗度一旦 f_z=2mm/rev 以上，即呈惡化傾向，而 f_z=2mm/rev 若與加工效率一起考量的話，一般認為是最佳條件。超過此的進給速度，一般認為會因加工中發生顫振等的影響而使表面粗度惡化。

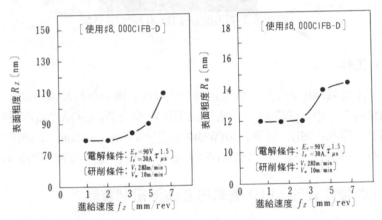

圖 6.2 ELID 圓筒內圓鏡面研削上的磨輪進給速度與表面粗度的關係(SiC)

(3) 使用磨輪粒度的影響

　　其次，針對使用的磨輪粒度與加工表面粗度的關係，予以調查。工件為 SiC，磨輪粒度取＃4000 及＃8000 共 2 種。**圖 6.3** 即為所得代表性表面粗度的形態。

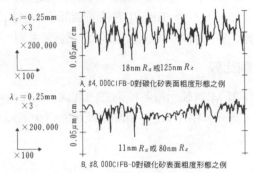

圖 6.3 磨輪粒度給予 ELID 圓筒內圓鏡面研削表面粗度之形態

由此可清楚得知磨輪粒度的影響，當使用＃8000時，可得到 80nmRz 或 11nmRmax 良好的鏡面。可是即便使用＃8000，大約是＃4000(125nmRz 或 18nmRmax)時的 1/2 弱，無法予以改善，一般認為是有關某些機器因素的影響所致。

一般而言，與採用盆狀磨輪的圓筒外周鏡面研削法比較，內圓研削法由於係附軸型磨輪迴轉軸與呈平行狀軸圍繞的工件相互作用，一般認為磨輪振動或工件振動，加上雙方迴轉軸精度的影響相乘效果而顯現在加工表面上。

(4) 工件材種的影響

本實驗主要針對三種陶瓷的內圓鏡面加工特性，予以調查。有關切削性方面，依①Al_2O_3，②SiC，③TiB_2 之順序，逐漸惡化，與研削負荷同樣，切削殘餘量增大。如是一般研削，雖可預測切削性對加工表面粗度的影響很大，但在 ELID 研削上，卻無明顯對表面粗度影響。與 SiC、TiB_2 同樣，可穩定精磨至 80~170nmRz 或 9~12nmRa 的良好表面粗度，不過 Al_2O_3 的切削性良好，容易在晶粒產生脆性破壞，停留在 20~30nmRa 境界(使用＃4000 時)。

(5) 加工路徑的影響

由於工件的切削性，致使加工路徑顯現出其影響。有關 Al_2O_3 及

SiC，先在內圓入口給予一定的進刀量，再予以橫進的加工路徑，雖可實現均一的鏡面加工，不過 TiB_2 在磨輪前端部位的磨耗大，均一加工有其困難。因此，於內圓的入口與出口兩側，必須進刀。

(6) 與平面研削比較

相片 **6.4** 顯示本實驗所得各種陶瓷內圓鏡面加工樣本與其相應的適當加工條件。此外，相片 **6.5** 是單晶矽及超硬合金內圓鏡面加工樣本的外觀。

A. 碳化矽（SiC）
〔內徑 φ 60mm，深度 60mm〕

【加工條件】
磨輪周速　v_t：283m/min
工件周速　v_w：10m/min
磨輪進給 f_z：5mm/rev
進刀 d_x：4μm（/直徑）

B. 二硼化鈦（TiB_2）
〔內徑 φ 50mm，深度 24mm〕

【加工條件】
磨輪周速　v_t：283m/min
工件周速　v_w：20m/min
磨輪進給 f_z：3mm/rev
進刀 d_x：4μm（/直徑）

C. 氧化鋁（Al_2O_3）
〔內徑 φ 82mm，深度 64mm〕

【加工條件】
磨輪周速　v_t：283m/min
工件周速　v_w：10m/min
磨輪進給 f_z：5mm/rev
進刀 d_x：2μm（/直徑）

相片 **6.4** 各種陶瓷的 ELID 圓筒內圓鏡面研削樣本

A. 單晶矽(Si)　　　　　　　　B. 超硬合金(WC)

相片 6.5 其它硬脆材料施行 ELID 圓筒內圓鏡面研削樣本

ELID 研削上，不論平面或圓筒面，固然皆可鏡面研磨，不過因與至今加工方式的磨輪形態、精磨條件等的差異，使得內圓加工表面呈現稍強研削條痕殘留的傾向。單晶矽之類，在試過的胚料中，脆性最顯著，特別是受磨輪粒度與加工條件影響，亦呈現略為白色表面的狀態。另一方面，超硬合金在所試過胚料當中，表面粗度最好，即使是＃4000，也能達到 45nmRmax 左右的高品位鏡面。同時，任何胚料採用＃8000 磨輪，幾可得到同樣鏡面狀態。

6.4 各種鋼鐵材料的 ELID 圓筒內圓鏡面研削實驗

(1) 實驗方法

執行各種鋼鐵材料的 ELID 內圓鏡面研削實驗。實驗順序亦如先前所述同樣，以裝在內圓研削用附件的狀態，使用裝設在主軸(工件軸)的＃100C 磨輪，施行附軸型鑄鐵纖維黏結 CBN 磨輪的削正，大約經15min，即可達成電解削銳的初期削銳效果。此情況的電解削銳條件，是與 ELID 研削情況同樣。之後，再因應各鋼鐵材料變化進給速度、進刀深度等的加工條件，以調查其加工特性。特性主要是針對加工表面粗度的差異、ELID 的電解電流值等的變化。

(2) 磨輪粒度的影響

　　針對 SKH51(淬火材)，調查磨輪粒度與研削表面粗度的關係。首先對＃140CIFB-CBN 粗粒磨輪施行 ELID 研削時，圓筒內圓的加工表面粗度可得 2.32 μ mRmax 或 0.28 μ mRa 之值，而在＃1200CIFB-CBN 磨輪，則可獲取 270nmRmax 或 31nmRa 之表面粗度。這些情況，磨粒直徑與表面粗度幾呈正比例關係。此外，採用＃4000CIFB-CBN 磨輪施行 ELID 研削，可得 43nmRmax 或 9nmRa 極佳的鏡面。此情況，進刀深設定爲 2 μ m/ ϕ (直徑)。姑且不論＃4000 磨輪的平均磨粒直徑約爲＃1200 情況的 1/3，但其表面粗度約可改善至 1/6 程度。

　　經過選定適當的加工條件，鋼鐵材料進行圓筒內圓 ELID 研削方式上，已確認可獲得充分的研磨效果。在高硬度延性材料進行內圓加工情況，會因某種程度的加工負荷，反而可以抑制磨輪的振動或偏轉，預想較脆性材料可得高品位的加工表面。

(3) 材質的差異

　　針對工件材種導致加工表面粗度的差異，予以調查。**表 6.2** 顯示最終研磨使用＃4000 磨輪所得到的各種工件的表面粗度。結果可知，愈高硬材料的表面粗度愈佳，不過任何材料皆可鏡面研削。就 SKH51(HRC66.5)而言，可得 43nmRmax 或 9nmRa 而 SKS3(HRC62.5)可得 65nmRmax 或 14nmRa 良好研削表面粗度。**圖 6.4** 顯示所獲得最佳表面粗度形態之例。針對 S15S(生材)來說，與淬火材比較仍然粗糙。此外有關鑄鐵(FC25)，則因石墨全盤分布材料上，其 Rmax 之值雖很難評價，但研削表面形貌整體仍呈現鏡面狀態。

表 6.2 各種鋼鐵材料進行 ELID 圓筒內圓鏡面研削粗度

No.	工　件	研削表面粗度（nm）	
		Rmax	Ra
1	SKH51	43	9
2	SKS3	65	14
3	SKD11	75	19
4	FC25	117	21
5	S15C	183	31

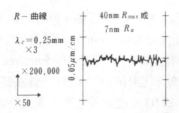

圖 6.4 ELID 圓筒內圓鏡面研削的表面粗度形態之例

(4) 加工條件的影響

以 SKH51 為對象，加工條件固定磨輪周速 $υ_t$ 為 283m/min，針對進給速度 f_z(mm/min)對研削表面粗度的影響，予以調查。**圖 6.5** 為其結果。因 ELID 的效果，就連#4000 這麼微細磨粒的 CIFB-D 磨輪，也能夠在進給速度 f_z=1~5mm/rev 範圍內，實現穩定的加工。此外，加工表面粗度在 f_z=2mm/rev 附近最好。然超過 f_z=4mm/rev 以上，表面粗度顯現稍許變動。一般認為這是 ELID 條件與研削條件不平衡而發生磨輪塞縫現象。

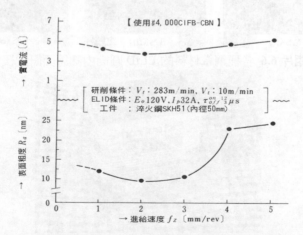

圖 6.5 SKH51 施行 ELID 圓筒內圓鏡面研削上
變化磨輪進給速度的影響

(5) ELID 條件的影響

　　有關 ELID 條件與進給速度的關係，進行一些調查。此結果也一併記入圖 6.5 內。當進給速度 f_z=1~3mm/rev 範圍內的電流，大約爲 3.5A。而 f_z 從 4mm/rev 起，有少許上升，到了 f_z=5mm/rev 時，大約爲 5A。一般認爲這是隨著加工效率上升的同時，發生磨粒磨耗或切屑的速度也同時上升，而爲了此藉 ELID 恢復削銳狀態，導致所需電解電流亦相對增加。

(6) 與平面研削比較

　　相片 6.6 顯示依本實驗所得各種鋼鐵材料施行圓筒內圓 ELID 鏡面加工樣本外觀。就各加工條件而言，如圖 6.5 所示，可參照表面粗度最佳時的條件。此外爲參考比較，相片 6.7 顯示 SKH51 平面施行 ELID 鏡

A.SKH9　　　　　B.SKD11　　　　　C.SKS3

相片 6.6 各種鋼鐵材料的 ELID 圓筒內圓鏡面研削樣本

相片 6.7 SKH51 淬火材的 ELID 平面鏡面研削樣本

面研削樣本。透過 ELID 研削法，不論是否平面或圓筒內圓，即使是鋼鐵材料也能做到良好的鏡面加工。

具有微細磨粒的鑄鐵纖維黏結鑽石/CBN 磨輪施行 ELID 研削法，嘗試適用圓筒內圓的鏡面研磨，以調查陶瓷之類硬脆材料以及鋼鐵材料等代表性高硬度材料的內圓鏡面研削特性。

結果可知陶瓷方面，與平面加工比較，雖有少許粗糙，然對碳化矽、二硼化鈦之類陶瓷而言，使用 #4000~#8000 磨輪，可以達成 80~90nmRmax 或 9~12nmRa 良好穩定的鏡面加工。此外，也針對氧化鋁陶瓷，雖有些許粗糙，不過也能獲得良好鏡面形貌。對於單晶矽或超硬合金的硬脆材料，同樣地也可以做到 ELID 圓筒內圓鏡面的研削。

另一方面，有關鋼鐵材料與平面加工一樣，可得良好鏡面加工 SKH51、SKS3、SKD11 之類的各種淬火材與 S15C(生材)、鑄鐵(FC25) 等的各種胚料圓筒內圓。特別有關施予淬火的高硬度鋼鐵材料 (SKH51、SKS3、SKD11)方面，在圓筒內圓可獲得 40~80nmRmax 如此良好的鏡面。

因此面對 ELID(電解線上削銳)研削可適用的圓筒內圓,已確認可以實現與平面同樣廣泛適用性的鏡面研削。此外，有關此處所述圓筒內圓施行 ELID 研削方式不能應用到小徑圓筒內圓的鏡面研削方式，容後敘述。

6.5 電解間歇削銳研削法的小徑圓筒內圓鏡面加工

誠如前述，開發成功 ELID 鏡面研削法 [1),3)~7)]，適用圓筒內圓加工的「ELID 內圓鏡面研削」[8),9)]。圓筒內圓的鏡面加工，在傳統的研削技術上有其困難，而所開發的 ELID 內圓鏡面研削法，或許可定位為匹敵高效率化搪磨加工的方式。可是本法因 ELID 需設置電極，因此加工可能的圓筒內徑深受限制。為了解決這個問題，本節就小徑圓筒內圓研削加工，提出間接應用電解削銳的研削法「電解間歇削銳研削法」，並藉實現此的基礎實驗，以調查代表性胚料加工的適用效果。

就傳統技術的內圓研削而論，如以削銳方法的問題來看，使用 μ m

級磨粒直徑的一般磨輪,大都視爲適用困難。現實上,十數 μ m 程度大小的磨粒適用接近極限,某種程度高頻率使用上,需要靠單一磨輪等的削銳,或可說是現況(**圖 6.6A**)。何況此情況在圓筒內圓的鏡面加工尤其困難,一般認爲在後工程上需靠搪磨施予超精密加工。

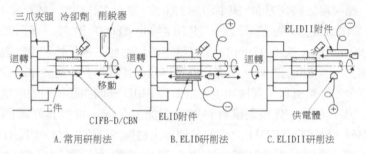

圖 6.6 常用內圓研削法與 ELID 內圓研削法的原理

　　所開發成功的圓筒內圓施行 ELID 鏡面研削法,誠如**圖 6.6B** 所示模式圖之原理,可以實現。因爲利用在磨輪主軸邊設置專用附件,因此以常設 ELID 電極的狀態,可以加工,對於超硬合金之類硬脆材料或鋼鐵材料等的代表性結構零件用胚料,可以實現穩定且高品位圓筒內圓的鏡面研削。本方式的優越性,列舉如**表 6.3** 所示,然而其反面由於磨輪直徑與 ELID 附件的設置空間關係,因此加工可能內徑具有不能那麼小的缺點,所以有「間歇削銳」必要性的爭議。

表 6.3 ELID 的圓筒內圓研削法優越性

(1)　微細磨粒鑄鐵纖維黏結磨輪複合電解線上削銳研削,可作鏡面研削;
(2)　微粒磨輪可穩定使用;
(3)　藉由線上削銳效果,可使研削性能穩定;
(4)　專用 ELID 附件可廉價製造;
(5)　透過本加工可研磨出與搪磨等同的效果;
(6)　作爲適用的加工機,可充分利用現有的 TC。

　　因此就不能常設 ELID 電極情況的小徑圓筒內圓鏡面研削來說,檢

討電解間歇削銳研削法 [10]是否適用，有其必要。此處的「電解削銳」簡稱，為與「線上」削銳有所區別，乃在 ELID 後註上「II」的記號。這是因為電解間歇削銳的英文名詞為 ELectrolytic Interval Dressing，同樣以「ELID」的簡稱命名。圖 6.6 顯示其加工方式的模式圖。

6.6 小徑內圓施行 ELIDII 鏡面研削實驗系統及實驗方法

表 6.4 顯示 ELID II 鏡面研削實驗系統的規格。以下，就實驗系統各項，予以詳細說明。

(1) 加工機器

為遂行 ELID II 實驗需要的加工機，乃改用附加電極(圖 6.7)或供電電刷的車削中心(TC)：QT-10N 改造型。相片 6.8 顯示加工機的外觀。冷卻劑是採用自來水經稀釋的水溶性研削液。

表 6.4 ELID II 鏡面研削實驗系統的規格

1. 研削機器	車削中心：QT-10N 改造型〔山崎 Mazack 公司〕
2. 研削磨輪	附軸型 CIFB-D/CBN 磨輪 (ϕ 30 × W20mm， ϕ 10 × W10mm：#140，#325，#4000〔平均磨粒直徑約 4 μ m〕) 〔新東 Breiter 公司〕
3. ELID 電源	放電加工用電源：SUE-87〔Sodick 公司〕
4. 工件	SiC、WC、Al$_2$O$_3$[日本 Pillar 工業公司] SKD、SKH、SKS、S15C、FC
5. 其它	研削液：Noritake cool AFG-M，稀釋 50 倍 量具：表面粗度儀 Surftest501〔三豐公司〕

至機器本體　　　　　　ELIDII電極

CIFB-D/CBN磨輪

至刀座

圖 6.7 ELID II 研削法所需電極裝置的示意圖

(2) ELID 電源

　　相片 6.9 顯示 ELID 用電解電源裝置主要從放電加工用電源：SUE-87 改造的外觀。

相片 **6.8** ELID II 鏡面研削實驗用 TC 外觀

相片 **6.9** ELID 電源用改造過的放電加工機用電源外觀

(3) **使用的磨輪**

　　採用附軸型鑄鐵纖維黏結鑽石/CBN 磨輪(分開稱爲 CIFB-D/CBN 磨輪)。磨輪直徑有 ϕ 30mm 與 ϕ 10mm 兩種。**相片 6.10** 顯示所用附軸型磨

輪的外觀。磨輪粒度方面，粗磨爲#140 或#325，而鏡面研磨爲#4000(平均磨粒直徑約 4 μm)。

附軸型磨輪(ϕ30mm) 附軸型磨輪(ϕ10mm)

相片 6.10 實驗所用小徑附軸型磨輪外觀

(4) 工件

本實驗試磨用工件的內徑，定爲 ϕ 30mm 與 ϕ 12mm 大小(深爲 20mm)兩種。分別以外徑 ϕ 30mm、 ϕ 10mm 附軸型磨輪，進行加工實驗。對象胚料上，硬脆材料是碳化矽、超硬合金、氧化鋁之類而延性材料則適當選擇各種鋼鐵材料，以調查各加工特性。

(5) 實驗方法

ELID II 研削法上爲能交互進行加工與削銳，且爲了可達到常態加工，必須注意 1 次所施行電解削銳的強度。特別依工件材質的不同導出適當間歇削銳條件的這個課題吧！因此邊考量這個要件，邊施行 ELID II 研削實驗。

首先，使用#100C 磨輪施予各附軸型磨輪的削正後，再花 10~15min時間施行初期電解削銳，使磨輪具備初期狀態。其次，爲因應工件材質的不同，採用 CIFB-D 磨輪或 CIFB-CBN 磨輪(只有鋼鐵材料選用CIFB-CBN 磨輪)，再依 ELID II 研削法施行小徑圓筒內圓的鏡面研削。經調查間歇削銳條件、工件影響、加工表面粗度等多項變數，明白確認了 ELID II 鏡面研削的適當效果。

6.7 硬脆材料的小徑圓筒內圓 ELID II 鏡面研削實驗

　　硬脆材料上，是針對陶瓷、超硬合金之類小徑圓筒內圓施行 ELID
II 鏡面研削實驗，如下調查其加工特性與效果。

(1) 小徑內圓鏡面研削的加工路徑

　　根據 ELID II 研削法施行小徑圓筒內圓的鏡面研削，如**圖 6.8** 所示爲
本實驗所試的加工路徑示意圖。首先，加工前於①先施行初期削銳(電
解削銳)後，給予一定進刀量，並於②進行圓筒內圓的橫進研削。其次，
回到原先磨輪位置，再依③的狀態執行間歇削銳，而這以後則爲②及③
的反覆操作。此外，電壓是外加電壓，不需特別因應磨輪位置給予電解
削銳開或關(ON/OFF)的動作。

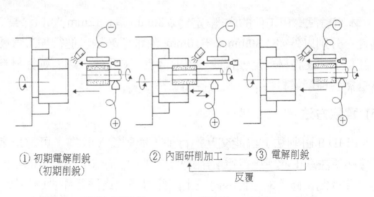

　　① 初期電解削銳　　　② 內面研削加工 ──── ③ 電解削銳
　　　　(初期削銳)　　　　　　　　　　　　反覆

圖 6.8 實驗所試的 ELID II 研削加工路徑示意圖

(2) 間歇削銳法的適用性

　　爲確認 ELID II 研削法的適用性，嘗試進行超硬合金(內徑 ϕ 30mm)
的圓筒內圓鏡面加工。結果使用#4000CIFB-D 磨輪，依如**表 6.5** 所示條
件，並無錯過間歇削銳時機之下(即便在電極位置也不會降低磨輪進給
速度)而得以實現穩定的鏡面研削。加工表面粗度可獲得 52nmRmax 或
9nmRa 左右良好的值。

表 6.5 ELID II 鏡面研削的標準條件

內圓研削條件： 　磨輪周速 $υ_t$：283m/min 　工件周速 $υ_w$：10m/min 　磨輪進給(橫進)速度 f：130mm/min 　進刀深度 d：4 μm(相當工件直徑量)
ELID 條件： 　無負荷電壓 Eo：90V 　最大電流 Ip：12A 　$τ_{on}$：12 μs 　$τ_{off}$：3 μs

(3) 間歇削銳條件的影響

其次，針對超硬合金，就電解電流等間歇削銳條件中的主要變數，進行調查。**圖 6.9** 顯示加工趨數對電解削銳電流的變化。就條件 $α$ (最大電流 Ip=24A)而言，每次最大電流並無變動，但在條件 $β$ (Ip=12A)則呈漸增傾向。一般認爲這是因爲後者的條件顯現每次削銳不足，導致磨輪磨耗量遠高於電解削銳量的結果。因此，確認了條件 $α$ 爲適當條件。

此外，相對磨輪朝工件內圓的進刀，係以磨輪面靠近電極面方向進

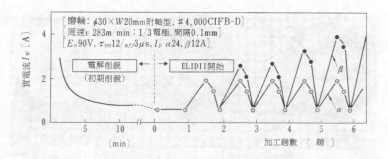

圖 6.9 ELID II 鏡面研削加工趨數與電解削銳電流的變化

行，必需阻止因加工趟數增加而使磨輪與電極間距離逐漸拉開。

(4) 工件材質、加工條件與加工表面粗度

其它也試過碳化矽(SiC)、氧化鋁(Al_2O_3)之類的圓筒內圓加工(內徑為 ϕ 30mm)。有關碳化矽，顯示如**圖 6.9** 所示削銳條件同樣傾向，可選定適當條件進行穩定的鏡面加工。不過氧化鋁一般認為產生脆性切屑，所以磨輪磨耗較大，因而為維持良好加工表面狀態的常態研削加工，電解削銳的平均實電流應定為 α 條件 2 倍左右的 4A 才行。為此，無負荷電壓 Eo 也必須從 90V 調到 120V。

(5) 各材質的小徑圓筒內圓鏡面加工之例

表6.6 為本實驗所得代表性硬脆材料加工表面粗度之例，而**相片6.11** 為 ELID II 研削法加工樣本(內徑約為 ϕ 30mm)。此外，**圖 6.10** 顯示 ELID II 鏡面研削代表性加工表面粗度形態(超硬合金)。

表 **6.6** ELID II 鏡面研削硬脆材料的加工表面粗度

材 質 ＼ 精 度	精磨表面粗度	
	Ra〔nm〕	Rmax〔nm〕
① SiC	15	105
② WC	7	52
③ Al_2O_3	30	38

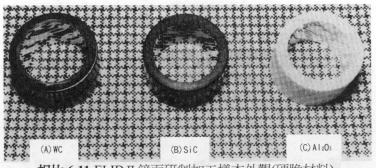

相片 **6.11** ELID II 鏡面研削加工樣本外觀(硬脆材料)

圖 6.10 超硬材料代表性加工表面粗度形態(超硬合金)

6.8 鋼鐵材料的小徑圓筒內圓 ELIDII 鏡面研削實驗

接著,進行鋼鐵材料小徑圓筒內圓的 ELIDⅡ鏡面研削實驗,與硬脆材料同樣,以調查其加工特性與效果。

(1) 間歇削銳法的適用性

鋼鐵材料而言,計有 SKD11、SKH9、SKS3、S15C 等,再加上鑄鐵 FC25,施予 ELIDⅡ鏡面研削。鋼鐵材料之中,施予淬火而得高硬度(HRC61~66)材料的 SKD11、SKD9 之類,切屑與超硬合金等同樣,具導電性,亦即具有電解性,顯示這兩者有極相近的加工特性。因此,電解削銳條件幾與**圖 6.9** 情況同樣設定。

(2) 間歇削銳條件的影響

此處,調查鋼鐵材料情況於間歇削銳中的適當條件。結果對於低硬度(HRC10~18)的 S15C(生材)加工,可知與氧化鋁一樣,皆需設定電解強度不可。這是因為切屑呈連續狀黏著,容易附著在磨輪表面上,因此為了 1 次電解削銳有效率除去此附著切屑,一般認為有必要採用較高電解削銳強度。

(3) 工件材質、加工條件與加工表面粗度

本節擬施行 φ30mm 左右內徑的圓筒內圓加工,與 φ12mm 如此小

徑圓筒內圓加工兩種(使用磨輪外徑為 φ 10mm：相片 6.10)。試磨結果發現愈低硬度、愈小徑材料，其表面粗度愈容易呈現惡化傾向。這樣特殊加工方式，一般認為這是磨輪與工件之間的接觸圓弧長度彼此不同，或冷卻劑供應方式影響很大導致。

(4) 各材質小徑圓筒內圓的鏡面加工之例

　　表 6.7 顯示本實驗所得鋼鐵材料加工表面粗度之例，是依 ELID II 研削法來加工的樣本(內徑約為 φ 30mm：相片 6.12)。此外，圖 6.11 亦顯現 ELID II 鏡面研削代表性加工表面粗度形態(鋼鐵材料：SKH9)。另外，相片 6.13 為 ELID II 研削法加工內徑約為 φ 12mm 的樣本(SKH9)。

表 6.7 ELID II 鏡面研削鋼鐵材料的加工表面粗度

材　質　　精　度	精磨表面粗度	
	Ra〔nm〕	Rmax〔nm〕
① SKH9	7	56
② SKD11	9	78
③ SKS3	9	82
④ S15C	24	188
⑤ FC25	15	103

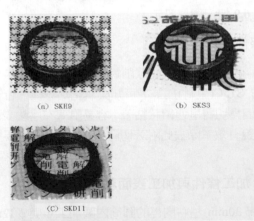

(a) SKH9　　　　　(b) SKS3

(C) SKD11

相片 6.12 ELID II 鏡面研削加工樣本外觀(鋼鐵材料)

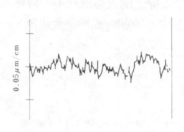

圖 6.11 鋼鐵材料代表性表面　　**相片 6.13** ELID II 鏡面研削內徑約
　　　　　　爲粗度形態(SKH9)　　　　　　　　　　　ϕ 12mm 的加工樣本(SKH9)

　　本節提出電解間歇削銳(ELID II)研削法，採用基礎實驗確認其適用
效果，進行代表性硬脆材料及鋼鐵材料的小徑圓筒內圓鏡面研削。由結
果來看，針對各種材料不但實現良好鏡面形貌，而且爲了可穩定加工，
也嘗試了電解間歇削銳條件的最佳化。不僅對內徑約爲 ϕ 30mm 工件如
此，同時對內徑約爲 ϕ 12mm 工件的加工，亦可經由本方式實現，已確
認了本研削法確具充分效果。

　　圖 6.12 是透過使用磨輪直徑與加工工件內徑之間的關係，顯示線上

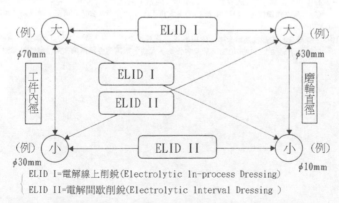

圖 6.12 磨輪直徑及工件內徑適用 ELID 研削之方式

削銳(此處特以「ELID Ⅰ」表示)與間歇削銳(ELIDⅡ)之中如何適用方式的示意圖。藉 ELIDⅡ研削法的開發，今後線上削銳難以適用的特殊加工形態，例如是工模搪床(jig borer)或切削中心等朝向成形鏡面研削，一般也認爲有其希望，並期待其實用性。

參考文獻

1）大森整, 中川威雄：鋳鉄ボンドダイヤモンド砥石によるシリコンの研削加工（第 4 報：超微粒砥石による鏡面研削），昭和63年度精密工学会春季大会学術講演会講演論文集，(1988) 521～522.
2）大森整, 中川威雄：フェライトの鏡面研削による仕上げ加工，昭和63年度精密工学会春季大会学術講演会講演論文集，(1988) 519～520.
3）大森整, 中川威雄：鋳鉄ファイバボンド砥石による硬脆材料の鏡面研削加工，昭和63年度精密工学会秋季大会学術講演会講演論文集，(1988) 355～356.
4）大森整, 山田英治, 中川威雄：マシニングセンタによる鉄鋼材料の研削加工（第 3 報：鉄鋼材料の電解インプロセスドレッシング研削法），昭和63年度精密工学会秋季大会学術講演会講演論文集，(1988) 43～44.
5）大森整, 高田芳治, 高橋一郎, 中川威雄：ターニングセンタによる円筒鏡面研削（第 1 報），昭和63年度精密工学会秋季大会学術講演会講演論文集，(1988) 353～354.
6）大森整, 高田芳治, 高橋一郎, 中川威雄：ターニングセンタによる円筒鏡面研削（第 2 報：超硬合金の電解ドレッシング円筒鏡面研削），1989年度精密工学会春季大会学術講演会講演論文集，(1989) 371～372.
7）大森整, 勝又志芳, 高橋一郎, 中川威雄：円筒研削盤による電解ドレッシング鏡面研削，1990年度精密工学会秋季大会学術講演会講演論文集，(1990) 255～256.
8）朴圭烈, 大森整, 高橋一郎, 中川威雄：電解ドレッシング研削による円筒内面の鏡面研削，1989年度精密工学会秋季大会学術講演会講演論文集，(1989) 899～900.
9）朴圭烈, 高橋一郎, 大森整, 中川威雄：電解ドレッシング研削による円筒内面の鏡面研削（第 2 報：鉄鋼材料への適用），1990年度精密工学会春季大会学術講演会講演論文集，(1990) 963～964.
10）大森整, 朴圭烈, 高橋一郎, 中川威雄：電解インタバルドレッシング研削による小径円筒内面の鏡面加工，1990年度精密工学会秋季大会学術講演会講演論文集，(1990) 253～254.

第7章 ELID的球面與非球面鏡面研削

透過 ELID 研削法的開發,實現各種各樣高硬度材料的鏡面研削 [1]~[6],其適用不只是平面研削,還擴展至圓筒外周表面 [7]、圓筒內圓 [8] 的鏡面研削,有關這些方式與效果已於前章解說了。另一方面,現在仍依賴研磨加工的玻璃精磨,透過研削加工而能取代大半工程之點,尚是長年之夢也。然而因 ELID 鏡面研削法的運用,玻璃材料的精磨工程大半藉鏡面研削實現的可能性,已是明確的 [6]。藉 ELID 法,要求透明度極高的玻璃加工表面可由研削獲得,而且此又可在已有的加工機上實現,至今生產現場所無想到的鏡面研削的實用性,或可說具有充分的現實味吧!

本章擬活用 ELID 鏡面研削法優點,進一步擴大其適用性,包含已往研磨加工認為難以有效率精磨的光學元件,如透鏡、反射鏡模具所用球面、非球面(凸面、凹面)形狀的 ELID 鏡面研削法開發過程,針對其基本效果與實用性,予以整理。

7.1 球面與非球面的 ELID 研削法開發

(1) 現狀光學透鏡的加工方式

首先,舉如**圖 7.1** 所示現狀所用光學透鏡研削方式的代表之例。這些皆是施行光學透鏡成形的加工方式,任何方式皆利用專用機,而且磨輪形狀也因方式不同而有變化。

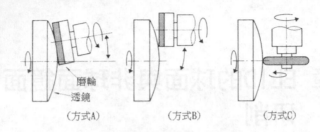

圖 7.1 光學透鏡的各種研削加工方式

(2) 球面與非球面的 ELID 研削法

　　本開發最後適用相當如圖 **7.1** 所示方法(C)執行 ELID 研削，考慮可以實現光學透鏡之類的鏡面研削。因此如圖 **7.2** 所示，先在平直形磨輪外周部分上，設置電解削銳用電極，而在磨輪台金部分則設置供電體，以建構可以施行 ELID 的機構，使得 ELID 原理的適用已可擴大到球面及非球面加工 [6]~[7]。此外，由於磨輪的偏磨耗，乃選擇非一般常用的方式(B)，以作比較，使其適用 ELID 研削法，以明確因加工方式的不同而有何差異存在。

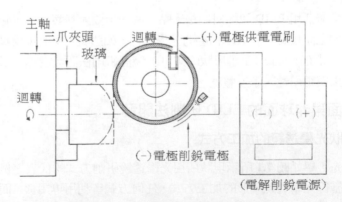

圖 7.2 光學透鏡的 ELID 鏡面研削方式

7.2 球面透鏡、非球面反射鏡之類的 ELID 研削實驗系統

表 7.1 為實驗系統規格的概要。

表 7.1 球面透鏡、非球面反射鏡之類施行 ELID 研削實驗系統規格

1. 研削機器	車削中心(TC)：QT-10N(改造型)〔山崎 Mazack 公司〕 門形切削中心(MC)：VQC-50/40〔山崎 Mazack 公司〕 (裝設迴轉式工作台)上述兩款皆已裝置 ELID 用電極
2. 研削磨輪	鑄鐵纖維黏結鑽石(CIFB-D)磨輪(ϕ150×W10mm，ϕ150× W5mm(R2mm)平直形：#170,集中度 100；#600 集中度 100；#2000〔平均磨粒直徑約 6.8μm〕，集中度 75；#4000 〔4.06μm〕，集中度 50；#8000〔1.76μm〕，集中度 25) 〔新東 Breiter 公司〕
3. ELID 電源	線切割放電用電源：MGN-15W〔牧野銑床製作所〕 ELID 專用電源：ELID PULSER EDD-04S 〔新東 Breiter 公司〕
4. 工件	光學玻璃(BK-7)、單晶矽(Si)〔信越半導體公司〕 碳化矽(SiC)、超硬合金(WC)〔日本 Pillar 工業公司〕
5. 其它	研削液：Noritake cool AFG-M(50 倍稀釋液)〔Noritake 公司〕； 工具：#100C 磨輪〔Noritake 公司，Mart 公司〕 量具：分力量測處理系統(飛龍II)〔Cosmo 設計公司〕 　　　萬能精密表面形狀量測儀(Perthometer)S6P 　　　〔Marpelten 公司〕

(1) 研削機器

實驗用加工機係利用車削中心(TC)：QT-10N 改造型以及門形切削中心(以下稱為 MC)：VQC-15/40。兩機器皆製作 ELID 用電極附件，並予以裝設。此外，MC 機上安裝簡易型迴轉式工作台，以進行如**相片 7.1**所示迴轉驅動工件。

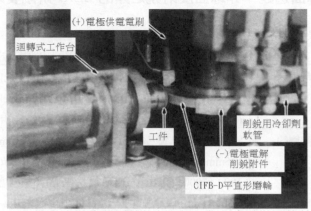

相片 7.1 MC 機上安裝光學透鏡施行 ELID 研削實驗裝置的外觀

(2) 研削磨輪

透鏡成形用磨輪，誠如加工原理所示，採用平直形磨輪形狀。粗磨用(爲賦予形狀)選用#170、#325、#600 等粗粒度鑄鐵纖維黏結鑽石(CIFB-D)磨輪。此外，精磨用磨輪則選用微細磨粒 CIFB-D 磨輪。爲遂行鏡面研削所用磨輪粒度，乃利用#4000(4.06 μ m)、#8000(1.76 μ m)等多種。

(3) ELID 電源

爲因應 ELID 研削所需電解削銳電源裝置，配合改用放電加工電源：MGN-15W，亦利用專用電源 ELID PULSER：ODD-04S 型。

(4) 工件

作爲球面透鏡用胚料用，採用光學玻璃：BK-7，而加工球面曲率半徑，主要是 R=100mm 與 R=50mm 兩種。此外，反射鏡胚件則選用矽(信越半導體公司製)、碳化矽及超硬合金(日本 Pillar 工業公司製)。而有關反射鏡，則如**表 7.2** 所示尺寸與形狀規格，予以嘗試加工。

表 7.2 工件與反射鏡加工形狀

材種 形狀 反射鏡 種類		矽		碳化矽		超硬合金	
		φ50×20mm		φ30×20mm		φ30×20mm	
		凸	凹	凸	凹	凸	凹
球面	R	100$_A$	—	50$_D$	100$_F$	50$_G$	100$_D$
非球面	R$_1$	100$_B$	200$_C$	50$_E$		50$_H$	
	R$_2$	120$_B$	220$_C$	70$_E$		70$_H$	
	R$_3$	140$_B$	240$_C$	90$_E$		90$_H$	

(5) 其它

冷卻劑(研削劑)採行以具有弱導電性水溶性研削液(Noritake cool AFG-M)。稀釋自來水 50 倍使用。研削抵抗的監視及記錄與解析是採用應變計式 3 軸分力計(AMTI 公司)及分力量測處理系統：飛龍Ⅱ(Cosmo 設計公司)。此外，有關透鏡與反射鏡的表面粗度量測等，則選用萬能精密表面形狀量測儀(Perthometer：S6P)(Marpelten 公司)。

7.3 球面透鏡的 ELID 研削實驗 [9]

(1) 實驗方法

實驗之前，先以#100C 磨輪等，進行 CIFB-D 磨輪的削正工作。其次，固定光學玻璃胚料(φ 30xt10mm， φ 50xt15mm)於迴轉軸夾頭，再以粗粒(#170、#600 之類)CIFB-D 平直形磨輪施行透鏡形狀的成形加工。之後交換微粒磨輪，開始進行 ELID 鏡面研削實驗。這些實驗係以 TC 及 MC 執行。**圖 7.3** 顯示各加工路徑。

使用的磨輪事先經電解達到初期削銳狀態，之後使用於 ELID 研削。基礎實驗上，主要就有關①加工方式，②加工條件，③加工路徑及④磨輪粒度，針對加工表面粗度、穩定性(包含加工形狀、磨輪形狀)等項目，予以調查其影響。

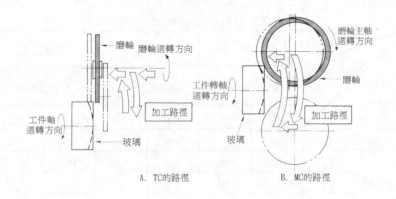

A. TC的路徑　　　　　　　B. MC的路徑

圖 7.3 光學透鏡的加工路徑

(2) 實驗結果

① TC 的加工

首先，使用 TC，嘗試光學透鏡的鏡面研削。加工方式**如圖 7.1B**所示，與工件軸平行迴轉軸上，安裝 CIFB-D 磨輪及 ELID 附件，以進行加工。此方式**如圖 7.3A** 所示，常以平直形磨輪邊緣部位精磨方式，驅使磨輪局部使用的形式。進刀只以單側進行，迫使磨輪邊緣部位稍爲超過工件中心，以防切削殘留量。實驗上，最終精磨是以#2000CIFB-D磨輪施行 ELID 研削，本方式可以獲得穩定鏡面狀態的透鏡。

② 加工條件的影響

就 TC 施行鏡面透鏡加工實驗，調查加工條件的影響。磨輪周速 υ_t=1413m/min，而工件周速 υ_w=50m/min 之下，施予工件周速一定的控制加工。進刀逐漸增加至磨粒直徑同程度(#2000CIFB-D 爲 5~6 μ m)爲止，以調查磨輪進給速度的影響。進給速度 f_t 一旦定爲 100mm/min 以上，透鏡表面上就會殘留螺旋狀凹凸現象，可知圓滑鏡面加工困難。穩定加工鏡面透鏡，在 f_t=50mm/min 以下是適當的(ELID 條件：Eo=60V, Ip=40A, τ_{on}=1.5 μ s，τ_{off}=1.5 μ s)。然本方式爲獲得 ELID 效果以得穩定鏡面反而使磨輪邊緣部位偏磨耗增大，工件中間部分容易殘留凸出

狀，結果如**相片 7.2A** 所示，明確知道加工形狀穩定性出現了問題。

使用TC
A.凸透鏡(R100mm)

使用MC
B.凸透鏡(R20mm)

使用MC
C.凹透鏡(R100mm)

相片 7.2 經 ELID 鏡面研削各種形狀光學透鏡的外觀

③ **MC 的加工**

其次，爲解決 TC 鏡面透鏡加工精度的問題，乃嘗試 MC 加工方式(**圖 7.2**)。**圖 7.3B** 顯示本加工方式的加工路徑。本方式與 TC 方式不同，磨輪邊緣部位不需驅使研削，一般認爲依磨輪外周進行加工，加工形狀的穩定性會很高。加工條件上，是參考 TC 的加工條件，分別設定磨輪周速 υ_t=1500m/min、工件迴轉數 Sw=500min⁻¹、進刀深度 d 在所用平均磨粒直徑以下。亦即#2000 時，d 爲 5 μm；#4000 時，d=3 μm；#8000 時，d=1~2 μm。本方式因選擇進給速度 f_t=50mm/min 且使用 #2000CIFB-D 磨輪，所以穩定性佳，可以研削鏡面透鏡。不過，本實驗受限於迴轉式工作台規格上，無法控制工件周速爲一定狀態，只有微細磨粒的#4000CIFB-D 磨輪可獲得具有較均一鏡面性的透鏡(**相片 7.2B**)。

④ **凹透鏡的加工**

其次，嘗試 MC 鏡面研削凹透鏡，當然，磨輪形狀是**相片 7.3A** 修正成爲**相片 7.3B** 的 R 形狀。實驗上以 R2mm 的#4000CIFB-D 磨輪嘗試 ELID 鏡面研削 R100mm 的凹透鏡時候，與凸透鏡同樣，可穩定加工

(相片 7.2C)。雖然可與 MC 鏡面研削凸透鏡情況同一條件加工，但因磨輪外周磨耗進行的這個條件，無法漠視 R 形磨輪剖面的形狀變化，設定較凸透鏡爲低的 f_t=10mm/min 者，具有容易維持磨輪形狀或加工精度的傾向。

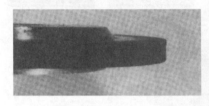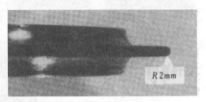

A. 一般形狀的磨輪　　　　　　　　　　B. 特殊形狀的磨輪

相片 7.3 使用的磨輪形狀

⑤ **透鏡加工表面形貌**

　　圖 7.4 爲本實驗所得鏡面透鏡的表面粗度形態之例。經由 #4000CIFB-D 磨輪可得 50nmRz 或 8nmRa 的鏡面，而以#8000CIFB-D 磨輪則可達 30nmRz 或 5nmRa 極佳鏡面，如此明確證明 ELID 運用在微細磨粒上的效果，甚具明顯有效。此外，使用#2000 時，可得 150nmRz 鏡面，但不論如何研削條痕無法以肉眼確認，可獲得透明表面狀態。

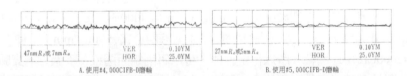

A. 使用#4,000CIFB-D磨輪　　　　　　B. 使用#5,000CIFB-D磨輪

圖 7.4 光學透鏡加工表面粗度形態之例

7.4 球面與非球面反射鏡的 ELID 研削實驗 [10]

　　根據以上顯示球面透鏡的 ELID 研削實驗，嘗試矽、陶瓷、超硬合金之類硬質材料製球面反射鏡，以及不同曲率半徑組成非球面形狀的各

種材質製反射鏡施行 ELID 研削實驗，以確認針對其適用效果與加工特性，以及各種材料的泛用性。

(1) 實驗方法

實驗之前，經#100C 磨輪進行 CIFB-D 磨輪的削正，經由電解執行初期削銳工作。其次，把各胚料固定在迴轉軸夾頭內，以粗粒度 CIFB-D 平直形磨輪施行反射鏡形狀的粗磨加工後，再進行微粒磨輪施予 ELID 鏡面研削，以調查其效果與特性。**圖 7.5** 為本實驗所用的加工路徑。此外，本圖中的 R 及 R_1、R_2、R_3 之值，全顯示在**表 7.2** 之內。

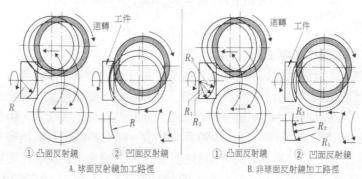

圖 7.5 反射鏡施行 ELID 研削加工路徑

(2) 球面反射鏡的研削加工

① ELID 研削的穩定性(凸面)

首先，根據**圖 7.5A**①所示路徑，嘗試球面凸透鏡施予 ELID 研削。工件選擇單晶矽，經監視其研削抵抗時，則**如圖 7.6** 所示，在長時間內可確認其負荷低與穩定性。研削條件係以#4000CIFB-D 磨輪配合設定磨輪周速 υ_t=1500m/min，工件迴轉數 υ_w=500min^{-1}，磨輪進給速度 f=50~100mm/min，進刀深度 d=2~4μm 等條件。

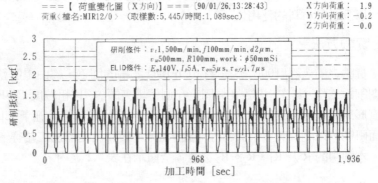

圖 7.6 ELID 反射鏡的研削抵抗穩定性

② 工件材種的影響(凸面)

其次,針對反射鏡加工上工件材種的加工特性差異,予以調查。其結果,若由研削抵抗等來判斷切削性,可知依矽、超硬合金、碳化矽之順序,呈惡化狀。#4000 施行矽的加工表面若從其加工表面看,稍有明顯螺旋狀條痕出現,而利用#8000 可知較宜。碳化矽的研削抵抗雖為矽的 2 倍左右,但可得良好的鏡面形貌。至於超硬合金,在切削性與表面粗度兩者皆有效,亦可獲得極佳鏡面。ELID 條件於任何材質[**相片 7.4**(I)~(III)]於設定無負荷電壓 E_o=140V、最大電流 I_p=5A(平均實電流 I_w=1.6~2.0A)、脈衝通電與休止時間 τ_{on}=5μs、 τ_{off}=1.7μs 條件下,可以實現穩定的 ELID 鏡面研削。

③ 凹面反射鏡加工嘗試

本實驗亦利用成形剖面形狀為 R2mm 的#4000CIFB-D 平直形磨輪,嘗試加工球面凹面反射鏡(R100mm)。對象材料先考慮將來雷射等反射、聚光用反射鏡的實用性而選擇碳化矽 。 實驗結果如**相片 7.4③**所示,可以加工具有良好鏡面形貌的凹面反射鏡。

(3) 非球面反射鏡的研削加工

① 非球面反射鏡加工路徑

　　本實驗為因應 ELID 研削法是否適用各種材料的凹、凸面反射鏡加工，以確認其適用性作為第一目的　，因此選定較簡單的**圖 7.5B** 所示 3 種 R 路徑(R_1、R_2 及 R_3)，進行非球面反射鏡的試削實驗。

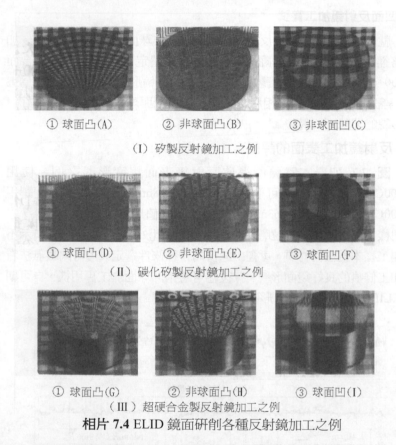

① 球面凸(A)　　　② 非球面凸(B)　　　③ 非球面凹(C)

（Ⅰ）矽製反射鏡加工之例

① 球面凸(D)　　　② 非球面凸(E)　　　③ 球面凹(F)

（Ⅱ）碳化矽製反射鏡加工之例

① 球面凸(G)　　　② 非球面凸(H)　　　③ 球面凹(I)

（Ⅲ）超硬合金製反射鏡加工之例

相片 7.4 ELID 鏡面研削各種反射鏡加工之例

② 工件材種的影響(凸面)

　　在本實驗嘗試非球面加工的情況，因切削性對磨輪形狀崩塌的差異，有可能出現對不同 R 形狀連續性有重大的影響。誠如上述，由於單晶矽具有良好切削性，因此粗磨時與鏡面研削時的表面形狀很容易一致，綜觀各工程整體，非球面形狀加工不難。相對於此，碳化矽及超硬

合金在鏡面研削時，期望在進給速度 f=50mm/min 以下與進刀深度 d=2 μm 以下條件，仍可見切削性對加工形狀產生不均一性傾向。誠如相片 7.4②、③所示，可獲得具良好鏡面的非球面反射鏡。

③ 凹面反射鏡加工嘗試

就凹面而言，與球面反射鏡同樣，嘗試非球面反射鏡試削工作。加工路徑與**圖 7.5B** 的非球面反射鏡一樣，選定 3 種 R 形狀複合面 (R200+R220+R240)。本實驗選擇較不易讓磨輪形狀崩潰的矽，作爲工件，經試削結果，可得如**相片 7.4(I)**之①所示與球面反射鏡同樣良好鏡面形貌的非球面反射鏡。

(4) 反射鏡加工表面的評價

圖 7.7 列舉本實驗所得矽反射鏡表面粗度形態之例。使用 #4000CIFB-D 磨輪時，可獲 123nmRz 或 18nmRa 左右之值，而選用 #8000CIFB-D 時，可得 63nmRz 或 9nmRa 之值，與光學玻璃：BK-7 之類同樣，可確認微細磨粒磨輪的適用效果。此外，針對**相片 7.4** 所示不論加工樣本爲任何材質，可經由適當的各種條件選定，可得肉眼無法看到加工條痕的良好鏡面形貌。今後應可應用非球面加工專用機，自可期待 ELID 鏡面研削對加工形狀精度的良好評價。

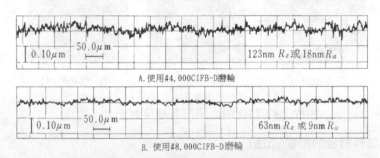

A. 使用#4,000CIFB-D磨輪

B. 使用#8,000CIFB-D磨輪

圖 7.7 ELID 研削表面粗度的形態

由以上基礎實驗來看，球面透鏡與非球面反射鏡加工可適用 ELID 研削法，調查了適當加工方式的選定以及其適用效果與加工特性。其結果連常用的切削中心等切削用加工機上，使用#4000~#8000 不等微細磨

粒 CIFB-D 磨輪，也確認可以實現有效率透鏡形狀的成形與穩定的鏡面研削。此外，各種硬質材質製球面與非球面反射鏡的加工亦可適用 ELID 鏡面研削，同樣亦可確認微細磨粒磨輪的適用效果、穩定性、加工形狀以及鏡面狀態的均一性等基本效果與特性。根據這些基礎實驗結果，下一節針對大口徑非球面透鏡加工或超硬合金、鋼材製透鏡模具施予 ELID 鏡面研削的實用性，予以調查，並就幾個試作與加工實驗的事例，加以介紹。

7.5 ELID 鏡面研削非球面光學元件的製法

　　誠如前述，經由電解線上削銳(ELID)法，提出如**圖 7.8** 所示迴轉軸對稱(非)球面透鏡形狀鏡面研削的方式。磨輪採用具有微細超磨粒的鑄鐵系金屬黏結磨輪，可由粗磨應付至鏡面研削。另一方面，透鏡或反射鏡的製造，一般是以極粗粒樹脂黏結磨輪等加工形狀之後，施行游離磨粒鏡面研磨。此外，習慣上精磨雖使用#1500~#2000 左右微細磨粒磨輪，但需多工程情況或磨輪性能不穩定緣故，連續加工困難重重，而且亦有所用的磨輪粒度、磨輪消耗等問題存在，所以就大口徑非球面透鏡而言，延性區(ductile regime)研削可說特別困難。因此，ELID 研削朝大口徑非球面透鏡等光學元件或模具製造的適用也就讓人深切期待。

　　此處就非球面透鏡及透鏡模具施行 ELID 鏡面研削的效果與特性等等所做的實驗結果，整理如下。

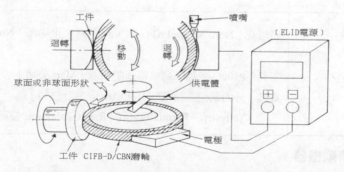

圖 7.8 非球面透鏡施行 ELID 鏡面研削方式

7.6 ELID 鏡面研削非球面透鏡的加工實驗系統

首先，本實驗所用非球面透鏡等的 ELID 鏡面研削系統規格，如**表 7.3** 所示。

表 7.3 非球面透鏡、模具施行 ELID 鏡面研削實驗系統規格

1. 研削機器	門形切削中心：VQC-15/40，7.3kW〔山崎 Mazack 公司〕裝設迴轉式工作台及 ELID 電極設備
2. 研削磨輪	・鑄鐵纖維黏結鑽石磨輪(CIFB-D：ϕ 150×W10mm 平直形)#170，集中度 100；#600，集中度 100；#4000，集中度 50；#8000，集中度 25〔新東 Breiter 公司〕 ・鑄鐵黏鐵鑽石/CBN 磨輪(CIFB-D/CBN：ϕ 150×W5mm，附有凸 R4mm 剖面平直形)；#140，集中度 100；#600，集中度 100；#4000，集中度 100；#8000，集中度 100〔富士模具公司〕
3. ELID 電源	放電加工電源：SUE-87〔Sodick 公司〕
4. 工件	・光學玻璃：BK-7(ϕ 50mm、ϕ 80mm、ϕ 100mm 等)STAVAX(相當 SUS420J2)，HRC52~54〔Udeholm 公司〕； ・超硬合金(D20)〔富士模具公司〕
5. 其它	研削液：Noritake cool AFG-M，50 倍自來水稀釋〔Noritake 公司〕 工具：#100C 磨輪，剎車器式削正器〔Mart 公司〕 量具：分力量測系統飛龍 II〔Cosmo 設計公司〕 Tallystep、Formtally surf〔Ranktailahobson 公司〕

(1) 研削機器

實驗用加工機採用門形切削中心 VQC-15/40。兩台機器皆先製作 ELID 用電極附件而裝設其上。此外，切削中心機上安裝有簡易型迴轉式工作台，如**相片 7.5** 所示可迴轉驅動工件。

非球面透鏡加工

裝置組成

相片 7.5 非球面透鏡及模具施予 ELID 研削實驗用切削中心

(2) 研削磨輪

非球面透鏡加工用磨輪，誠如加工原理所示，使用平直形(ϕ 150× W10mm)。為能粗磨乃至鏡面研磨，採用#170、#600 及#4000 或#8000 鑄鐵纖維黏結鑽石(CIFB-D)磨輪。

(3) ELID 電源

ELID 研削所需電解削銳電源裝置，改用放電加工電源：SUE-87。

(4) 工件

非球面透鏡用胚料，則選用光學玻璃：BK-7。此外，透鏡模具胚件，則選定不銹鋼材(STAVAX：相當於 SUS420J2，HRC52~54)以及超硬合金(D20)。

(5) 其它

冷卻劑(研削液)使用具弱導電性水溶性研削液(Noritake cool AFG-M)，經自來水稀釋 50 倍後的液體。研削抵抗的監視、記錄及解析，分別使用應變計式切削 3 分力計(美國 AMTI 公司)及分力量測處理系

統：飛龍Ⅱ(量測與解析軟體與專用 A/D 轉換器：Cosmo 設計公司)。此外，加工後的透鏡表面粗度、形狀精度量測，則分別使用觸針式表面粗度儀與形狀量測儀、Tallystep、Formtallysur 量具。

7.7 非球面透鏡施行 ELID 鏡面研削實驗

(1) 實驗方法

採用的#170、#600、#4000 及#8000 各 CIFB-D 磨輪，先經刹車器式削正器削正後，再加工之前分別施予大約 20min 的初期電解削銳。接著調查各磨輪粒度在加工工程中研削抵抗變動及其穩定性、磨輪消耗量，以及最終精磨工程的非球面透鏡加工表面粗度。

(2) 加工形狀與補間方式

球面透鏡的情況，係依圓弧補間移動磨輪而作為加工路徑。此外，**圖 7.9** 顯示試作加工的非球面透鏡形狀示意圖。

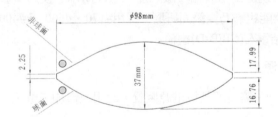

圖 7.9 試削大口徑非球面透鏡形狀示意圖

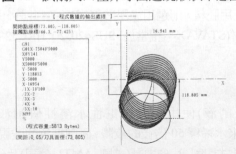

圖 7.10 非球面透鏡加工路徑模擬

本例設計內含 12 次補償項變數的形狀，並在個人電腦上開發出可作 NC 數據與模擬的軟體，完成非球面加工用 NC 程式。此情況，從非球面公式所求曲線如**圖 7.10** 所示在透鏡半徑方向，作等分割，再經由微小直線補間即成為加工路徑。

具體而言，先分別量測各加工工程所用磨輪直徑，再仿削所設計非球面形狀表面，計算磨輪的中心軌跡，最後輸出經微小直線分割後的 NC 程式數據。NC 數據並非以絕對座標來控制的程式，而是用增量控制。因此，加工機的最小分解能以下的指令值逐漸累積，容易產生誤差，所以進行各情況的演算結果給予四捨五入與在中心部位的數據調整，盡力描繪出幾與設計形狀一樣的軌跡。

(3) 非球面透鏡施行 ELID 鏡面研削

① 各磨輪粒度與工程

粗磨的成形加工以#170，而中間研削取#600，最後的鏡面研削以 #4000 或#8000 進行。**表 7.4** 雖顯示實際加工的適當條件，但分割間距小至 50 μm 程度，所以 NC 在作直線補間時的加減速時間並非充分，而進給速度則因分割直線長短關係，可見到其變動。此外，分割間距儘管再小到 25 μm 時，仍然無法獲得具體效果。至於適當的進刀深度，以#600 及#4000 個別平均磨粒直徑的 1/4 程度判斷來設定。

表 7.4 非球面透鏡加工工程適當的 ELID 研削條件

	粒 度	進 刀	進 給	周 速	ELID 條 件
粗磨	#170	100μm /趟	40~150 mm/min	1,440 m/min	$E_0$90V,I_p24A,τ_{on}12μs, τ_{off}3μs(實電流 2~4A)
中磨	#600	6~4μm /趟	40~150 mm/min	1,440 m/min	
鏡面 研削	#4,000 #8,000	2~1μm /趟	35~100 mm/min	1,200~1,440 m/min	$E_0$150V,I_p40A,τ_{on}12μs, τ_{off}3μs

② 各研削工程的加工特性

圖 7.11 顯示#170、#600、#4000 及#8000 施行 ELID 研削抵抗的變化，當然各研削抵抗的尖峰值可使其穩定。加工路徑中最大的負荷落入 2kgf(Fx 與 Fy 同樣)以下的條件，就判斷為適當，係一有效率且可穩定的加工條件。透過#4000 之類微細磨粒磨輪，當總進刀量為 $200\,\mu$m 左右時，磨輪的磨耗量約為每個透鏡需耗掉 $25\,\mu$m。由於磨輪直徑的可能量測誤差等理由，會在前工程所得非球面形狀與最終精磨工程加工路徑之間，產生誤差，或發生局部接觸形態而附有彎曲點的非球面加工這些現象而言，一般認為是微細磨粒磨輪消耗特別激烈所致，不過從此結果得知鑄鐵系磨輪耐磨性可以壓抑其消耗量至某種程度。

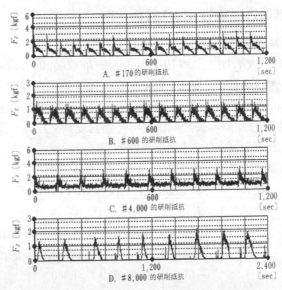

圖 7.11 非球面透鏡各加工工程的研削抵抗變化

③ ELID 鏡面研削的表面粗度

圖 7.12 顯示#4000 及#8000 施行非球面透鏡的 ELID 研削表面粗度。#4000 可得 61nmRmax 而#8000 可獲 43nmRmax 良好非球面加工粗

度。由此粗度形態來看，微細磨粒確可得到均一的研削痕跡。**相片 7.6**顯示所得到球面透鏡及非球面聚光透鏡的試作加工之例。**相片 7.6A** 及 **B** 分別爲 ϕ 50mm、ϕ 80mm 的球面透鏡，而**相片 7.6C、D** 及 **E** 分別爲形狀設計(非球面變數)不一而約爲 ϕ 100mm 的非球面透鏡。這些非球面透鏡係投影用聚光透鏡，透過本 ELID 研削後的表面與形狀精度，可以達到幾同設計所要焦點距離或聚光度，確認這樣可以實用。

◀ A. ϕ 50mm球面
透鏡（R 50）

B. ϕ 80mm球面 ▶
透鏡（R100）

單面加工後

雙面加工後

C. ϕ 98mm非球面透鏡

D. ϕ 100mm非球面透鏡　①

E. ϕ 100mm非球面 透鏡　②

相片 7.6 ELID 鏡面研削球面與非球面透鏡之試作例

參考文獻

1）大森整，中川威雄：鋳鉄ボンドダイヤモンド砥石によるシリコンの研削加工（第 4 報：超微粒砥石による鏡面研削），昭和63年度精密工学会春季大会学術講演会講演論文集，(1988) 521～522.

2）大森整，外山公平，中川威雄：鋳鉄ボンドダイヤモンド砥石によるシリコンの研削加工（第 5 報：インフィード鏡面研削の試み），昭和63年度精密工学会秋季大会学術講演会講演論文集，(1988) 715～716.

3）大森整，中川威雄：鏡面研削によるフェライトの仕上げ加工，昭和63年度精密工学会春季大会学術講演会講演論文集，(1988) 519～520.

4）大森整，中川威雄：鋳鉄ファイバボンド砥石による硬脆材料の鏡面研削加工，昭和63年度精密工学会秋季大会学術講演会講演論文集，(1988) 355～356.

5）大森整，山田英治，中川威雄：マシニングセンタによる鉄鋼材料の研削加工（第 3 報：鉄鋼材料の電解インプロセスドレッシング研削法），昭和63年度精密工学会秋季大会学術講演会講演論文集，(1988) 43～44.

6）大森整，黒沢伸，中川威雄：鋳鉄ファイバボンド砥石によるガラス系材料の鏡面研削加工，昭和63年度精密工学会秋季大会学術講演会講演論文集，(1988) 357～358.

7）大森整，高田芳治，高橋一郎，中川威雄：ターニングセンタによる円筒鏡面研削，昭和63年度精密工学会秋季大会学術講演会講演論文集，(1988) 353～354.

8）朴圭烈，大森整，高橋一郎，中川威雄：電解ドレッシング研削による円筒内面の鏡面研削，1989年度精密工学会秋季大会学術講演会講演論文集，(1989) 899～900.

9）高橋一郎，佐伯優，大森整，中川威雄：光学レンズの鏡面研削，1989年度精密工学会秋季大会学術講演会講演論文集，(1989) 901～902.

10）高橋一郎，佐伯優，大森整，中川威雄：非球面ミラーの研削加工，1990年度精密工学会春季大会学術講演会講演論文集，(1990) 961～962.

11）大森整：非球面レンズの電解ドレッシング鏡面研削（第 1 報：コンデンサレンズの鏡面研削），1992年度精密工学会春季大会学術講演会講演論文集，(1992) 457～458.

12）米今義伸，大森整，高橋一郎，中川威雄：プラスチック成形用金型の鏡面研削，1991年度砥粒加工学会学術講演会講演論文集，(1991) 325～326.

13）米今義伸，大森整，高橋一郎，中川威雄：プラスチック射出成形用金型の鏡面研削，1992年度精密工学会春季大会学術講演会講演論文集，(1992) 469～470.

14）米今義伸，大森整，高橋一郎，中川威雄：プラスチック成形用金型の鏡面研削（第 2 報：超硬素材の鏡面研削特性），1992年度砥粒加工学会学術講演会講演論文集，(1992) 133～134.

15）米今義伸，大森整，高橋一郎，中川威雄：プラスチック射出成形用金型の鏡面研削（第 2 報：非球面金型加工への適用），1992年度精密工学会秋季大会学術講演会講演論文集，(1992) 549～550.

第8章 ELID的高效率研削法

8.1 ELID 高效率研削

在開發 ELID 鏡面研削法以前，有關鑄鐵黏結鑽石磨輪的高效率研削法，研究很多 [1]。然而，傳統上的削銳法由於在控制具強韌黏結材的鑄鐵黏結磨輪磨粒凸出量，亦即銳利度，可說困難重重，使得氮化矽之類的重切削不得不伴隨高負荷而產生火花 [2]。此處嘗試的 "ELID 高效率研削法"，因適用重切削用粗粒鑄鐵纖維黏結磨輪施行 ELID[3]~[5]，所以欲嘗試實現穩定性優異的高效率研削 [6]~[9]。

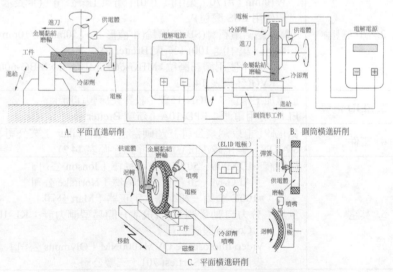

A. 平面直進研削

B. 圓筒橫進研削

C. 平面橫進研削

圖 8.1 ELID 高效率研削嘗試適用的方式

形態上、原理上，與 ELID 施予鏡面研削同樣，尤以高效率研削爲目標的平直形磨輪加工方式，亦如**圖 8.1A、B、C** 所示平面直進研削、圓筒橫進研削及平面橫進研削各原理。本章係採用粗粒度鑄鐵黏結磨輪施行 ELID 研削，針對硬脆材料，特別是陶瓷及鋼鐵材料可實現高效率研削的效果與特性，予以整理。

8.2 ELID 高效率研削實驗系統

表 8.1 爲 ELID 高效率研削所用實驗系統的規格。

表 8.1 ELID 高效率研削實驗系統規格

1. 研削機器	・門形切削中心(MC)：VQC-15/40，3.7kW〔山崎 Mazack 公司〕 ・車削中心(TC)：QT-10N 改造型，2.2kW〔山崎 Mazack 公司〕 ・往覆型平面磨床：GS-CHF，2.2kW〔黑田精工公司〕 以上三款工具機皆附加 ELID 電極與供電體
2. 研削磨輪	・鑄鐵纖維黏結鑽石*(CIFB-D)磨輪(平直形：φ150mm×W10mm；#170，集中度 100)〔新東工業公司〕(*表示主要使用 IMS 磨粒) ・鐵系黏結鑽石**(SB-D)磨輪(平直形：φ150mm×W10mm；#140，集中度 100)〔新東 Breiter 公司〕 〔**表示使用鑽石磨粒：MBG-660，MBG-Ⅱ，MBG-600，RVG(參照表 14.2)〕
3. ELID 電源	放電加工電源：MGN-15W〔牧野銑床製作所〕 ELID 專用電源：EPD-10A〔新東 Breiter 公司〕
4. 工件	氮化矽〔東京窯業公司〕，超硬合金〔日本 Pillar 工業公司〕，SiAlON、碳化矽〔日立製作所〕(參照表 14.3)
5. 其它	研削液：IDX900，50 倍自來水稀釋〔Jonson 公司〕 　　　　AFG-M，50 倍自來水稀釋〔Noritake 公司〕 工具：#100C 磨輪，剎車器式削正器〔Mart 公司〕 量具：分力自動量測系統(飛龍)+簡易型測力計：KL-100〔Cosmo 設計公司〕 　　　Video microscope OVM1000NM〔Olympus 公司〕 　　　表面粗度儀 Surftest 701〔三豐公司〕

(1) 研削機器

　　首先，基礎實驗所用的研削加工機為門形切削中心：VQC-15/40 及車削中心：QT-10N 改造型。這些機上為達金屬黏結磨輪可作 ELID 研削，乃在磨輪台金部位接觸供電電刷，作(＋)電極，而具磨輪作業面積1/6 周長大小的紅銅電極，對接磨輪作為(－)電極。**相片 8.1A** 顯示安裝 ELID 電極的切削中心實驗裝置外觀，而**相片 8.1B** 同樣顯現切削中心的實驗裝置外觀。此外，傳統往覆型平面磨床上，分別裝上紅銅或石墨電極(陰極)以及供電體(在磨輪上供電給陽極的石墨塊)，以應用在實驗上(**相片 8.1C**)。

A. 切削中心的實驗裝置

B. 車削中心的實驗裝置

C. 往覆型平面磨床的實驗裝置

相片 8.1 ELID 高效率研削實驗裝置的外觀

(2) 研削磨輪

　　為在切削中心、車削中心之上可作基礎實驗，選用適合重切削平直形鑄鐵纖維黏結鑽石(CIFB-D)磨輪(φ150mm×W10mm)。磨輪粒度為求高效率研削，所以選定#170/#200(集中度 100)。

另一方面，為求在往覆型平面磨床之上調查 ELID 施行的高效率研削特性，使用#170CIFB-D(ϕ150×W10mm 平直形)磨輪。此外，面臨調查鑽石磨粒種別的影響，且為消除鑄鐵纖維對磨粒分散狀態的影響，乃選擇不含鑄鐵纖維的鐵系黏結鑽石磨輪(SB-D：Steel Bond-Diamond)。作為比較用磨粒種別，則如**表 8.2** 所示 4 種(RVG、MBG-660、MBG-Ⅱ 及 MBG-600)[10]。

表8.2 使用的鑽石磨粒種別

SD 磨粒種別	性 質
① MBG-660	經分類，等級高
② MBG-II	具有中間破碎性
③ MBG-600	破碎性較高
④ RVG	破碎性最高

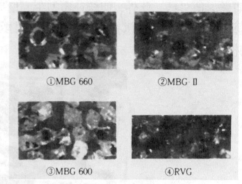

①MBG 660　　②MBG Ⅱ

③MBG 600　　④RVG

(3) ELID 電源

切削中心、車削中心上作為 ELID 研削實驗用電解電源，乃改用來自線切割放電加工機用電源：MGN-15W。此外，在往覆型平面磨床上的實驗，則如**相片 8.2** 所示採用 ELID 專用電

相片 8.2 使用的 ELID 專用電源裝置外觀

源：EPD-10A。最後設定外加電壓 Eo、最大電流 Ip、頻率(τ_{on}、τ_{off})，以調整電解削銳強度。

(4) 工件

ELID 高效率研削實用的工件，採用氮化矽、超硬合金、SiAlON、

碳化矽之類各種難削性陶瓷。**表 8.3** 為各工件的材料特性。

表 8.3 使用的工件材料特性

	Si_3N_4	SiAlON	SiC	ZrO_2	WC-Co
維氏硬度 (HV)	1,700	1,740	2,700	1,350	1,200
破壞韌性強度 $K_{IC}(MPa \cdot m^{1/2})$	7.0	7.7	3.0	6.8	12
註					Co 12%

(5) 其它

冷卻劑(研削液)採用因應 ELID 的水溶性研削液，經自來水稀釋 50
倍後使用。研削分力的量測裝置，則如**相片 8.3** 所示，利用另外開發的
測力計 [11]。本機屬應變計式 2 分力計。此外，對於加工表面及磨輪面的
觀察與評價，則採用 Video microscope OVM1000NM。

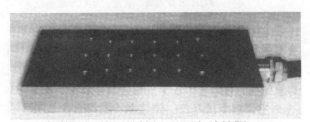

相片 8.3 使用的簡易型測力計外觀

8.3 硬脆材料施行 ELID 高效率研削的基礎實驗 [6]

(1) 實驗方法

首先，加工實驗之前就裝有#100C 磨輪的剎車器式削正器等工具，
進行欲用 CIFB-D 磨輪的削正工作。此削正也為了高效率研削的這個目
的，使磨輪面振動減到 10 μm 境地。其次，為了調查 ELID 效果，先以
#80WA 磨棒把本磨輪施予初期削銳後，再就一般研削與 ELID 研削兩種

情況，以測力計量測及記錄依研削距離所作的研削抵抗變動。此實驗就氮化矽、超硬合金等以進刀深度作爲變數，予以執行。針對 SiAlON，也是同樣實驗使用車削中心，施予圓筒研削。此外，經高效率研削過的加工品位，則以光學顯微鏡評價。

(2) 實驗結果

① 氮化矽的重研削特性

　　使用切削中心，進行氮化矽陶瓷的研削實驗。進刀深度 d 定爲 50 μm，就平面直進方式而言，針對一般研削與 ELID 研削情況，調查研削抵抗變動的結果，如**圖 8.2** 所示。研削寬 B 定爲 3mm，而單位研削寬的法線方向研削抵抗 Fn 顯示在圖的縱軸上。磨輪周速 v 定爲 1500m/min，而進給速度 f 則定爲 5m/min。

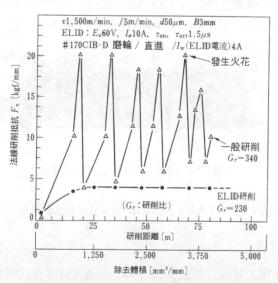

圖 8.2 氮化矽的高效率研削特性

　　首先，氮化矽一般研削隨著研削的開始，法線研削抵抗跟著上升，而研削距離一旦超越 15m，就會在研削點產生所謂的火花現象[2]，整個

研削過程顯示反覆極端上升與下降這種不穩定加工特性。相對此的 ELID 研削法，研削一開始即抑制負荷上升，實現了一般所無法獲得穩定的高效率研削。ELID 研削是一般研削時最大荷重的 1/5 左右，呈現穩定狀。

② **ELID 有無的磨輪面形貌**

接著調查有無 ELID 影響 CIFB-D 磨輪面的變化。**相片 8.4** 顯示在一般研削及 ELID 研削情況，先就氮化矽進刀 d=50μm 後研削距離 80m 的 CIFB-D 磨輪面顯微鏡相片。由此可知，一般研削的磨粒磨耗激烈，而在附加 ELID 研削時，則可維持適當的切刃。

A. 無ELID

B. 有ELID

相片 8.4　氮化矽經研削後的磨輪面 (研削距離 80m 後)

③ **超硬合金的重研削特性**

其次，嘗試超硬合金的重研削。與氮化矽情況同樣，經調查 ELID 研削特性，可得極為良好的結果。**圖 8.3** 顯示有無 ELID 的研削抵抗變動差距。超硬合金相當容易產生熔著，而一般研削只要有塞縫，負荷馬上急劇上升，長時間研削有困難。相對此的 ELID 研削時，熔著導致的研削抵抗可抑制上升，可實現穩定性優異的重研削。最終結果而言，附加 ELID 時的研削抵抗可減低至一般研削時的 1/5，呈穩定化。超硬合

金由於是金屬材料組成，附著在磨輪面的切屑經電解可以較高速被除去，一般認爲磨輪面可保持潔淨。

④ **高效率研削的研削比**

　　氮化矽施行高效率研削情況，一般研削的研削比爲 340，而 ELID 研削時則爲 230，結果賦予 ELID 的研削比有少許減少。然而，一般研削的研削抵抗尖峰值約較 ELID 研削高出 5 倍，而且研削抵抗變動激烈，穩定加工困難。因此就 ELID 研削而言，一般認爲減少研削比之上的綜合性能改善，應可期待。

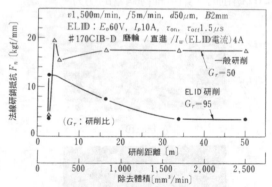

圖 8.3 超硬合金的高效率研削特性

　　另一方面，超硬合金施行高效率研削情況，一般研削時的研削比爲 50，而 ELID 研削爲 95，結果賦予 ELID 的研削比反而有改善。一般認爲這是因爲超硬合金施行一般研削時，切屑因附著而使研削點溫度相當高，相對鑽石磨粒熱磨耗激烈而賦予 ELID 時，塞縫容易迴避，可以考察到這樣問題得到解決了。

⑤ **高效率圓筒研削的嘗試**

　　就車削中心施予圓筒研削的方式，也嘗試 ELID 高效率研削實驗。針對難削性陶瓷之一的 SiAlON 圓筒施行橫進研削，經記錄磨輪主軸負荷的變化，可如**圖 8.4** 結果。SiAlON 具有顯著難削性，在一般研削上無法獲得穩定的研削特性。然而因賦予 ELID 緣故，可以維持一般研削

1/2 如此穩定的磨輪主軸負荷。

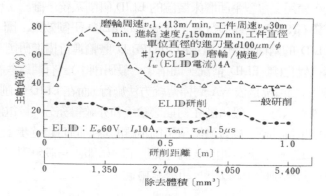

圖 8.4 SiAlON 高效率圓筒研削特性

⑥ **高效率研削的加工表面形貌**

　　相片 8.5 顯示氮化矽在一般研削及 ELID 研削時的各研削表面形貌。各表面形貌差異並無顯現差異，通常認為一般研削因高負荷容易發生工件缺角現象，而附加 ELID 可期待研削品位，因此可以寄予厚望。有關此效果，將在下節予以驗證。

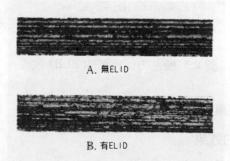

A. 無ELID

B. 有ELID

相片 8.5 高效率研削氮化矽的表面形貌

8.4 硬脆材料施行 ELID 高效率研削的應用實驗 [7]~[9]

(1) 橫進研削效果

　　首先,使用反覆型平面磨床裝置的 ELID 研削系統,確認了粗粒度鐵系黏結鑽石(SB-D)磨輪施行氮化矽陶瓷的 ELID 研削效果。**圖 8.5** 是就有無 ELID 的兩種情況,顯示#170CIFB-D 磨輪進行橫進研削時的法線研削抵抗變化(無 ELID 情況,簡稱「一般研削」)。有關這些初期削銳,在一般研削情況是依 WA 磨棒傳統方法施行,而在 ELID 研削情況,則以電解削銳執行。一般研削在初期磨輪銳利亦難得充分,較電解削銳的最初研削抵抗爲高,接著隨累積研削距離的增加同時也逐步上升。另一方面,ELID 研削上的研削抵抗一從加工開始即比一般研削低,最後可抑制到一般研削的 1/2 以下,粗磨呈穩定狀。

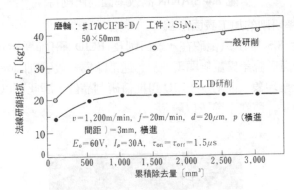

圖 8.5 橫進方式粗磨的 ELID 效果

(2) 直進研削效果

① ELID 粗磨的效果

　　接著,再嘗試直進研削對 ELID 研削的高效率化與穩定化。**表 8.4** 顯示加工條件。**圖 8.6** 顯示依實際荷重數據來顯示碳化矽陶瓷施行 ELID 直進研削的研削抵抗穩定性。由此就高效率研削而言,由研削中途改爲施予 ELID 時,仍可觀察到荷重顯著減少。

表 8.4 ELID 高效率研削條件

工 件 ELID 研削條件		SiC	Si$_3$N$_4$	SiAlON	WC
研 削 條 件	磨輪周速 υ 〔m/min〕	1,200	1,200	1,200	1,200
	進給速度 f 〔m/min〕	20	20	20	20
	進刀深度 d 〔μm〕	30	30	30	10
	研削寬度 B 〔mm〕	10	10	10	10
除去效率　　〔mm^3/min〕		6,000	6,000	6,000	2,000
ELID 條件	(無負荷壓 E$_O$,最大電流 I$_p$, τ $_{on}$/$_{off}$) E$_O$ 90V, I$_p$10A,　τ $_{on}$/$_{off}$ 2μs 三者固定一樣。				

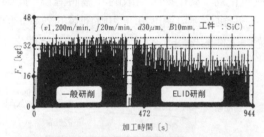

圖 8.6 碳化矽施行高效率研削的 ELID 效果

② **研削方向導致的差異**

　　圖 8.7 顯示研削方向(上磨/下磨)及進刀深度的影響。研削方向導致

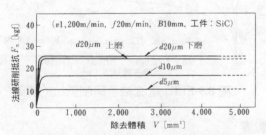

圖 8.7 研削方向及進刀深度的影響

的差異並無顯著。而且進刀深度 d=5μm、10μm 及 20μm 時，研削抵抗差異幾呈一定值。

③ ELID 電流的變動

　　直進研削上，與橫進研削比較，整個磨輪面因承受高的加工負荷，一般認為很難維持 ELID 的效果。ELID 電流在 d=10μm 時，如**圖 8.8** 所示，約為加工開始時的 2 倍；當 d=20μm 時，上升到 4 倍。現設定 ELID 電流(平均實電流)為 1.5A、2.2A 及 3.0A 三種，以調查各情況的 ELID 研削抵抗變動(**圖 8.9**)。結果確認了電流愈高，研削抵抗愈能抑制上升。在鐵系黏結磨輪施行 ELID 研削的情況，因電分解反應產生陽極氧化(非導體化)現象，致使磨輪面黏結材電解溶出的同時，亦使磨輪表面形成一層的氫氧化物、氧化物所組成的非導體薄膜。此膜在研削中亦有某程度殘留，一般雖認為可適度抑止電解削銳的效率，但在直進研削上，此薄膜透過與工件的接觸，容易除去，屬苛刻條件之下行為。

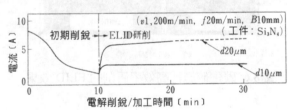

圖 8.8 伴隨高效率研削的 ELID 電流變化

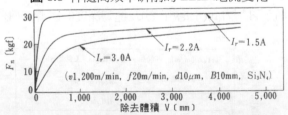

圖 8.9 ELID 電流給予研削抵抗的變動

(3) 材質的影響

① 研削現象與研削性的差異

　　氮化矽與 SiAlON 兩者在研削時會在研削點上發生青白光，讓人觀察到高的加工溫度導致磨粒磨耗。誠如**表 8.5** 所示，依碳化矽、氮化矽、SiAlON 及超硬合金之順序，研削抵抗逐漸增高，就連 ELID 而言，一般認為亦屬苛刻的直進研削。胚料的硬度與破壞韌性強度雖在某種程度代表切削性尺度，但唯獨氮化矽與 SiAlON 兩者皆高，一般認為可當作難削材看待。

表 8.5 各胚料最大研削抵抗 Fn(kgf)及 ELID 電流(A)

除去效率	碳化矽		氮化矽		SiAlON		超硬合金	
(mm³/min)	F_n	ELID	F_n	ELID	F_n	ELID	F_n	ELID
2,000	17	2.2	28	2.2	30	2.2	45	6.0
4,000	25	3.0	50	6.0	50	4.2	—	—
6,000	35	4.0	65	7.5	65	5.0	—	—

② **除去效率與 ELID 電流**

　　依**表 8.4** 所示加工條件，碳化矽、氮化矽及 SiAlON 在除去效率 6000mm³/ min 以及超硬合金在 2000mm³/min 上，照本實驗方式很容易達到。有關前者，可知工作台速度定為 25m/min，則可改善至 7500mm³/min。本實驗採用傳統的反覆型平面磨床，姑不論磨輪主軸馬達只到 2.2kW 大小，不過針對難削性陶瓷材料而言，至今可實現高效率研削之事，認為值得大寫特寫一筆。此外，超硬合金的切屑具有導電性，由於加工切屑與黏結材發生某種程度接觸，因此研削穩定上需要最高的 ELID 電流。

③ 磨輪面形貌與加工品質

　　相片 8.6 是針對碳化矽、氮化矽、SiAlON 各材料施予 ELID 高效率

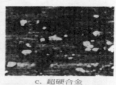

A. 碳化矽　　　　　B. SiAlON　　　　　C. 超硬合金

200μm

相片 8.6 ELID 研削後的磨輪面形貌差異

研削後，經顯微鏡觀察磨輪面形貌的結果。碳化矽在研削後的磨耗磨粒較少，而 SiAlON 研削後則有較多磨耗的磨粒。此外，超硬合金研削之後，可見到磨輪黏結面刮擦的痕跡，並觀察到黏結劑的拖曳尾巴(bond tail)。另外，**相片 8.7** 顯示各陶瓷加工端面的顯微鏡相片，但因 ELID 可達到研削抵抗減少與穩定化，可知可以實現缺角少的潔淨加工品質。

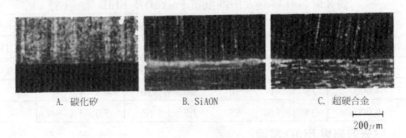

A. 碳化矽　　　　　B. SiAON　　　　　C. 超硬合金

$200\mu m$

相片 8.7 ELID 高效率研削後加工端面的外觀

(4) 磨粒種別的影響

其次，針對 SB-D 磨輪的鑽石種別影響，予以調查。

① 一般研削的磨粒種別影響

首先，調查一般研削的磨粒種別影響。**圖 8.10** 顯示加工至除去體積 5000mm³ 的研削抵抗變化。最終的研削抵抗依 MBG-660、MBG-Ⅱ、

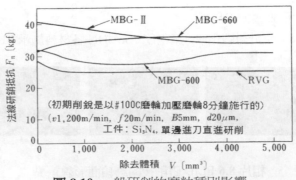

圖 8.10 一般研削的磨粒種別影響

MBG-600 及 RVG 之順序，逐漸降低，磨粒分級愈高者愈見增加。然 MBG 系列 3 種(660、Ⅱ、600)顯現類似研削抵抗的特性。

② ELID 研削的磨粒種別影響

　　另一方面，**圖 8.11** 顯示各磨粒種別的研削抵抗變動。ELID 研削抵抗與一般研削同樣，破碎性愈高者愈低，任何一種皆較一般研削來得低。此外，MBG-600 與 RVG 的差異小，反而 MBG-660 與 MBG-Ⅱ的差異較大。一般認爲這是因爲 ELID 緣故而使磨粒的機械性質呈緩和狀，以致產生了序列差別。如圖所示，研削抵抗隨著加工進行的同時，會有某種程度變化，而呈穩定傾向。一般認爲這是初期削銳時的磨粒凸出與有效磨粒數在研削中已呈常態化，以至適當狀態之前，會花上相當時間。

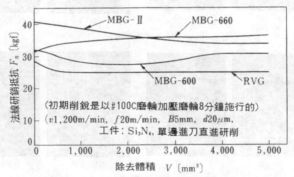

圖 8.11 ELID 研削的磨粒種別影響

③ **有無 ELID 與磨輪面形貌**

　　相片 8.8 是針對削正後、初期削銳後(使用 C 磨輪)、一般研削後及 ELID 研削後的各種情況，經顯微鏡觀察各磨粒種別的磨輪面形貌結果。由此可知破碎性最高的 RVG 磨耗的磨粒較少。此外，就 ELID 研削後的磨輪表面狀態而言，可觀察到 MBG-660 磨輪面有某種程度的磨耗磨粒存在。**相片 8.9** 是著眼於各磨輪的 1 個磨粒狀態而觀察的顯微鏡相片，但各個磨粒的破碎性差異，有了明確序列。

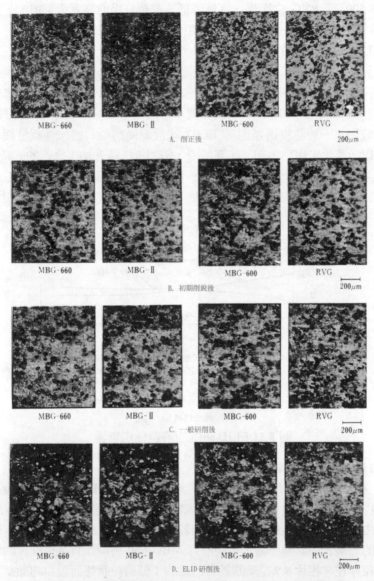

相片 8.8 磨粒種別導致磨輪表面形貌的差異與變化

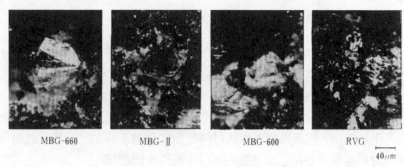

MBG-660　　　　MBG-II　　　　MBG-600　　　　RVG

40μm

相片 8.9 ELID 研削後磨粒前端破碎狀況的差異

以上所述，理應可實現各種難削性陶瓷穩定而高效率研削的粗粒度鑄鐵系黏結鑽石磨輪適用 ELID 上，以調查其研削特性。結果在 ELID 研削上針對難削性陶瓷之類硬脆材料，研削抵抗有效減低，同時確認穩定重研削具體可行。**相片 8.10** 顯示高效率研削各種材料的樣本。下節以後，再針對鐵系材料的 ELID 高效率研削效果與特性，予以解說。

左 :SiAlON　右 : 碳化矽　　　　　　　　氮化矽

超硬合金

相片 8.10 ELID 高效率研削各種材料的樣本

8.5 鋼鐵材料施行 ELID 高效率研削

　　雖說新材料時代已到來，但現今持續支撐陶瓷等尖端材料的應用技術，並無它者而是鋼鐵材料。鋼鐵材料因有其豐富的材種，使得從工業材料到生活用品廣泛利用著。因此，更進一層的高效率且高精度加工，自是期待殷切 [12]。然而隨著研削高效率化的進展，起因塞縫的燒焦等問題，仍無解決。因而為實現鋼鐵材料穩定的高效率研削，乃嘗試適用為硬脆材料高效率研削用而開發的 ELID 高效率研削法。

　　本方法效果而言，已經由切削中心及平面磨床上施行氮化矽、超硬合金、SiAlON 等代表性硬脆材料成功達成高效率研削了 [6]~[9]。本實驗採用生產現場廣為普及的平面磨床，針對各種鋼鐵材料施行 ELID 高效率研削的效果與穩定性，進行確認。此外，想像應用在模具加工上，也嘗試切削中心施予高效率形狀研削加工。另外，為圖擴大 ELID 研削法，經嘗試青銅黏結磨輪施行鋼鐵材料的 ELID 研削，進行有關其研削特性與適用性調查。

8.6 鋼鐵材料施行 ELID 高效率研削實驗系統

　　本實驗所用鋼鐵材料施予 ELID 高效率研削實驗系統的規格，如**表 8.6** 所示。

(1) 研削機器

　　使用往覆型平面磨床(平磨)：　GS-CHF，以進行主要的加工實驗。

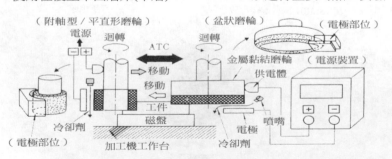

圖 8.12 MC 施行 ELID 高效率研削適用方式示意圖

此外，形狀加工實驗則用門形切削中心(以下簡稱「MC」：VQC-15/40。
任何機型都裝設電解削銳電極之類裝置。**圖 8.12** 及**相片 8.11** 分別為 MC
施行 ELID 高效率研削適用方式的示意圖及實驗裝置外觀。

相片 8.11 MC 施行 ELID 高效率形狀研削的實驗裝置外觀

表 8.6 鋼鐵材料施行 ELID 高效率研削實驗系統規格

1. 研削機器	• 往覆型平面磨床：GS-CHF，2.2kW〔黑田精工公司〕 • 門形切削中心(MC)：VQC-15/40，3.7kW〔山崎 Mazack 公司〕 以上二款都附加 ELID 電極及供電體。
2. 研削磨輪	• 鑄鐵纖維黏結 CBN(CIFB-CBN)磨輪(平直形：φ150mm× W10mm；#170,集中度 100；#4000,集中度 50)〔新東 Breiter 公司〕 • 青銅黏結 CBN 磨輪(平直形：φ150mmxW10mm；#140，集中度 100；#4000,集中度 50)〔三菱金屬公司〕
3. ELID 電源	放電加工用電源：MGN-15W〔牧野銑床製作所〕
4. 工件	鋼鐵材料：S45C、SUS420、SKS3、SKH54 等多種。
5. 其它	研削液：AFG-M，50 倍稀釋(自來水)〔Noritake 公司〕 工具：#100C 磨輪，剎車器式削正器〔Mart 公司〕 量具：分力自動量測系統(飛龍)+應變計式測力計：AMTI 〔Cosmo 設計公司〕 表面粗度儀 Surftest 501、701〔三豐公司〕

(2) 研削磨輪

　　平磨的加工實驗是使用鑄鐵纖維黏結　CBN(CIFB-CBN)磨輪(φ
150mm×W10mm，平直形：#170，集中度 100)，而在 MC 的形狀加工則
採用附軸型 CIFB-CBN 磨輪(φ30mm×W15mm，平直形：#140，集中度
100；#4000，集中度 50)(以下簡稱本磨輪與 "BB-CBN" 磨輪)，爲了比
較用，也選用了陶瓷黏結 CBN 磨輪(φ150mm×W10mm，平直形：#170，
集中度 100，簡稱爲 "VB-CBN" 磨輪)與樹脂黏結 CBN 磨輪(φ30mm×
W15mm：#140，集中度 100，簡稱爲 "RB-CBN" 磨輪)。

(3) ELID 電源

　　爲施行 ELID 所需電解電源，乃改用放電加工用電源：MGN-15W。
本裝置屬產生脈衝電壓的直流電源。

(4) 其它

　　研削液是選用水溶性研削液：AFG-M，經自來水稀釋 50 倍後的液
體(自來水採自日本埼玉縣和光市)。至於研削抵抗的量測，則採用應變
計式的切削分力計。

8.7 鑄鐵黏結磨輪施行鋼鐵材料的 ELID 高效率研削實驗 [13]

(1) 實驗方法

　　經由平面研削調查各種鋼鐵材料施行 ELID 高效率研削的效果。與
樹脂黏結磨輪及陶瓷黏結磨輪的比較實驗也一同進行。磨輪初期削銳
上，若爲 ELID 研削的情況，則依電解削銳執行；若爲一般研削及金屬
黏結磨輪以外情況，乃就 WA 磨棒施行。有關研削效果與特性，主要是
以研削抵抗予以評價。此外在 MC 機上，使用附軸型磨輪，嘗試 ELID
施行高效率形狀研削的基礎實驗。

(2) 實驗結果

① SKH 材施行 ELID 高效率研削效果

首先，嘗試 SKH54(淬火材)的 ELID 高效率研削。如**圖 8.13** 所示，一般研削(無 ELID)上伴隨塞縫的進行，研削抵抗逐步上升，一般認為熔著產生所致，短時間陷入不能研削狀態。相對與此的 ELID 研削上，始終呈現穩定加工狀態。研削抵抗可減低至一般研削時的 1/3~1/2 程度而呈穩定狀態。

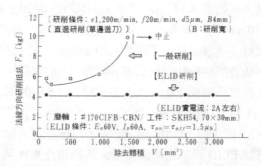

圖 8.13 鋼鐵材料(SKH54)施行高效率研削的效果

② **研削條件與 ELID 研削抵抗的關係**

其次，就 SKH54 淬火材在施行 ELID 高效率研削時，針對進刀深度的影響，予以調查。**圖 8.14** 顯示其結果。在進刀深度 d=10 μm 至 d=20 μm 之間，與 d 幾呈正比例的法線研削抵抗，有逐步上升之勢。在 d=29 μm 的情況，較預測的研削抵抗值還要低，一般認為這是大的進刀深

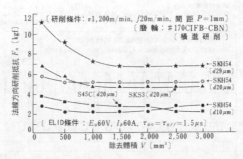

圖 8.14 材質、條件導致 ELID 高效率研削特性的差異

度，促使有效磨粒數目增加的緣故。此外，相對初期法線研削抵抗Fn=11kgf，最後減至 6~7kgf，呈穩定狀態。一般認爲這是加工開始後電解削銳效果也進行中所致。

③ **材質導致 ELID 研削特性的差異**

接著，包括 SKS3 淬火材、S45C 生材在內，經調查 ELID 高效率研削性的差異，可如**圖 8.14** 所示結果。S45C 的 d=20μm 情況，是與SKH54 的 d=10μm 時同程度，而 SKS3 則與同樣進刀時的 SKH54 同程度。至於淬火材，並無因材質不同而有明顯差異。另一方面，S45C 由於某程度軟質切屑與磨輪黏結材具有親和性，一般認爲會發生嚴重的塞縫現象。因此爲求研削穩定化，故需其它材質 1.5 倍的 ELID 電流。

④ **SKD11 施行 ELID 形狀研削**

其次，在 MC 機上使用附軸型磨輪，以確認其高效率形狀加工的可能性，而嘗試 ELID 研削的基礎實驗。透過**相片 8.11** 所示實驗裝置，以**圖 8.15** 所示加工路徑，嘗試 ELID 研削。**圖 8.16** 顯示此時的研削抵

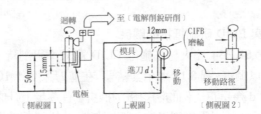

圖 8.15 ELID 高效率形狀研削加工路徑示意圖

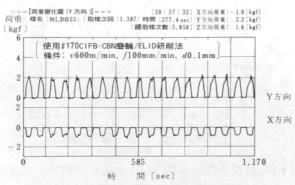

圖 8.16 ELID 高效率形狀研削的穩定性

抗變動。在進刀深度 d=100μm 這麼高的效率下，且在加工面積逐漸增大的路徑，並無見到研削抵抗的上升。說明了處於良好銳利狀態，而且無切削殘留量。透過本實驗的形狀研削後，平面部位有如**相片 8.12** 所示鏡面研削加工的外觀。

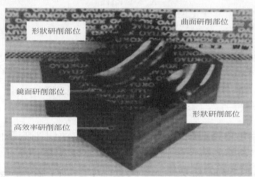

相片 8.12 ELID 高效率形狀研削過的鋼鐵材料

⑤ ELID 研削抵抗與加工表面形貌

經由本實驗嘗試高效率研削各工件材質施行 ELID 的研削抵抗結果，整理如**表 8.7** 所示(固定磨輪周速 υ=1200m/min，進給速度 f=20m/min，進刀深度 d=20μm)。為了參考起見，在同一條件之下，一併也把使用同樣粒度的 CIFB-D 磨輪，經 ELID 研削所得超硬合金、氮化矽的研削抵抗填入。大致上，愈高硬度材料(一般難削材)，其 Fn/Ft(Ft 為切線分力)，特別是 Fn 愈高(呈平滑傾向)，但在加工表面上如**相片 8.13** 所示，任何工件並無燒焦且呈均一加工條痕現象。

表 8.7 工件導致 ELID 研削抵抗的差異

工件	HRC(HV)	研削抵抗比(S45C→1)		Fn/Ft 比
		Fn 比	Ft 比	
S45C	10(203)	1	1	1
SUS420	57(636)	1.8	1.1	1.6
SKS3	59(677)	1.9	1.0	1.9
SKH54	65(812)	2.2	1.1	2.0
(參考)	(HV)	(Ft 比)	(Fn 比)	(Ft/Fn 比)
超硬合金	1,200	4.3	1.3	3.3
氮化矽	1,700	3.6	0.9	4.1

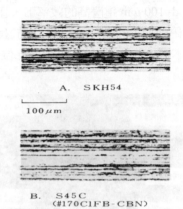

A. SKH54

100μm

B. S45C
(#170C1FB‑CBN)

相片 8.13 鋼鐵材料施行 ELID 高效率研削的表面形貌

8.8 青銅黏結磨輪施行鋼鐵材料的 ELID 高效率研削實驗 [14)

　　由前節實驗，確認了如**表 8.8** 所示鑄鐵黏結 CBN 磨輪施行鋼鐵材料的 ELID 高效率研削效果。然而針對鋼鐵材料切屑而言，一般認爲具有高親和性的鐵系金屬黏結磨輪，伴隨除去效率的改善，當然在除去熔著頻率增大的切屑上所需電能量因需取得平衡，可預想得到研削過程中可以持續進行的電解削銳負荷相當大。另一方面，不僅利用鑄鐵黏結磨輪而已，亦如**表 8.9** 所示更爲廣泛金屬黏結磨輪的青銅黏結磨輪施行的 ELID 研削效果，業經確認無疑，實現了硬脆材料的鏡面研削 [15)。

表 8.8 鋼鐵材料施行 ELID 研削法所期待的效果

① 透過高強度金屬黏結超磨粒磨輪的使用,再藉高磨輪強度或低磨粒磨耗的相乘效果,可進行高效率的研削加工;
② 經由 ELID 可防止塞縫、平滑,得以持續維持磨輪的銳利度,可作長時間的連續加工;
③ 由於金屬黏結超磨粒磨輪的形狀潰散較少,施予再削銳,並無多餘磨輪磨耗,而且加工效率高;
④ 若適用微細磨粒金屬黏結磨輪施行 ELID 研削的話,傳統上不易鏡面研削的,可穩定進行。

表 8.9 青銅黏結磨輪施行 ELID 研削法的特徵

① 一般金屬黏結磨輪的青銅黏結磨輪,在(初期)削銳作業上,可自動化;
② 透過 ELID 效果,可防磨輪塞縫/平滑而達到正常的研削特性;
③ 藉由具微細磨粒的青銅黏結磨輪適用,傳統視爲困難的鏡面研削等,可做到高品位境地;
④ 青銅黏結磨輪較易發現自生作用,故其電解性高,可實現穩定的低研削抵抗。

(1) 實驗方法

此處,爲確認青銅黏結磨輪施行鋼鐵材料的 ELID 高效率研削適用性,乃使用平面磨床,以進行實驗。初期的削銳,先比較電解及 WA 磨棒施行的方法,予以檢討,而後的 ELID 研削以電解進行。至於一般研削,則以 WA 磨棒施行。研削特性,主要是調查法線研削抵抗的變動及差異。此外,爲了比較,也使用一般樹脂黏結及陶瓷黏結磨輪。

(2) 實驗結果

① 青銅黏結磨輪施行 ELID 研削效果

首先,藉由#140BB-CBN 磨輪,嘗試 ELID 研削 SKH54 淬火材(**圖 8.17**)。透過初期削銳方法,初期研削抵抗值及其變化模樣有很大差

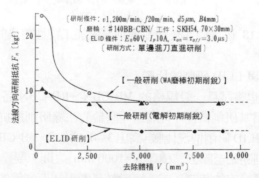

圖 8.17 青銅黏結磨輪施行鋼鐵材料的 ELID 高效率研削效果

異，即使一般研削由於發現 BB-CBN 磨輪具有自生作用，大致上可確認
出研削抵抗呈穩定化。然而初期未施予電解削銳，接著再進行 ELID 研
削的情況，可達一般研削時的研削抵抗 1/3 左右，可達穩定化，確認了
更具效率的削銳效果。

② **研削條件與 ELID 研削抵抗的關係**

其次，使用 BB-CBN 磨輪的 ELID 研削上，調查研削條件(進刀)的
影響(圖 8.18)。雖變化進刀深度 $d=10\,\mu\mathrm{m}$、$20\,\mu\mathrm{m}$、$29\,\mu\mathrm{m}$ 三種，但這
些研削抵抗上升較少；當 $d=29\,\mu\mathrm{m}$ 時，是 $10\,\mu\mathrm{m}$ 時的 1.7 倍左右。當
然，任何研削條件也都呈穩定化。較深進刀方面，由於在電解削銳時有
很大切屑介於其中，可觀察到放電火花現象。即使此現象之下，ELID
研削也是呈穩定化，一般認為削銳效果高。

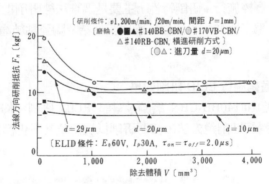

圖 8.18 研削條件及磨輪種別導致加工特性差異的比較

③ **一般研削與 ELID 研削的比較**

接著，也嘗試具一般規格的 VB-CBN、RB-CBN 各磨輪的適用情
形，圖 8.18 為其研削特性。有關這些磨輪的法線研削抵抗，與 BB-CBN
磨輪施行的 ELID 研削情況比較，高出 3~4kgf 之多。VB-CBN 及 RB-CBN
方面，從研削開始至除去體積達 $V=1000\,\mathrm{mm}^3$ 之間，要達到加工特性穩
定化認為需要一定的時間，或許可說較易顯現初期削銳的影響吧！

④ **工件材質與磨輪種別導致研削抵抗的差異**

其次，如**表 8.10** 所示，整理工件材質與磨輪種別導致研削抵抗的差異。研削條件分別設定為：磨輪周速 υ =1200m/min，進給速度 f=20m/min，進刀深度 d=20μm，橫進間距 p=1mm 而 BB-CBN 及 CIFB-CBN 各磨輪在 ELID 法的適用之下，與 VB-CBN 及 RB-CBN 磨輪比較，屬低負荷，不論工件材質如何，都可達到良好的研削性能。此外，研削條件因統一之故，雖不算是 VB 及 RB 各磨輪的最佳加工條件，一般認為各磨輪如何在有效發現自身擁有自生作用時的條件選定，才是重要。

表 8.10 磨輪種別及工件導致研削抵抗的比較

磨輪種別	工件	硬度 HRC(HV)	Fn 比	Ft 比	Fn/Ft 比
Ⅰ#140BB-CBN	①S45C	10(203)	1	1	1.3
ELID 研削法 亦有關Ⅳ的 ELID 法	②SUS420	57(636)	1.1	1.1	1.3
	③SKS3	59(677)	1.5	1.4	1.3
			2.2	1.0	2.8
Ⅱ#170VB-CBN			4.2	2.0	2.6
Ⅲ#140RB-CBN	④SKH54	65(812)	4.2	1.9	2.7
Ⅳ#140CIFB-CBN			2.1	1.3	2.1

⑤ **微粒磨輪施行 ELID 研削與表面形貌**

本實驗不僅適用粗粒磨輪的 ELID 高效率研削，而且還嘗試 #4000BB-CBN 磨輪適用到鏡面研削上。**相片 8.14** 是以微粒磨輪效果，顯示其加工表面粗度及表面形貌之例。在 BB 磨輪情況，一般認為電解性高，微細磨粒容易發生脫落等缺點，與 CIFB 磨輪比較，加工表面粗度雖較差，但經由適當的電解削銳條件的選擇，可用#4000BB-CBN 實現較佳的表面形貌。**相片 8.15** 則為舉出之例。依本實驗整理結果，可確認**表 8.11** 所示適用的效果。

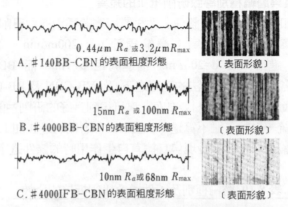

$0.44\mu m\ R_a$ 或 $3.2\mu m R_{max}$
A.♯140BB-CBN 的表面粗度形態　〔表面形貌〕

$15nm\ R_a$ 或 $100nm\ R_{max}$
B.♯4000BB-CBN的表面粗度形態　〔表面形貌〕

$10nm\ R_a$或 $68nm\ R_{max}$
C.♯4000IFB-CBN的表面粗度形態　〔表面形貌〕

相片 8.14 青銅黏結磨輪及鑄鐵黏結磨輪研削表面比較

相片 8.15 青銅黏結磨輪施行鋼鐵材料的 ELID 鏡面研削適用之例

表 8.11 青銅黏結磨輪施行鋼鐵材料的 ELID 研削效果

①透過 ELID 效果，可實現穩定的高效率研削；
②工件材質幾無差別，可選擇廣範圍研削條件；
③微粒青銅黏結磨輪可達到穩定的高品位研削；
④與鑄鐵黏結磨輪同樣，可作低負荷的研削加工。

　　本章爲求鋼鐵材料的穩定研削，以粗粒度金屬黏結系列，經鑄鐵黏結及青銅黏結 CBN 磨輪施予 ELID 研削的方式，亦可適用在平面磨床等工具機上。結果可獲得極穩定的高效率研削。青銅黏結磨輪與至今在 ELID 研削所用的鑄鐵黏結磨輪一樣，可透過 ELID 實現穩定的高效率

研削。

參考文獻

1）鈴木清，植松哲太郎，中川威雄：マシニングセンタによる硬脆材料の研削加工，昭和60年度精機学会春季大会学術講演会講演論文集，(1985) 809～812.
2）刈込勝比古，萩生田善明，中川威雄：鋳鉄ボンド砥石による硬脆材料のクリープフィード研削，昭和60年度精機学会秋季大会学術講演会講演論文集，(1987) 599.
3）大森整，中川威雄：鋳鉄ボンドダイヤモンド砥石によるシリコンの研削加工（第 3 報：電解研削による複合効果），昭和62年度精密工学会秋季大会学術講演会講演論文集，(1987) 687～688.
4）大森整，中川威雄：フェライトの鏡面研削による仕上げ加工，昭和63年度精密工学会春季大会学術講演会講演論文集，(1988) 519～520.
5）大森整，中川威雄：鋳鉄ファイバボンド砥石による硬脆材料の鏡面研削，昭和63年度精密工学会秋季大会学術講演会講演論文集，(1988) 355～356.
6）高橋一郎，大森整，中川威雄：硬脆材料の高能率研削加工，昭和63年度精密工学会秋季大会学術講演会講演論文集，(1988) 401～402.
7）高橋一郎，大森整，中川威雄：硬脆材料の高能率研削加工（第 2 報），1989年度精密工学会春季大会学術講演会講演論文集，(1989) 355～356.
8）大森整，高橋一郎：電解インプロセスドレッシング（ELID）による粗研削・高能率研削，1992年度精密工学会秋季大会学術講演会講演論文集，(1992) 543～544.
9）大森整，高橋一郎：電解インプロセスドレッシング（ELID）による粗研削・高能率研削（第 2 報），1993年度精密工学会春季大会学術講演会講演論文集，(1993) 935～936.
10）GE Superabrasives：ダイヤモンドカタログ.
11）大森整：除去加工用動力自動計測処理システムの開発（第 2 報），1992年度砥粒加工学会講演論文集，(1992) 251～252.
12）山田英治，中川威雄：マシニングセンタによる鉄鋼材料の研削加工，昭和63年度精密工学会秋季大会学術講演会講演論文集，(1988) 353～354.
13）高橋一郎，大森整，中川威雄：鉄鋼材料の電解ドレッシング研削，1989年度精密工学会秋季大会学術講演会講演論文集，(1989) 325～326.
14）高橋一郎，大森整，中川威雄：鉄鋼材料の電解ドレッシング研削（第 2 報：青銅ボンド砥石の適用），1990年度精密工学会春季大会学術講演会講演論文集，(1990) 931～932.
15）大森整，中川威雄：青銅ボンド砥石の電解ドレッシング，1989年度精密工学会秋季大会学術講演会講演論文集，(1989) 321～322.

考察篇

　　透過所開發 ELID 研削法組成部分的金屬黏結磨輪、電解波形、研削液的組合進行針對電解非線性變化及加工特性、效果的實驗，以究明加工機構與控制。

第9章　ELID研削的機構與組成部分

9.1 ELID 研削的組成部分

　　至今為止，已針對 ELID 鏡面研削的基本效果及其各種方式的適用效果與加工特性，加上朝高效率研削的適用效果與特性為中心，整理其結果。就幾個適用方式與事例而言，雖感片面的，但也針對磨輪黏結材種、電解電源的組合的效果與加工特性差異，進行了比較與檢討。然而有關 ELID 研削組成部分的磨輪種別、電解電源種別及研削液種別的影響，以及這些組合與適用條件的綜合影響，卻無機會作有系統整理與報告。

　　因此本章就至今所解說的 ELID 研削適用技術，作一總括，並針對金屬黏結種別、電解波形，以及水溶性研削液種別、電性條件導致的影響，予以整理歸納。

9.2 ELID 研削的電解現象與機構 [1)~3)]

(1) 基本原理與組成

　　ELID 研削法並非複合加工，其性能根據特殊電解現象的線上削銳，予以維持的技術。此特殊電解現象，並非連續溶出研削磨輪而作的削銳，乃是針對磨輪磨耗順其勢而進行的。**圖 9.1(a)**顯示提倡的 ELID 研削法基本原理。磨輪是平順接觸供電體(電刷)，當作陽極，而固定在磨輪下方的電極，則作陰極。兩極之間，有 0.1mm 大小間隙，供應研削液入內，同時在兩極間施加電壓，使其產生電分解作用。

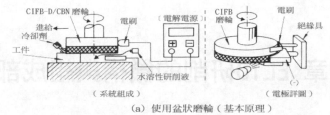

(a) 使用盆狀磨輪（基本原理）

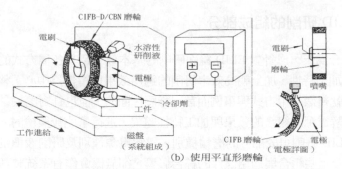

(b) 使用平直形磨輪

圖 9.1 適用的電解削銳/ELID 研削方式

(2) 電性行為與反應

　　圖 9.2 顯示電解削銳的電性行為。初期削銳開始進行時，所削正磨輪表面(**圖 9.2①**)的導電性良好。因此，電流在電源上靠近所設定的最大值流動，導致磨輪(陽極)與電極(陰極)之間的電壓差減小。經過幾分鐘的分解，磨輪黏結材(主要是鐵：Fe 成分)表面溶出，大多為 Fe^{2+}，呈離子化。離子化的 Fe 與因水的電分解而生氫氧基 OH-結合，變成氫氧化物的 $Fe(OH)_2$ 或 $Fe(OH)_3$。接著，這些物質再變化成為 Fe_2O_3 的氧化物，於磨輪表面上形成一層非導體薄膜(**圖 9.2②**)。這些電化學反應以化學式表現的話，可如下：

$$Fe \rightarrow Fe^{2+} + 2e^-$$
$$Fe^{2+} \rightarrow Fe^{3+} + e^-$$
$$H_2O \rightarrow H^+ + OH^-$$

$$Fe^{2+}+2OH^-\rightarrow Fe(OH)_2$$
$$Fe^{3+}+3OH^-\rightarrow Fe(OH)_3$$

　　經這些一連串反應，磨輪表面導電度伴隨非導體薄膜的成長而逐漸變小，而電解電流也減少；至於實電壓則逼近已在電源上作為開放電壓設定的值。**相片 9.1** 顯示對應**圖 9.2**①～③各階段的磨輪表面狀態。

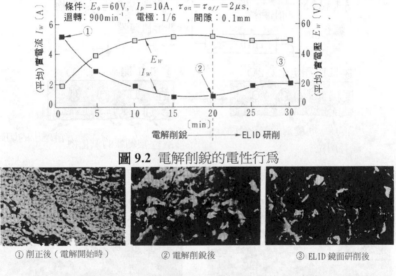

圖 9.2 電解削銳的電性行為

① 削正後（電解開始時）　　② 電解削銳後　　③ ELID 鏡面研削後

相片 9.1 電解削銳導致磨輪表面狀態變化

(3) 機構

　　圖 9.3 顯示 ELID 研削法機構予以模式化表現。經初期電解削銳後的磨輪一旦實際開始進行研削加工，微細磨粒就與工件干涉。凸出的磨粒隨著磨耗的增加，非導體薄膜也同時剝離而去。非導體薄膜一旦變薄(**圖 9.2**③)，磨輪表面的導電度增加，促進電解，某種程度非導體薄膜會再生。為因應加工而進行電解，磨粒凸出(**相片 9.2**)需經常維持。當然這

種循環會因磨輪粒度或加工條件而生變。ELID 法係在磨粒機械性磨耗速度與電解速度的平衡之下,可有效運用。為因應加工效率的非導體薄膜厚度,一般認為應掌握其平衡。

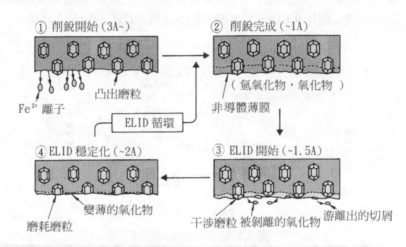

圖 9.3 ELID 研削法的機構

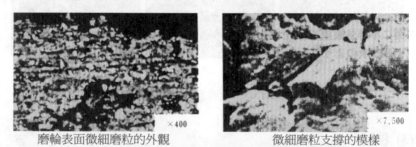

磨輪表面微細磨粒的外觀　　　　　　微細磨粒支撐的模樣
相片 9.2 ELID 促使微細磨粒凸出的樣子(#4000)

(4) 精磨的效果

具有最重大意義的 ELID 效果,就是實現鏡面研削。一般研削是透過磨輪面與磨粒不凸出的磨輪黏結材之間接觸而引起脆性破壞,以進行

加工的。然而適用了 ELID，由於可有效獲得微細磨粒的凸出，因而研削面的除去作用可圓滑進行，已如前述，遷移成爲延性模式除去作用(圖 9.4(a))。接著，擁有重大意義的 ELID 效果，是鏡面研削呈穩定化。圖 9.4(b)顯示因 ELID 效果使光學玻璃(Bk-7)在施行穩定化鏡面研削時的法線研削抵抗變化。

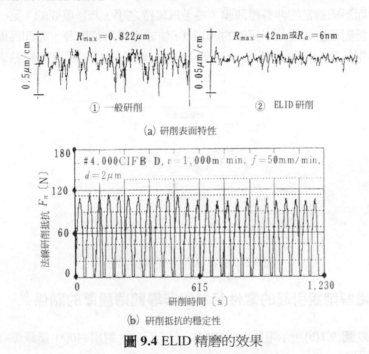

(a) 研削表面特性

(b) 研削抵抗的穩定性

圖 9.4 ELID 精磨的效果

(5) ELID 組成部分

　　ELID 法係由磨輪黏結材、電解電源、研削液等部分所組成。不論組成部分爲何，透過 ELID 可以左右可實現的特性或效果。電性削銳這玩意兒，並非新技術，其歷史就俄國或美國而言，聽說是始於 1950~1960 年代。此外，日本國內的機械技研究所就已有報告 [4],[5]指出 1983 年在研削切斷陶瓷時，就利用電解削銳而使切斷抵抗減低的效果。可是 ELID

法所用的金屬黏結磨輪、電解電源、研削液與這些電解削銳組成的部分，完全不同，因此 ELID 法在電性削銳技術之中，可說有效利用磨輪表面非導體化導致非線性電解現象的唯一技術。

　　ELID 鏡面研削的標準組成部分，如圖 **9.5** 所示，係由①鐵系黏結磨輪，②直流脈衝電源，③水溶性研削液(弱導電性研削液)，再經這些組合而形成適當的非導體薄膜，並予以維持之事，乃是重要的。另一方面，針對粗磨與高效率研削的 ELID，使非導體薄膜變薄，亦即為逼近線形電解需要的組合部分，一般認為宜從較高電解削銳速度觀點來選定。

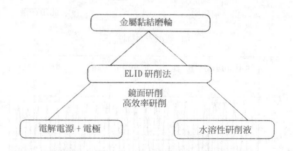

圖 9.5 ELID 研削法的組合部分

9.3 電解削銳引起的電性行為與非導體薄膜厚的關係 [6]

　　就**圖 9.1(b)**所示電解削銳(ELID)方式而言，選用#4000 鑄鐵纖維黏

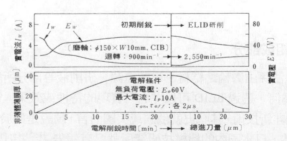

圖 9.6 電解削銳/ELID 研削導致非導體薄膜厚度的變化

結鑽石(CIFB-D)磨輪(ϕ 150×W10mm 的平直形)，經調查電解削銳時間與電解電流、電壓的變化，及其伴隨非導體薄膜厚的變化，則如**圖 9.6**整理所示結果。此處，電源是選用供應直流脈衝(矩形波)的專用電原：EPD-10A(新東 Breiter 公司)，而研削液是使用 AFG-M(Noritake 公司)經自來水(日本東京都板橋區)稀釋 50 倍後的液體。這兩者皆是標準組成部分。

電解削銳實驗是在傳統平面磨床：GS-CHF(黑田精工公司)上進行。此之後的實驗，無特殊限制，都以同樣裝置組成施行。非導體薄膜厚度係在電解前後以分厘卡量測磨輪直徑的變化，權宜地以磨輪半徑增量作為代表(誠如後述，每次電解削銳引起黏結材的電解溶出量，較非導體薄膜厚度少的這種考量下，予以假定的)。

電解削銳電流是從初期的 5.8A 減至 1A 的。與電流減少的同時，非導體薄膜厚度也在經過 10~15min 左右之後，呈飽和傾向，大約 30min 之時，幾為飽和狀態。而在 CIFB 磨輪方面，則形成 40 μm 厚的非導體薄膜。

實際上，ELID 研削開始後，非導體薄膜透過工件表面的接觸而剝離，觀察到隨著薄膜厚度減少的同時，電解電流跟著上升，極間電壓也下降。

9.4 金屬黏結磨輪種別導致電解現象與 ELID 研削特性 [7]~[11]

使用與上述同樣磨輪形狀，調查磨輪金屬黏結材種別不同對電解削銳特性有何差異。針對鑄鐵系黏結(CIB)、鈷黏結(CB)及青銅黏結(BB)的各種磨輪，經調查電解削銳時間與電解電流的變化，則**如圖 9.7** 所示結果。在 CIB 磨輪的情況，初期的電解電流雖偏高，但經 10~15min 之間，可見到急劇下降，一直至最低值才穩定。BB 磨輪情況，幾無電流下降現象，最終仍以最高電流呈穩定狀態。至於 CB 磨輪情況雖顯示近似 BB 磨輪行為，但穩定狀電流則介於 CIB 磨輪與 BB 磨輪。此外，**圖 9.8** 為再與特殊金屬黏結比較的結果。此處，意味 CIBB 是鑄鐵與青銅複合黏結，而 CICB 則為鑄鐵與鈷複合黏結。透過這些金屬黏結種別

組合，大概可以因應所需而發現不同的電解削銳特性吧！亦即電解削銳的線性，一般認為可藉黏結材的選擇與組合，可以透過適當選擇造出來。

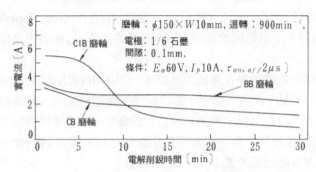

圖 9.7 金屬黏結磨輪種別引起電解電流的變化

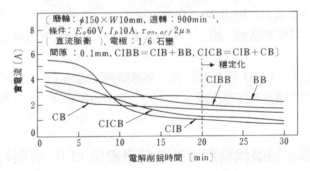

圖 9.8 與複合金屬黏結磨輪的電解特性比較

(2) 非導體薄膜厚度的差異

圖 9.9 顯示上述各金屬黏結磨輪的不同導致非導體薄膜厚度(指 1 次 30min 期間電解削銳所生的薄膜厚度)差異。就圖 9.7 而言，電解電流最低且穩定的 CIB 磨輪，形成最厚的非導體薄

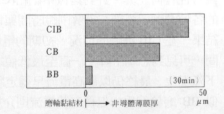

圖 9.9 金屬黏結磨輪種別不同而出現非導體薄膜的差異

膜。CB 磨輪方面電解電流低落較少，但非導體薄膜卻得較厚結果。一般認為這是因為 CB 磨輪的非導體薄膜絕緣性並非強固，因此薄膜逐漸變厚的同時，電解電流也維持偏高狀態。鈷可說不會形成穩定的氫氧化物、氧化物這樣的特徵。與這些比較，電解電流最高且穩定的 BB 磨輪，卻形成最薄的非導體薄膜。

各金屬黏結磨輪的電解削銳後表面，顯示各具特徵色彩。鐵系黏結磨輪呈現所謂鐵銹般茶褐色~焦茶色，而鈷黏結磨輪則顯現混有焦茶色的粉紅色(鈷離子為粉紅色~紫色)。至於青銅黏結磨輪則混有灰色與綠色~藍色(即青綠色)。鈷黏結磨輪一旦在電解削銳後暴露空氣中，一般認為氫氧化物即進行氧化，亦即變化如鈷藍如此亮綠顏色。

(3) ELID 研削特性

圖 9.10 顯示各金屬黏結磨輪的研削抵抗變化。電解電流高且非導體薄膜變薄的 BB 磨輪，顯現最低的研削抵抗。其次依序 CB 較高，而 CIB 呈最高研削抵抗。一般認為這是因為非導體薄膜厚度變薄，亦即如電解削銳活潑維持的金屬黏結磨輪般，平均磨粒凸出量較大，容易維持高銳利度的這樣結果。然而任何磨輪也因賦予 ELID 而可實現始終穩定的研削性能。

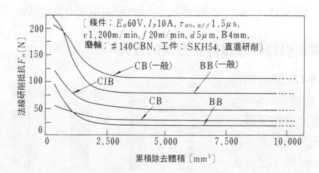

圖 9.10 金屬黏結磨輪不同而出現 ELID 研削抵抗的變化

9.5 電解削銳特性中的電性條件影響 [12]

　　此處就使用**圖 9.1(a)**所示盆狀磨輪(ϕ 150×W5mm)的電解削銳方式，調查電性條件的影響。

(1) 脈衝寬導致電解電流與電壓的差異

　　圖 9.11 顯示針對 CIFB 磨輪就脈衝寬(on-time、off-time)引起電解削銳電流變化差異的調查結果。圖中 4 種狀況隨著非導體薄膜的形成，電流會跟著下降(電壓卻上升)，最後雖呈穩定化，但在衝擊比(duty ratio)相同情況，脈衝寬愈短，初期電流顯現愈高值。此外衝擊比愈高，初期電流顯示愈高值。

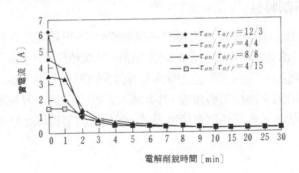

圖 9.11 脈衝寬不同導致電解削銳電流變化的差異

(2) 衝擊比引起非導體薄膜厚度的差異

　　圖 9.12 顯示固定 off-time 而變化 on-time 時，調查非導體薄膜與電解溶出量的結果。增大 on-time 時即提高衝擊比時，非導體薄膜、電解溶出量兩者皆提

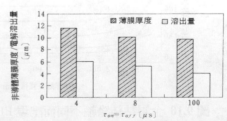

圖 9.12 衝擊比導致非導體薄膜厚度與電解溶出量的差異

高。

(3) 脈衝寬造成非導體薄膜厚度與電解溶出量的差異

其次，把衝擊比固定在 50%而變化脈衝寬時，調查非導體薄膜厚度與電解溶出量差異的結果，**如圖 9.13** 所示。脈衝寬愈長，非導體薄膜、電解溶出量同時顯現愈小傾向。

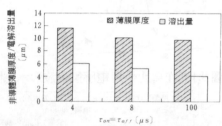

圖 9.13 脈衝寬造成非導體薄膜與電解溶出量的差異

9.6 電解波形導致電解削銳特性與 ELID 研削特性的差異 [10]、[11]、[13]~[15]

就**圖 9.1(b)**的方式，使用#4000CIB-D(ϕ150×W10mm)平直形磨輪，調查電解波形影響，以進行實驗。

(1) 電解特性的差異

圖 9.15 顯示交流、直流脈衝、直流(定電壓)的 3 種電解電源波形(**圖 9.14**)對電解削銳特性的差異。交流方面，電解電流下降少，呈緩慢減少，但直流方面，只需 2~4min，就急劇減少。至於直流脈衝方面，大約經過 10min 後，即顯現穩定化傾向。最終電解電流，依交流、直流脈衝及直流之順序低落。此處，一般 ELID 研削所用電極材質採用紅銅，但試用交流電解作實驗時，觀察電極作陽極瞬間，電解溶出顯著，電極表面變化明顯，加上極間距離的增加會影響電解特性的這些考量，乃轉而選用石墨試看看。

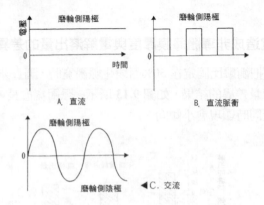

圖 9.14 作為比較用電解削銳波形示意圖

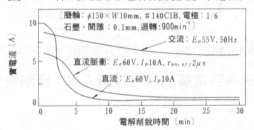

圖 9.15 電解波形不同而致電解削銳特性的差異

　　因此，預備實驗時，選擇電解溶出量較少的石墨，製作電極，以作為各電解波形的電解特性比較用。儘管如此，交流電解方面的電解電流為何顯現少許低落，一般認為電極消耗引起間隙增加是其原因之一。

(2) 非導體薄膜厚度與電解溶出量

　　圖 9.16 顯示 3 種電解波形導致非導體薄膜厚度及電解溶出量的差異。與**圖 9.15** 對照，電流低落愈大，薄膜愈厚。此外，直流方面與脈衝不同，無

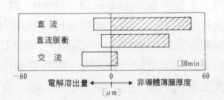

圖 9.16 電解波形引起非導體薄膜厚度與電解溶出量的差異

休止時間，儘管電流低落較早些，其溶出量與脈衝方面比較，呈現較大結果。透過非導體薄膜厚度與電解溶出量的關係，藉 ELID 研削作業，或許可以選擇適當的波形吧！

　　此處，電解溶出量是指電解削銳後，再以 WA 磨棒輕搓去除非導體薄膜，接著進行電解削銳這樣作業連續 5 次，最後使用分厘卡，量測磨輪直徑減少之量，作為電解溶出量，求取平均值，以作為每次的電解溶出量。

(3) 粗粒磨輪的 ELID 研削特性

　　圖 9.17 顯示使用各電解波形情況，在施行 ELID 研削時的法線研削抵抗變化的差異。直流電源一般認為厚的非導體薄膜會妨礙磨粒的正常干涉，就 ELID 研削而言，則顯現最高的研削抵抗。誠如前述 CB 或 BB 磨輪，若能適用電解線形性高的磨輪，一般認為不生非導體薄膜穩定化即可，這種問題亦可迴避。另一方面，交流電源方面，由於非導體薄膜形成較少導致較高電解線性，而其電解溶出量在 3 種電解波形中屬最高，結果磨粒凸出較高，就本例所示粗磨情況而言，顯示最低的研削抵抗。

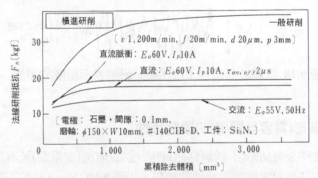

圖 9.17 電解波形造成 ELID 研削抵抗的變化

　　此外，經觀察直流電源與青銅黏結磨輪的組合而欲作高效率研削情況，其磨輪中間部位的偏磨耗，在交流電源情況卻無從觀察到，而交流

波形的效果一般認爲在某種程度維持磨輪形狀是妥當的。

(4) 微粒磨輪的 ELID 研削表面粗度

其次，使用#4000 磨輪，以進行各種電解波形對 ELID 研削表面粗度的比較(**圖 9.18**)。工件採用 SKH51 材料。結果得知至今所標準使用的直流脈衝電源確認可實現最佳的鏡面粗度。另一方面，交流電解情況由於非導體薄膜幾無形成，一般認爲微細磨輪的台金(黏結材表面)自會與工件接觸，變成有刮痕的粗糙加工面。

直流情況則顯現介於這兩者之間，此情況就微細磨粒來說，非導體薄膜厚度太厚，一般認爲原因出在沒有充分干涉工件的表面加工。

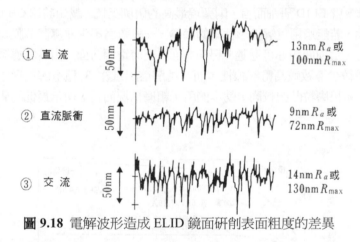

① 直 流　50nm　13nm R_a 或 100nm R_{max}

② 直流脈衝　50nm　9nm R_a 或 72nm R_{max}

③ 交 流　50nm　14nm R_a 或 130nm R_{max}

圖 9.18 電解波形造成 ELID 鏡面研削表面粗度的差異

(5) 波紋波形(電容器電源)的電解特性

使用特殊金屬黏結(不銹鋼黏結)磨輪，調查直流(定電壓)及直流脈衝波形、波紋波形對電解削銳特性的結果，如**圖 9.19** 所示。波紋波形雖是直流脈衝波形相乘直流成分者，實際上是使用備有電容器電路的電源而輸出的，可消掉銳角的矩形而如**圖 9.20** 所示的 Sin 曲線。不銹鋼黏結磨輪難以進行非導體化，而直流脈衝波形雖呈現維持電解電流的傾向，不

過直流與波紋波形則顯現初期電解電流隨時間的增加而呈低落下去的模樣。

波紋波形則顯示直流與直流脈衝的中間行為。透過波紋波形化的波形與金屬黏結的組合，有可能發現其奧妙之處。

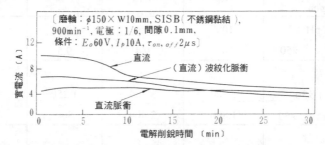

圖 9.19 特殊金屬黏結磨輪與電解波形引起電解特性的差異

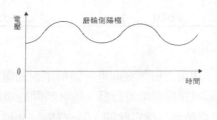

圖 9.20 實驗所用的波紋波形示意圖

9.7 研削液導致電解削銳特性與 ELID 研削特性的差異 [10],[11],[16]~[19]

針對 ELID 研削組成部分之一的水溶性研削液種別，調查其是否影響。採用如**表 9.1** 所示 4 種研削液，以進行比較實驗。A 種是常用於 ELID 的水溶性研削液(Noritake 公司)，而 B~D 種則專為 ELID 試作用的水溶性研削液(油城化學工業公司)。這 4 種皆經自來水(日本東京都板橋區)稀釋後使用。

表 9.1 使用的研削液種別特性

特性＼研削液種別	研削液 A	研削液 B	研削液 C	研削液 D
密度(15℃)〔g/cm³〕	1.09	1.13	1.12	1.08
pH ×30	10.8	9.6	9.6	9.9
×50	10.7	9.4	9.5	9.9
導電率 (20℃) ×30 〔μs/cm〕 ×50	2,700 1,800	3,700 2,400	1,250 800	1,600 1,100
表面張力 〔mN/m〕×30 ×50	63.0 64.0	— —	64.0 65.0	53.0 54.0

(1) 電解特性

圖 **9.21** 顯示使用各研削液而進行電解削銳的電解電壓變化。研削液 A 種與 D 種顯現非線形電流行為，隨著時間的增加而上升，最後接近於無負荷電壓之值而呈穩定狀態。另一方面，B 種及 C 種則呈現幾為線性行為，顯現連續電解現象。與 A 種比較，D 種的電解電壓穩定較快。電解電流顯示幾與電壓呈逆向行為，A 種與 D 種較快低落，呈穩定化，

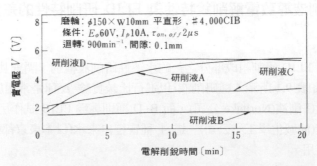

圖 9.21 研削液種別對電解削銳特性的影響(電壓變化)

但 B 種與 C 種顯示幾爲一定值(圖 9.22)。有關 C 種電流，呈一路漸減下滑傾向。就電解電流而言，D 種又較 A 種更急劇低落。

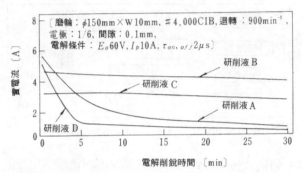

圖 9.22 研削液種別的電解削銳特性(電流變化)

(2) ELID 鏡面研削粗度

圖 9.23 顯示 A~D 種導致 ELID 鏡面研削粗度的差異。

各胚料加工結果，A 種的研削表面最好，接著是 D 種良好。再其次是 C 種，而 B 種顯示最粗糙結果。由此可知，顯現非線性電解削銳行爲的研削液比顯示線性行爲的研削液，可以創造出良好的加工表面粗度。

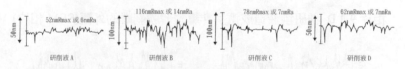

圖 9.23 研削液種別造成 ELID 鏡面研削粗度的差異
(工件：氮化矽陶瓷)

(3) 電解溶出量與非導體薄膜厚度

圖 9.24 顯示調查各研削液造成黏結材電解溶出量與非導體薄膜厚

度差異的結果。電解溶出量依 B→C→D→A 順序變小,而非導體薄膜厚度則照 A→D→C→B 順序變小。D 種雖與 A 種同樣形成非導體薄膜,

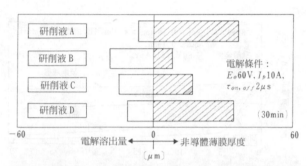

圖 9.24 研削液種別導致非導體薄膜厚度與電解溶出量的差異

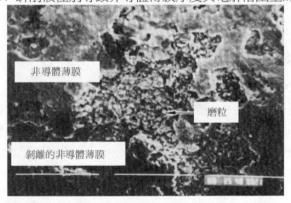

相片 9.3 D 種研削液造成電解非導體薄膜剝離的外觀(SEM 相片)

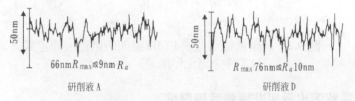

圖 9.25 研削液 A 種與 D 種導致 ELID 鏡面研削粗度的比較

但因在加工中容易剝離(相片 9.3)，一般認爲與 A 種比較，成爲增大加
工表面粗度的原因之一(圖 9.25)。

(4) ELID 研削抵抗的差異

圖 9.26 顯示研削液 A 種及 D 種對氮化矽陶瓷施行 ELID 研削所生
法線研削抵抗的變化。D 種的最大研削抵抗約爲 A 種情況的一半，而 D
種的研削抵抗上升與 A 種比較，可壓抑減少。此結果由前述電解溶出量
可知，顯現 A 種及 D 種的電解效率差異，而 D 種的電解效率可說對應
A 種呈較高的結果。此外，圖 9.27 顯示鋼鐵材料(SKD11，HRC63)施行

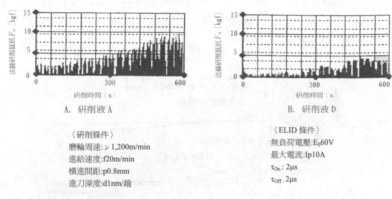

	〈研削條件〉	〈ELID 條件〉
A. 研削液 A	磨輪周速: ν 1,200m/min	無負荷電壓:E₀60V
B. 研削液 D	進給速度:f20m/min	最大電流:Ip10A
	横進間距:p0.8mm	τₒₙ : 2μs
	進刀深度:d1nm/趟	τₒff:2μs

圖 9.26 A 種與 D 種對氮化矽施予 ELID 研削抵抗的變化

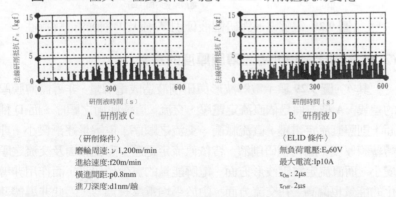

圖 9.27 C 種與 D 種對鋼鐵材料施行 ELID 研削抵抗的變化

ELID 研削時有關 C 種及 D 種法線研削抵抗的變化。C 種及 D 種的研削抵抗最大值相同，這是如前述電解溶出量也在這兩者情況呈現對應幾乎相同的結果所致。

9.8 電解波形與研削液組合的影響

(1) 電源與研削液組合的電解削銳行為

　　適用 ELID 電解電源是選用直流定電壓電源(一般的直流電源)與交流電源，而研削液則考慮鏡面研削有效果的 A 種與 D 種進行如**圖 9.28**所示電解削銳的行為。就任何電解波形而言，D 種較 A 種有較低電流值，呈穩定傾向。交流的情況，與直流比較，顯示有較高電解電流，顯現呈連續性電解現象。

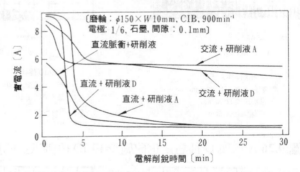

圖 9.28 電解波形與研削液種別(A 種及 D 種)的電解特性

(2) 電解溶出量與非導體薄膜厚度的差異

　　其次，**圖 9.29** 顯示電解波形與研削液造成電解量、非導體薄膜厚度的差異。A 種方面是依直流定電壓、交流、直流脈衝之順序，而 D 種方面，則照直流定電壓、直流脈衝、交流之順序，電解量逐漸變小。非導體薄膜厚度不論何種研削液，皆依直流定電壓、直流脈衝及交流之順序變小。而直流定電壓波形方面，電解能量的實效值居高，而作用非導體化的能量也偏高。在交流方面，由於平均電壓幾為零，因此非導體薄膜

的成長也較少，一般認為這是受到研削液的電解特性而左右了磨輪的溶出量所致。相對此的直流脈衝，一般認為顯示這些電解波形的中間性質。

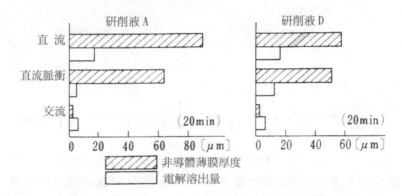

圖 9.29 電解波形與研削液種別(A 種及 D 種)對非導體薄膜、電解溶出量的影響

(3) 直流電源與研削液對研削表面粗度的影響

交流電源方面幾無形成非導體薄膜，在使用微細磨粒磨輪的情況，由於容易發生磨輪台金與工件表面的接觸，所以常見燒焦現象，要有穩定的 ELID 鏡面研削是困難重重。另一方面，**圖 9.30** 顯示直流、直流脈衝電源與研削液 A 種及 D 種造成 ELID 研削表面粗度的差異。直流方面，非導體薄膜較直流脈衝厚，而微細磨粒由於正常狀態難對加工有所貢獻，因此前加工表面並無完全去除而有殘留傾向存在。

以上，考察有關 ELID 研削的電性行為與機構結果，就 ELID 研削的組成部分，係以金屬黏結磨輪、電解波形及研削液的影響為中心，予以整理。其次針對複合金屬黏結磨輪的影響、電解波形與研削液的組合影響，以及金屬黏結磨輪與電解波形的影響也提起，顯示有關 ELID 研削法電解現象的非線性選擇與控制可能性，同時也就至今的 ELID 研削定義進一步透過對象作業選擇及決定效果而予以廣義 ELID 研削法體系化，作為目標。有關這些 ELID 部分選擇的實際應用實例，容後再敘。

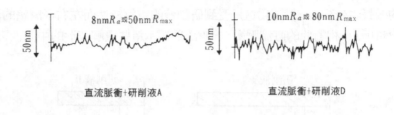

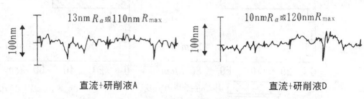

圖 9.30 電解波形與研削液種別(A 種及 D 種)對 ELID 鏡面研削粗度
的影響

9.9 ELID 電解特性與因應對象作業

開發當初爲了能實現鏡面研削，僅僅利用過極狹窄電解現象的
ELID 研削，誠如前述，透過①金屬黏結磨輪，②電解電源，③水溶性
研削液共 3 種部分組合，確認了可以實現從高效率研削到鏡面研削因應
廣泛實際作業的電解現象與 ELID 研削特性。因此，嘗試重新建構的
ELID 研削系統結構圖，大約如圖 9.31 所示這般。

實際上，市售平面磨床搭載 ELID 系統，究竟可對應何種目的，這
在這些組成部分選擇上，極爲重要。ELID 法係一種自動化過的刀具狀
態控制，甚至是加工精度的自動控制大開其路的基本技術，與優異的工
具機控制技術搭配，一般認爲可發揮其真正價值所在。因此，爲有效實
現 ELID 研削而開發專用加工機，乃嘗試(具體賦予)把握其研削機構與
建構機器規格、作業原則制訂上，給予具體資料的實驗手法。若考量
ELID 鏡面研削的普及，事先搭載 ELID 系統的專用加工機，則不可欠
缺。

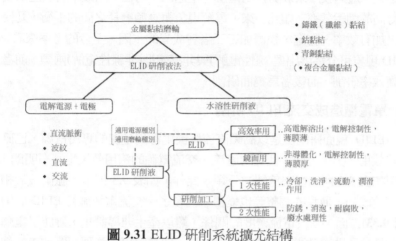

圖 9.31 ELID 研削系統擴充結構

圖 9.32 顯示其開發流程。若要求急功速效的話，一般認為配合現況工程計畫的往覆型平面磨床等施行 ELID 研削作業，較為實際。

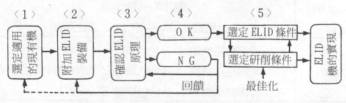

圖 9.32 ELID 鏡面磨床開發流程

9.10 交流對 ELID 研削的應用與效果 [15]

(1) ELID 的電解現象

電加工有各種各樣，主要可分為放電加工與電解加工兩大類。特別後者以利用線性電解現象為主，而利用非線性電解現象者，幾乎沒有。然而 ELID 研削正是其典型之例，適當削銳鐵系金屬黏結磨輪，使其非

導體化，透過膜厚來弱勢控制電解。不過因一方面，高效率研削逐漸要求有高的削銳效率。如此一來，電解現象與磨輪磨耗之間的平衡，乃使得更加有效率、穩定、經濟加工三者皆成立的主因。至今的考察來看，ELID 現象可分為溶出型(線性電解)與非導體型(非線性電解)兩類，前者屬高效率研削，而後者為鏡面研削。

(2) 單電極造成交流 ELID 研削

ELID 鏡面研削法是以高頻直流脈衝電源為基礎的專用電源，已確認其效用。另一方面，便宜的直流、交流電源的適用效果也漸漸明朗，甚至如**表 9.2** 所示提唱適性的分類。此外，如**表 9.3** 所示，脈衝波形相乘直流成分，薄膜的調整等也變得容易多了。交流電解施行 ELID 研削**(圖 9.33)**方面，由於電流密度的關係，難以產生非導體化，確認了電解控制性有了改善效果。在 9.11~9.13 節，就電解現象強烈影響加工的穩定化與經濟化的鋼鐵材料施行 ELID 研削而言，是著眼交流電源的 ELID 的線性，已嘗試了以高效率研削的適用為主。

表 9.2 ELID 研削施行電解電源的適性分類

作業種別　　　　　電源種別	適用的研削作業
	粗磨..........中磨..........鏡面研削
直流	←....青銅黏結磨輪....→
脈衝	←....青銅黏結磨輪....鈷黏結磨輪....鑄鐵(纖維)黏結磨輪..→
交流	←....青銅黏結磨輪....鈷黏結磨輪....→

表 9.3 ELID 研削施予電解電源的效果

電解波形	電解溶出	非導體化	維持電流	適用作業
① 直流	◎	◎	△	中磨
② 直流+脈衝	◎	○	○	中磨~鏡面研削
③ 脈衝	○	△	○	粗磨~鏡面研削
④ 交流	○	△	◎	粗磨

〔註〕但鐵系黏結磨輪以標準研削液(AFG-M)評價

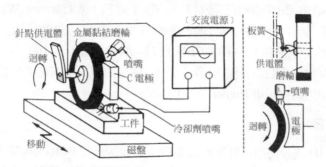

圖 9.33 交流電源施行 ELID 研削法的原理

9.11 交流 ELID 研削實驗系統

(1) 研削機器

先在平面磨床：GS-CHF(黑田精工公司)裝上針點供電體、石墨 ELID 電極等裝置。**相片 9.4** 為實驗裝置的外觀。

相片 9.4 交流 ELID 研削裝置的外觀(使用石墨當電極)

(2) 研削磨輪

採用適用於鈷黏結 CBN(CB-CBN)磨輪(新東 Breiter 公司)、青銅黏

結 CBN(BB-CBN)磨輪(三菱材料公司)(平直形：φ150mmx W10mm)，
而粒度則選用#140(集中度 100)、#4000(集中度 50 及 100)。此外，切斷
加工採用青銅黏結 CBN(BB-CBN 磨刃：#170，集中度 100，φ150mmx
W1mm)(東京鑽石刀具製作所)。另外，鈷黏結 CBN 磨輪(CB-CBN：如
上形狀)也採用(新東 Breiter 公司)。

(3) 其它

　　ELID 電源使用自製交流電源：ELID power 及 PCR-500(菊水電子工
業公司)。**相片 9.5** 顯示交流電源的外觀。此外，爲比較用，也使用專用
脈衝電源。工件主要使用模具鋼(SKD11，HRC63)及高速鋼(SKH51、
SKH54，HRC65)而研削液則以自來水(日本東京都板橋區)50 倍稀釋
AFG-M(Noritake 公司)後利用。

A. 自製電源　　　　　　　　　　　　　　　　B. 市售品

相片 9.5 使用的交流電源外觀

9.12 交流 ELID 高效率研削實驗 [20]~[22]

(1) 實驗方法

　　首先，削正各磨輪後，調查初期電解削銳特性。之後，針對磨輪種
別、ELID 電源種別及各種條件等，就研削抵抗與表面形貌進行調查。

(2) 交流電解削銳特性

① **電解削銳特性**

　　首先，調查電解削銳受電源種別的影響(**圖 9.34**)。結果有關 BB 磨輪以外者，已確認了交流電源遠較脈衝電源有良好的維持電解電流效果。

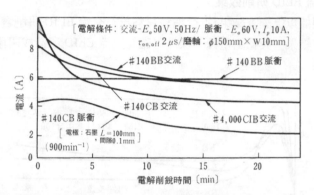

圖 9.34 電解削銳特性受電源種別的影響

② **磨輪黏結種別的影響**

　　BB 磨輪**如圖 9.34** 所示，可藉脈衝電源維持較高的電流值。這大概是電流密度造成電解現象差異所致吧！**表 9.4** 顯示各情況的薄膜厚度。

表 9.4 磨輪及電源導致非導體薄膜厚度的差異

波形 / 磨輪 （直徑變化）	交　流		脈　衝		交　流
	#140CB	#140BB	#140CB	#140BB	#4,000CIB
磨輪　始	149.960	146.003	149.915	145.990	150.085
直徑　後〔mm〕	149.957	146.000	149.995	146.000	150.085
薄膜顏色	黑(綠)	黑(灰)	黑(粉紅色)	黑(綠)	茶褐色
直徑變化〔μm〕	-2~-3	-2~-3	+90	+10	0

③ **電解條件造成的影響**

　　使用交流電源：PCR-500，以調查供應交流頻率的影響。結果在 50Hz
與 500Hz 的情況，可知後者的電流低落稍大些。

(3) 鋼鐵材料的交流 ELID 研削

① 交流 ELID 研削效果

　　根據以上調查結果，進行鋼鐵材料施行交流 ELID 研削實驗。**圖 9.35**
顯示其結果。與脈衝電源一樣，可確認交流 ELID 所造成研削抵抗穩定
化效果。

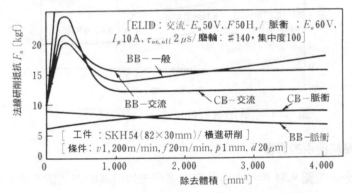

圖 9.35 鋼鐵材料施行交流 ELID 的效果

② 與脈衝電源的不同

　　交流方面與脈衝比較，可維持高的電解電流(**圖 9.34**：CB)。但 ELID
研削反而成爲高負荷(**圖 9.35**：CB，BB)。由於切屑除去等因素影響，
實際削銳效率差異所在吧！

③ 異種黏結磨輪的適用

　　BB 磨輪方面，施行交流 ELID 上，比較脈衝、一般，有高的研削
比 240~560。CB 亦有相同傾向，但比 BB 有低的研削比，易呈過電解的
傾向。**相片 9.6** 顯示電解波形。

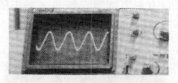

A. 輸入波形

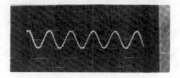

B. 電解時波形

相片 9.6 交流波形的模樣

④ **磨輪粒度與精磨表面形貌**

透過#4000CIB 及 BB-CBN 磨輪，嘗試交流 ELID 鏡面研削。**圖 9.36**、**相片 9.7** 及**相片 9.8** 分別顯示其加工表面粗度、加工表面形貌

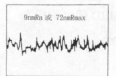
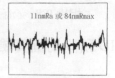

A. #4,000 脈衝 ELID   B. #4,000 交流 ELID

圖 9.36 交流 ELID 研削造成加工表面粗度之例

A. ＃140（左：脈衝，右：交流）

B. ＃4,000（左：脈衝，右：交流）

相片 9.7 交流 ELID 研削形成的加工表面形貌

及加工樣本。交流方面所生電解薄膜較薄，易生燒焦、顫振，特別是 BB 磨輪難獲取鏡面。

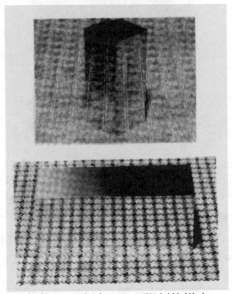

相片 9.8 交流 ELID 研削的樣本

9.13 交流 ELID 研削切斷實驗 [22]

(1) 實驗方法

　　首先，削正各磨輪後調查初期電解削銳特性。之後，針對研削切斷條件、電源種別、磨輪種別等的影響，評價切斷研削抵抗、研削比及表面形貌。

(2) 切斷磨輪的電解削銳

① 電解削銳特性

　　調查如**圖 9.37** 所示各削銳特性。交流電解的情況，電流呈線性減少，但變化較少，而在脈衝電解情況，除初期低落外，長時間呈現一定值傾向。

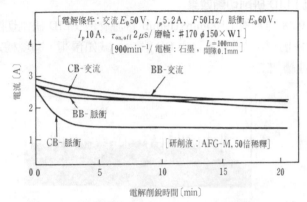

圖 9.37 切斷磨輪施行交流的電解削銳特性

② **電解電源與削銳量**

　　表 9.5 顯示電源種別造成削銳量的差異。脈衝電源上，大約 10min 即可充分得到削銳量。而在交流上，則生出焦茶色薄膜，是其特徵。

表 9.5 電源種別造成電解削銳的差異

磨輪種別		BB 磨輪		CB 磨輪	
電源種別		交流	脈衝	交流	脈衝
直徑〔mm〕	削銳前	146.705	150.200	151.000	150.220
	削銳後	146.675	150.170	150.990	150.180
薄膜顏色		焦茶色	薄綠色	黑焦茶色	灰褐色
削銳量〔μm〕		30	30	10	10

③ **磨輪黏結種別的影響**

　　BB 磨輪的電解性極高，對交流或脈衝情況亦會充分溶出。而 CB 磨輪則與交流電解組合，則有少許削銳量。

(3) **鋼鐵材料施行 ELID 研削切斷實驗**

① 交流 ELID 研削切斷效果

圖 **9.38** 顯示對 L100mmxH9mm 實施交流 ELID 研削切斷時的研削抵抗。由上述結果得知是適用 BB 磨輪。誠如預測，顯現穩定的研削抵抗而可連續加工。

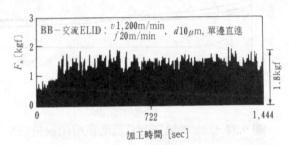

圖 9.38 交流 ELID 研削切斷時的研削抵抗變化

② 電源種別與電解條件的影響

由**圖 9.39** 來看，ELID 電流愈高，研削抵抗愈高，穩定性改善不少。BB 磨輪方面，不論是交流或脈衝，在低的 ELID 條件下，呈穩定狀，而高的進刀也可能，但 CB 磨輪則在交流施予 ELID 時，發生削銳不足，穩定性有問題。

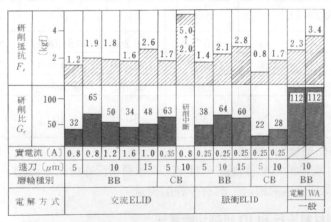

圖 9.39 ELID 研削條件導致的研削抵抗與研削比

③ **ELID 研削條件與研削比**

CB 磨輪在脈衝 ELID 時，削銳過多，研削比低落。進刀愈深，負荷愈高，但研削比因有 1 趟除去量與趟數的關係，會存在最佳條件(快速進給方式)。

④ **切斷面與切斷端表面形貌**

在適當 ELID 條件下，重複多次切斷，切斷面幾無變化(**相片 9.9**)。切斷面顯示 0.5μ mRmax 左右的良好表面。一般穩定性欠佳的切斷端施予 SEM 照相(**相片 9.10**)，亦無見到毛頭。

由上可知，透過單電極式交流 ELID 研削法，已確認在切斷鋼鐵材料上確具實用性(**相片 9.11**)。

A. 交流ELID研削　　　　　　　　B. 一般研削

相片 9.9 研削切斷對端面形狀的差異

A. 第1個切斷後　　　　　　　　B. 第5個切斷後

相片 9.10 交流 ELID 研削切斷的表面形貌

相片 9.11 交流 ELID 研削切斷加工樣本

9.14 直流電源的 ELID 研削應用及適用領域 [13],[23]

ELID 的原理是單純的，但它的性能是由組成部分如何選擇所左右。就所謂適用鏡面研削情況的 ELID 研削機構而言，非導體薄膜行為是可以達成掌握適合電解削銳功能，這也是重要成立的主因。　**圖 9.40** 係在統一磨輪種別或研削液情況下，把典型的 ELID 研削後或研削中的磨輪面狀態，予以模式化的示意圖。從這種經驗觀察，已提出了有效利用各個 ELID 性能的各適用方式。

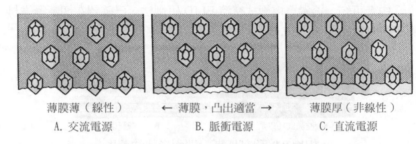

薄膜薄（線性）　　　← 薄膜，凸出適當 →　　　薄膜厚（非線性）

A. 交流電源　　　　　　B. 脈衝電源　　　　　　C. 直流電源

圖 9.40 典型 ELID 研削造成磨輪表面狀態模式圖

交流電源方面，針對大半的磨輪種別皆屬適用粗磨。另一方面，有關直流電源，針對電解性良好且難以形成非導體化的青銅黏結磨輪來說，已確認了高效率 ELID 研削的效果。談到 ELID 法適用廣範圍生產時，也要從成本面期待更廉價的直流電源適用。然而由至今的經驗來看，鑄鐵系黏結磨輪的非導體傾向較強，直流電源有效適用困難。因此以下，針對鑄鐵系磨輪找出廉價直流電源可適用粗磨及鏡面研削的可能作業領域為目的。

9.15 直流 ELID 研削實驗系統

(1) 研削機器

實驗用加工機是使用門形切削中心：VQC-15/40(山崎 Mazack 公司，主軸定額馬力為 3.7kW)、平面磨床：GS-CHF(黑田精工公司，磨輪

主軸定額馬力為 2.2kW)。

(2) 研削磨輪

採用鑄鐵纖維黏結(CIFB-D/CBN)磨輪〔盆狀：φ150mm×W3mm，#170(集中度 100)，φ150mm×W3mm,#4000(集中度 50)；平直形：φ150mm×W10mm，#4000(集中度 100)〕。

(3) 其它

工件選用 SiC 陶瓷、高速鋼(SKH51，淬火硬度：HRC65)，而電源主要利用如相片 9.12 所示菊水電子公司的直流電源 Model PAD110-5L。研削液主要選用常用的水溶性研削液：AFG-M(前述「研削液 A」)(Noritake 公司)(50 倍稀釋液)及專用研削液：ELID No.31(前述「研削液 D」)(油城化學工業公司)(30 倍稀釋液)。這兩者都以自來水(日本東京都板橋區)稀釋。

相片 9.12 使用的直流電源外觀

9.16 直流 ELID 研削實驗 [23]、[16]~[19]

(1) 實驗方法

首先，適當削正使用的磨輪。之後，就電源與研削液造成電解削銳

及ELID研削特性(加工表面粗度、研削抵抗等)的差異,予以調查。

(2) 初期電解削銳特性

① 電源種別與研削液種別的影響

　　針對電源種別與研削液種別的組合造成電解削銳特性來說,電解電流是依交流<脈衝<直流之順序,低落增大,而ELID No.31的溶出量較AFG-M為大。至於交流在最初時,No.31較AFG-M為高,之後反而逆轉。

② 電解波形與薄膜厚度/溶出量

　　就電解波形形成磨輪薄膜厚度與溶出量調查時,薄膜厚度係電流低落愈大而變得愈厚。溶出量在AFG-M方面係電流低落大的直流從實效值關係來說是變大,接著電流呈居高不下的交流增大。另一方面,就No.31而言,直流與脈衝的差距縮小,薄膜較薄,而溶出量較高。

(3) ELID研削評價實驗

① 直流ELID研削的效果

　　圖9.41A是最初探一般研削方式,中途改以附加直流ELID的縱進研削抵抗(工件:SiC)。透過電解賦予,負荷低落,確具有直流ELID的

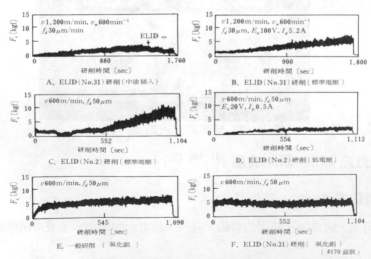

圖9.41 電解條件與研削液造成直流ELID研削特性的差異

效果。

② **直流電解造成薄膜的影響**

圖 **9.41B** 則為接續直流 ELID 之情況。直流 ELID 生長的薄膜較厚，加工中薄膜難以剝離，遇到 ELID 電流不足時，負荷再度上升。

③ **電解條件造成的 ELID 效果**

其次雖應用了較薄薄膜用的研削液：ELID No.2(前述「研削液 B」)，但在中途因薄膜影響導致 ELID 電流低落，或機械性磨擦上升等因素，使得負荷增加(圖 **9.41C**)。因此，選定同樣 No.2 在薄膜難成長的低電壓條件下，持續呈低電流狀態，而負荷也呈穩定化(圖 **9.41D**)。

④ **工件材質形成的直流 ELID 效果**

在加工氧化鋁陶瓷情況，顯現較大游離磨粒行為的切屑，將會適當除去非導體薄膜，同時在偏高的電壓條件下，負荷低落顯得容易多了(圖 **9.41E** 及 **9.41F**)。

(4) ELID 鏡面研削形貌的評價

有關 ELID 鏡面研削造成表面粗度變化之點，與標準組成(AFG-M+脈衝)比較，其它顯得較粗糙。直流方面，針對微粒磨輪形成的薄膜較硬，難以剝離，總進刀量雖受限制，但可如**相片 9.13** 所示的鏡面效果。

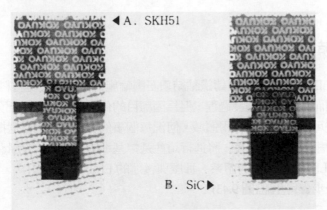

相片 9.13 直流鏡面研削之二例

(5) 直流電源的適用領域與條件

　　以非線性電解系統來利用直流電源上，一般認爲以與脈衝之差較少的 No.31 來選定薄膜較薄的低電壓是有效果的。初期電解削銳之後，輕(soft)剝非導體薄膜方法等也有良好的傾向。

　　以上，針對 ELID 研削法，就可望實用化的直流電源，嘗試找出其適用領域的實驗，如圖 9.42 所示，選擇了可公認爲適當的條件。

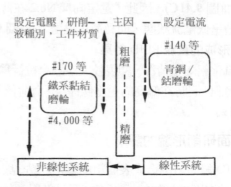

圖 9.42 ELID 的直流電源適用領域

9.17 結論

　　ELID 法是爲了實現鑄鐵黏結鑽石磨輪施行矽之類硬脆材料達到鏡面研削而敘述了其開發過程，但爲因應目的作業而選擇組成部分，已確認了是可期待廣範圍適用領域。何況每個事例上，亦可期望選擇在此敘述到的組成部分。今後，將進行這些選擇基準的制式化、定量化。若再嘗試 ELID 研削技術的體系，那麼與後述的 ELID 削正法組合，相信更可進一步實用化吧(圖 9.43)！

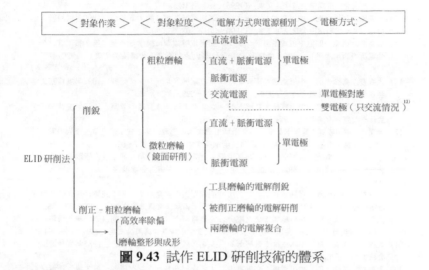

圖 9.43 試作 ELID 研削技術的體系

參考文獻

1）大森整：超精密鏡面加工に対応した電解インプロセスドレッシング（ELID）研削法，精密
　　工学会誌，Vol.59，No.9，(1993) 43～49.

2）大森整，中川威雄：鏡面研削における微細砥粒砥石表面性状の変化，1989年度精密工学会
　　春季大会学術講演会講演論文集，(1989) 589～590.

3）大森整，島田満，中川威雄：電解インプロセスドレッシング機構に関する一考察，1990年
　　度精密工学会秋季大会学術講演会講演論文集，(1990) 731～732.

4）岡野啓作，堤千里，村田良司，伊藤哲，田中善衛：メタルボンド切断砥石の電解ドレッシ
　　ング，昭和58年度精機学会春季大会学術講演会講演論文集，(1983) 371～372.

5）岡野啓作：超砥粒砥石の電解ドレッシング・放電ドレッシング，精密工学会誌，Vol.55，
　　No.6，(1989) 38～41.

6）大森整：電解インプロセスドレッシング（ELID）鏡面研削における切り込み開始点の判別
　　に関する考案，Vol. 37，No，5，(1993) 40～44.

7）大森整，中川威雄：青銅ボンド砥石の電解ドレッシング，1989年度精密工学会秋季大会学
　　術講演会講演論文集，(1989) 321～322.

8）大森整，吉岡伸宏，中川威雄：コバルトボンド砥石による電解ドレッシング研削，1990年
　　度精密工学会秋季大会学術講演会講演論文集，(1990) 1013～1014.

9）高橋一郎，大森整，中川威雄：直流電源による青銅ボンド砥石の電解ドレッシング効果，
　　1990年度精密工学会秋季大会学術講演会講演論文集，(1990) 729～730.

10）H. Ohmori, and I. Takahashi : Efficient Grinding Technique Utilizing Electrolytic In-
　　Prooess Dressing for Precision Machining of Hard Materials, Advancement of Intelligent
　　Production, Elsevier Science/JSPE, (1994) 315～320.

11）H. Ohmori, and T. Nakagawa : Utilization of Nonlinear Conditions in Precision Grinding with
　　ELID (Electrolytic In-Process Dressiing) for Fabrication of Hard Material Components,
　　Annals of the CIRP Vol.46/1/1997, 261～264.

12) 応宝閣，大森整，増井清徳：ELID研削効果における電気的条件の影響，1996年度精密工学会秋季大会学術講演会講演論文集，(1996) 133～134.

13) 大森整，高橋一郎，中川威雄：ドレッシング用電解電源に関する考察，1990年度精密工学会春季大会学術講演会講演論文集，(1990) 201～202.

14) 大森整，高橋一郎，中川威雄：ドレッシング用電解電源に関する考察（第 2 報：コンデンサ電源の適用効果），1990年度精密工学会秋季大会学術講演会講演論文集，(1990) 727～728.

15) 大森整，高橋一郎，中川威雄：交流電源による電解ドレッシング研削，1991年度精密工学会春季大会学術講演会講演論文集，(1991) 927～928.

16) 大森整，高橋一郎，中川威雄：電解ドレッシング用研削液要因の考察，1990年度精密工学会秋季大会学術講演会講演論文集，(1990) 725～726.

17) 大森整，中川威雄：電解ドレッシング用研削液要因の考察（第 2 報：研削液種要因の考察），1991年度精密工学会春季大会学術講演会講演論文集，(1991) 917～918.

18) 大森整，中川威雄：電解ドレッシング用研削液要因の考察（第 3 報：試作研削液の鉄鋼材鏡面研削への適用），1991年度整密工学会秋季大会学術講演会講演論文集，(1991) 457～458.

19) 大森整，中川威雄：電解ドレッシング用研削液要因の考察（第 4 報：硬脆材鏡面研削用研削液の適用特性），1992年度精密工学会春季大会学術講演会講演論文集，(1992) 57～58.

20) 大森整，高橋一郎，中川威雄：交流電源による電解ドレッシング研削（第 2 報：鉄鋼材料のELID研削効果），1991年度精密工学会秋季大会学術講演会講演論文集，(1991) 461～462.

21) 大森整，高橋一郎，中川威雄：電解ドレッシング研削による鏡面切断，1989年度精密工学会秋季大会学術講演会講演論文集，(1989) 595～596.

22) 大森整，高橋一郎，中川威雄：交流電源による電解ドレッシング研削（第 3 報：鉄鋼材料のELID研削切断），1992年度精密工学会春季大会学術講演会講演論文集，(1992) 53～54.

23) 大森整，高橋一郎，中川威雄：ドレッシング用電解電源に関する考察（第 3 報：直流電源の適用領域），1992年度精密工学会春季大会学術講演会講演論文集，(1992) 51～52.

24) 鈴木清，植松哲太郎，柳瀬辰仁，浅野修司，飴井充弘：ツイン電極法による電解／放電ドレッシングの研究，1989年度精密工学会春季大会学術講演会講演論文集，(1989) 711～712.

展開篇

　　ELID 研削法朝向各加工方式的應用，計有拉削、削正、切斷加工等特殊加工。本篇針對各種材料的加工效果、特性，予以介紹，並就有關 ELID 專用加工機的開發與實用化，以及運用秘訣方面，以下共計 6 章，分別予以解說。

第10章　ELID施行固定磨粒拉削的「拉磨法」

10.1 適用 ELID 的定壓研削

　　「拉削(lapping)」是現今仍使用游離磨粒(free/loose abrasives)的主流方式，為達到提高加工效率或加工精度的目的，亦嘗試採用固定磨粒(bonded/fixed abrasives)，亦即以磨輪的拉削也曾嘗試過。然而固定磨粒的拉削在磨輪面形狀的調整與管理上困難，特別是脫落磨粒導致刮痕產生、磨輪銳利度不穩定性等問題，一般認為難以迴避。因此，固定磨粒的拉削至今可說被定位仍未成為熟習方式。尤以金屬黏結磨輪作為磨盤的固定磨粒拉削，存在著削正/削銳所要時間及其方式之課題，現實上不得不說是未知的加工方式。

　　另一方面，首先嘗試電性削銳鑄鐵黏結磨輪方法 [1,2]，至現今開發的 ELID 研削法 [3~6]過程，就固定磨粒拉削而言，金屬黏結磨輪的狀態控制也變得可能了。此外此方式不只是拉削這種形態而已，更是施行定壓進刀的 ELID 方式，就加工機構剖明上，一般也認為蠻奧妙的。因此，筆者們以複合拉削如此加工形態(及其附加的定壓進刀方式)與研削加工優點的這個意思，提唱「拉削研削(簡稱為拉磨)」字眼，朝向開發 ELID 施行拉磨方式與確立原理、實際應用面上，開始展開研究 [7~11]。

　　本章首先找出拉磨法效果，嘗試適用 ELID 固定磨粒拉削施予矽的鏡面加工。接著，調查 ELID 拉磨法適用於氧化鋁陶瓷的精加工及其效果與加工特性。氧化鋁陶瓷的脆性公認顯著，一般認為至今 ELID 法適

用的迴轉式平面研削方式等定寸進刀研削方式,屬於難以應用胚件之一。此外,反過來說,比較至今處理的硬脆材料,亦即軟質胚料之一的鑄鐵類金屬材料表面精磨效果,予以調查後,其結果整理於以下各節。

10.2 ELID 施行固定磨粒拉削的「拉磨法」[7]~[10]

　　ELID 拉磨法係以固定磨粒拉削方式,把鑄鐵黏結鑽石磨輪等作為磨盤,而施予具拉削加工形態特徵的定壓進刀,以進行 ELID 研削的方式。從「拉削」這種表現,若非一般性的話,那麼大概可稱為「複合電解線上削銳的固定磨粒拉削」或「ELID 複合磨輪拉削」等名字。**圖 10.1**為本方式的示意圖。磨輪磨盤透過電刷等作(＋)電極,而藉弱導電性水溶性研削液當(－)陰極,而在這兩極之間,供應電解電流,以進行線上削銳。

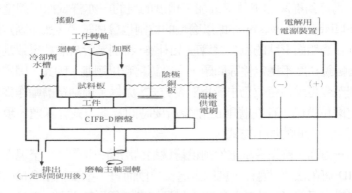

圖 10.1 ELID 施行固定磨粒拉削的「拉磨法」原理(水槽式)

　　ELID 拉磨法當初是與 ELID 研削初期情形一樣,如**圖 10.1** 所示,在注滿水溶性研削液水槽中,設置磨輪面及電極,開發同時可在水中電解削銳與研削加工的方式[3]。本方式的電解削銳效果,與至今的方式同樣,係透過具有微細固定磨粒的金屬黏結磨輪磨盤削銳效果,實現確保微細磨輪凸出效果及維持加工中狀態。本方式藉由這種效果,目標在確立拉磨的實用性(**表 10.1**)。

　　經由 ELID 效果的複合，至今視為問題的固定磨粒拉削衍生磨輪管理，變為可能，應可期待實現更高品位與高效率的拉削。

表 10.1 ELID 施行固定磨粒拉削方式的特徵

① 因採用鑄鐵纖維黏結磨輪，故消耗極少；
② 透過電解削銳，容易確保微細固定磨粒凸出；
③ 藉由電解線上削銳，切屑易去除；
④ 與游離磨粒拉削比較，除去效率極高；
⑤ 因選用固定磨粒，較游離磨粒的加工精度為優；
⑥ 由於是定壓研削方式，因此適用鏡面研削的可能材料增多。

　　之後，ELID 拉磨方式如**圖 10.2(A)**所示，是依循 ELID 研削基本原理開發初期(－)電極附件化同樣潮流，如**圖 10.2(B)**所示，透過拉削磨盤用(－)電極的改良，實現了不需水槽的簡易方式與裝置。

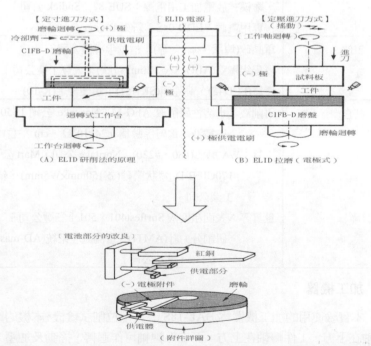

圖 10.2 定寸進刀施行 ELID 研削法與改良過的 ELID 拉磨法原理

10.3 ELID 拉磨實驗系統 [7]·[9]·[10]

表 10.2 是整理使用的拉磨實驗系統的規格。

表 10.2 ELID 拉磨實驗系統的規格

1. 加工機器	・拉削試驗機：BAL-18S 改造型〔新東 Breiter 公司〕 ・立式精密迴轉平面磨床：RGS-60〔不二越公司〕 ・門形切削中心：VQC-15/40〔山崎 Mazack 公司〕
2. 研削磨輪	鑄鐵纖維鑽石(CIFB-D)磨輪〔新東工業公司〕 ・拉削圓盤狀：ϕ 250mm(粒狀 ϕ 15mm、ϕ 25mm)，#4000 　　及#8000，集中度各爲 50； 　・盆狀：ϕ 200mm×W5mm，#4000，集中度 50
3. ELID 電源	・線切割放電加工用電源：MGN-15W〔牧野銑床製作所〕 ・雕模式放電加工用電源：SUE-87〔Sodick 公司〕 ・專用電源：EDD-04S〔新東 Breiter 公司〕
4. 工件	單晶矽(塊狀，ϕ 3″ 等)〔信越半導體公司〕 氧化鋁陶瓷(Al_2O_3，ϕ 12mm 粒狀)〔大豐工業公司〕 鑄鐵(FCD45)，高速鋼(SKH51)，超硬合金(K-10)
5. 其它	研削液：水溶性研削液 AFG-M〔Noritake 公司〕(50 倍 　　稀釋液，電阻係數爲 $0.24×10^4\Omega$・cm 左右) 工具：WA 磨棒(#80，#220)〔Noritake 公司，Mart 公司〕 　　#170CIFB-D 盆狀磨輪(ϕ 150mm×W5mm)〔新東 　　工業公司〕 量具等：表面粗度儀 Surftest401、501〔三豐公司〕 　　研削分力計(AMTI)、量測處理系統(AD-master) 　　〔Cosmo 設計公司〕

(1) 加工機器

　　本實驗使用的加工機器爲 BAL-18S 改良型拉削試驗機。本機的磨輪主軸在下方，工件轉軸在上方，而工件轉軸可作迴轉、搖動及加壓 3 個動作。爲能適用電解削銳，磨輪側面接觸供電電刷，當作(＋)電極，並

於冷卻劑中固定銅板，作為(－)電極(**相片 10.1**)。冷卻劑係以自來水稀釋水溶性研削液而成的，且經常注滿磨輪面與(－)電極之間，以進行電解削銳。

此外為比較加工表面狀態，採用立式精密迴轉平面磨床：RGS-60，以進行 ELID 的平面研削實驗。本機的磨輪主軸、迴轉工作台皆具油壓軸承，一般認為可發揮充分的迴轉精度。另外，為了比較用，也改用如**相片 10.2** 所示門形切削中心：VQC-15/40。這些機器都是事先裝上(－)電極、(＋)供電電刷、電解電源等必要的電解削銳裝置後使用。

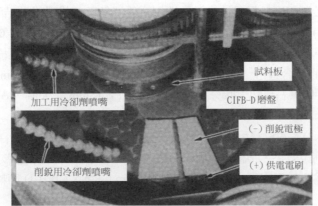

加工用冷卻劑噴嘴

試料板

CIFB-D 磨盤

(－)削銳電極

(＋)供電電刷

削銳用冷卻劑噴嘴

相片 10.1 實驗所用拉削加工機上的 ELID 研削裝置外觀

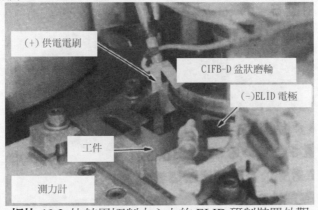

(＋)供電電刷

CIFB-D 盆狀磨輪

(－)ELID 電極

工件

測力計

相片 10.2 比較用切削中心上的 ELID 研削裝置外觀

(2) ELID 用電解電源

　　電解削銳用電源裝置是改用自線切割放電加工用電源：MGN-15W。本裝置的電壓波形屬矩形波，設定外加電壓 Eo、最大電流 Ip、頻率(τ_{on}、τ_{off})等項目，以進行設定與調整電解條件。此外，根據所用加工機或實驗條件，分別使用雕模式放電加工用電源：SUE-87 及 ELID 專用電源 EDD-04S 型。

(3) 拉磨用磨輪

　　由於所用磨輪是爲拉磨試驗機用，係把粒狀鑄鐵纖維黏結鑽石 (CIFB-D)磨石〔ϕ15mm、ϕ25mm：#4000(平均磨粒直徑約 4.06μm)；#8000(平均磨粒直徑約 1.76μm)，集中度各爲 50〕，以環氧系樹脂固定在金屬圓板(合金)上，成爲固定磨粒拉磨用圓盤狀磨盤(ϕ250mm)。每個 CIFB-D 磨石呈輻射狀分布，共有 84 個(ϕ15mm：28 個，ϕ25mm：56 個)
(相片 10.3)。本拉磨用圓盤狀磨盤，以下簡稱「CIFB-D 磨盤」。爲能運用電解削銳效果，乃讓磨石與合金部分皆具導電性，以供削銳之用。此外，作爲比較用直徑 ϕ200mm×齒寬 W5mm 的盆狀 CIFB-D 磨輪也一併採用。

CIFB-D 粒狀磨石

相片 10.3 試裝的 CIFB-D 拉磨圓盤狀磨盤

10.4 ELID 對矽施行拉磨實驗 [7]

(1) 實驗方法

首先，在 CIFB-D 磨盤上抵住#80 及#220WA 磨棒，施予削正。本 CIFB-D 磨盤如此微細磨石，由於無法期待機械性削銳作業有效果，因此削正後調查矽一般拉磨(無 ELID 情況)特性。矽是以黏著劑被固定在試料板上，供加工實驗用。

其次，CIFB-D 圓盤作(＋)電極，以適用電解削銳，並調查 ELID 拉磨的效果。實驗結果，主要以加工表面粗度作爲評價。電解條件(時間 t、Eo、Ip、τ_{on}、τ_{off})與拉磨條件(加壓力、磨石粒度等)作爲變數，適當選擇，以進行拉磨實驗。本實驗的工件轉軸不施予迴轉及搖動。此外加工表面粗度是以基準長 0.8mm 與尖端 R=5mm 的鑽石探針，進行量測。

(2) 電解削銳的效果

首先，針對電解削銳的複合效果，予以調查。**圖 10.3** 是就拉磨時間與加工表面粗度的關係，視有無 ELID 情況調查的結果。一般拉磨，係如上述先以 WA 磨棒削正後即開始進行。一般情況，重複拉磨時間，可藉由機械性削銳作用，改善一些表面粗度，但僅止於最佳的 0.30 μ mRmax 境地。

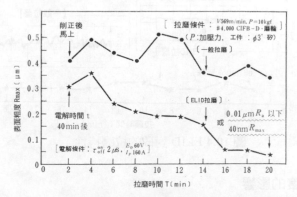

圖 10.3 矽施予拉磨時的電解削銳效果

　　另一方面，使用初期電解削銳時間 40min 後的 CIFB-D 磨盤，經進行 ELID 拉磨，從拉磨時間 16min 後，表面粗度急劇改善，可實現 20~40nmRmax 的良好鏡面效果(由此經電解時間 t=60min 後的 CIFB-D 磨盤稱為「電解削銳後」)。鏡面加工適當磨粒凸出所需電解時間 t，一般認為透過當(－)電極的銅板面積或與磨石表面的間隙等的調整，可以更加縮短。此外，周速 υ 是定義以工件中心部位的 CIFB-D 磨盤周速值。

(3) ELID 拉磨特性

　　以電解可得適當磨粒凸出的 CIFB-D 磨盤，透過電解線上削銳，調查是否得到銳利的持續性。使用電解削銳後(t=60min)的 CIFB-D 磨盤，經進行 ELID 拉磨時，表面粗度如**圖 10.4** 所示，顯示極佳的持續性。另一方面，為了比較，也以施行一般拉磨狀態的 CIFB-D 磨盤，經接續一般拉磨時，表面粗度如圖所示顯現不穩定變動。採用 1 次經電解削銳的 CIFB-D 磨盤情況，可知儘管電解條件調得相當低，精磨表面粗度仍顯現持續穩定(Ip=10A)。

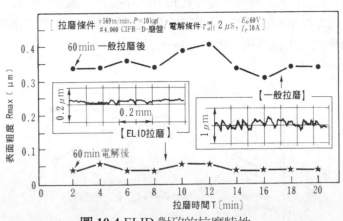

圖 10.4 ELID 對矽的拉磨特性

(4) 磨石粒度的影響

以上爲#4000CIFB-D 磨盤的特性,但爲瞭解磨石粒度的影響,採用#8000CIFB-D 磨盤,以進行同樣的實驗。針對一般拉磨與 ELID 的情況,經調查拉磨時間與加工表面粗度關係,得到如**圖 10.5** 所示結果。#8000施行的一般拉磨,與#4000 施予一般拉磨比較,可得 0.1~0.2μmRmax良好結果。另一方面,#8000 施行 ELID 拉磨較#4000 穩定,雖可得 20~40μmRmax 良好鏡面,但電解削銳所花時間不變。此外,#8000 方面在初期電解削銳後,一旦 ELID 條件不穩定,可見到一般認爲磨粒脫落導致刮痕現象。這是公認微細磨粒(1.76μm)的影響。

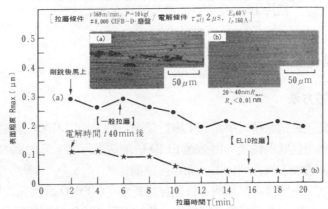

圖 10.5 #8000CIFB-D 磨石對矽施行拉磨效果

(5) 精磨面形貌

不論#4000 或#8000 情況,一般拉磨表面顯示塑性流動與脆性破壞兩者混合的表面形貌。相對此的 ELID 拉磨表面,如**圖 10.5** 所示,顯現幾爲完全塑性流動的鏡面狀態,與定寸進刀的 ELID 鏡面研削比較,可觀察出微細研削痕跡。一般認爲這是因爲粒狀磨石總面積,至少是有效作用在加工上的磨粒數目,與盆狀磨輪等情況比較,增大非常多所致。

相片 10.4 顯示經 ELID 拉磨過單晶矽加工表面的外觀。與一般拉磨比較,可知 ELID 拉磨時的加工表面顯現良好的鏡面狀態。

相片 10.4 拉磨過的單晶矽鏡面加工狀態(左)

10.5 氧化鋁陶瓷的 ELID 拉磨實驗 [9]

(1) 實驗方法

首先，嘗試迴轉式平面磨床施行鏡面研削。先以#100C 磨輪與剎車器削正所用盆狀磨輪後，再透過 ELID 研削法進行加工氧化鋁陶瓷的實驗，以調查加工條件與加工表面粗度的關係。

其次，使用拉磨試驗機，嘗試拉磨實驗。CIFB-D 磨盤先後以#80、#220WA 磨棒，進行削銳，以調查一般拉磨及 ELID 拉磨施行氧化鋁陶瓷的精磨表面形貌。實驗方面，以電解條件(時間 t、Eo、Ip、τ_{on}、τ_{off})、拉磨條件(加壓力、加工時間)，作爲變數執行。本實驗的磨盤主軸與工件轉軸皆迴轉，而工件轉軸不作搖動。加工表面粗度係設定基準長 0.8mm，再以尖端 R=5 μm 的鑽石探針，進行量測。

(2) 迴轉式平面磨床造成精磨效果

首先，透過迴轉式平面磨床，調查氧化鋁陶瓷的精磨效果及特性。當使用#4000CIFB-D 磨盤，針對一般及 ELID 研削情況調查加工表面粗度時，則如**圖 10.6** 所示結果。研削實驗是把 ϕ12mm 工件以 3 個並列置放方式進行，但一般研削情況即使使用#4000 也只是能磨到梨皮面而已，

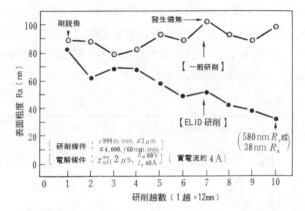

圖 10.6 迴轉式平面研削氧化鋁陶瓷的精磨特性

再重複幾次研削，則殘留黑色燒焦痕跡。

另一方面，削正後馬上開始進行 ELID 研削，隨著電解削銳的進行，確認了逐漸顯現出鏡面形貌。最後可得到一般研削的 1/2 以下良好加工表面粗度(0.58 μmRz 或 0.038 μmRa)。然而加工表面為因應胚料不均一性等因素，會沿研削條痕產生的空洞現象；一般認為形成氧化鋁的粒子結合無法忍耐平面研削抵抗，而在粒界發生脆性破壞現象。此情況在最佳表面狀態上的空洞率(面積百分比)，空洞集中部分為 13.2%。

(3) 拉磨的精磨效果

其次，藉拉磨試驗機，調查氧化鋁陶瓷的拉磨特性。實驗是就一般拉磨及 ELID 拉磨情況進行時，可得如**圖 10.7** 所示結果。工件因為平均加壓力關係，採同時 3 個或只 1 個加工。一般拉磨情況，採用削正後的 CIFB-D 磨盤進行，但重複拉磨時間，加工表面上仍然殘留認為是磨石的鑄鐵黏結台金擦傷而致的黑色痕跡。加工表面粗度較**圖 10.6** 的一般研削為優，但因磨粒凸出不充分緣故，銳利度不佳，使得加工中照樣產生空洞，而致這以後的精磨幾無從進行。

另一方面，當進行 ELID 拉磨時，隨著加工時間的增加，初期表面的凹凸(4~5 μmRmax)慢慢除去，經 20min 後，可如**圖 10.7** 所示幾呈鏡

面狀態(0.082μmRz 或 0.012μmRa)。此外,加工前已施行 30min 左右電解削銳 CIFB-D 磨盤。此情況,最佳狀態的加工表面上出現的空洞,可知整體上已減至 1~2%。另外若增加加壓力、時間,精磨表面粗度一般認為可改善至 50nmRz 的境地。

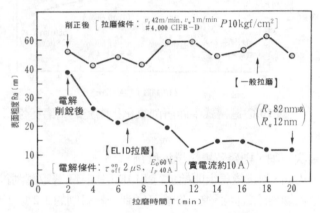

圖 10.7 拉磨氧化鋁陶瓷的精磨效果

(4) 拉磨加工壓力與除去效率

由至今的結果,可知拉磨的除去效率較一般游離磨粒拉磨為高。本實驗嘗試氧化鋁陶瓷的鏡面加工,可藉#4000 磨盤實現 2~3μm/min 的除去效率(10kgf/cm² 時)。除去效率一般認為藉拉磨壓力的上升可改善,但拉磨本質上是透過磨粒轉動導致的加工效果,不太能期待,但為確實對加工表面使磨粒吃入(剷入),一般認為提高某種程度的加壓力有其必要。電解削銳後的 CIFB-D 磨盤雖可認為一種耐磨耗材料,因此儘管增加加壓力,並無進行顯著的磨耗現象。此外,在低的加工壓力範圍,伴隨精磨的進行,兩者間的磨擦抵抗減少,卻生滑動,因此除去效率呈低落傾向(加工開始約 10min 後)。

(5) 精磨面形貌的比較

相片 **10.5** 顯示各加工法造成的精磨面形貌。在 ELID 拉磨面上，因加工所生的空洞幾不存在，可得良好鏡面形貌。這意味著對工件的加工方式並無過度的負擔。**圖 10.8** 顯示 ELID 平面研削與 ELID 拉磨形成加工表面粗度形態之例，而**相片 10.6** 顯現 ELID 拉磨鏡面加工樣本外觀。

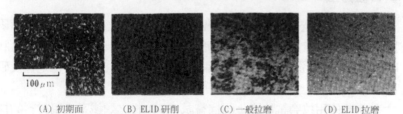

(A) 初期面　　(B) ELID 研削　　(C) 一般拉磨　　(D) ELID 拉磨

相片 10.5 各種加工方式造成氧化鋁陶瓷的精磨表面形貌

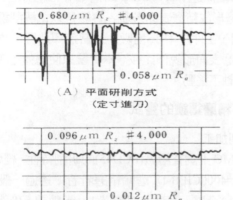

圖 10.8 加工方式形成精磨表面粗度形態之例

相片 10.6 ELID 拉磨鏡面加工的氧化鋁陶瓷外觀

10.6 鐵系材料的 ELID 拉磨實驗 [10)]

　　其次，針對 ELID 拉磨鑄鐵、鋼鐵材料的鏡面加工效果，予以實驗。

(1) 實驗方法

　　　首先，透過切削中心(MC)嘗試以 FCD 材之類爲對象的鏡面研削，調查其加工特性。先以#100C 磨輪與刹車器工具，經削正所用盆狀 CIFB-D 磨輪後，進行 ELID 的鏡面研削，主要調查加工的穩定性及研削表面的形貌。

　　其次，使用拉磨試驗機，同樣嘗試 FCD 材之類鐵系金屬材料的拉磨。CIFB-D 磨輪係選用#170CIFB-D 磨輪等，經削正 [12)]後，調查一般拉磨及 ELID 拉磨形成精磨表面形貌。實驗是以電解削銳條件或拉磨條件(加壓力、時間、工件)，作爲變數，適當選擇進行，並與 MC 上鏡面研削所形成的精磨表面形貌作比較。本實驗只使磨盤主軸、工件轉軸作迴轉，而工件轉軸不搖動。

(2) 切削中心精磨鑄鐵的嘗試

① 鑄鐵的研削加工

　　首先，在 MC 上調查鑄鐵(FCD45)的研削特性。經#600CIFB-D 磨輪粗磨後，再以#4000CIFB-D 磨輪精磨看看。透過一般研削方式，加工 FCD45 如此軟質金屬，儘管進刀深僅 1μm 數趨，仍然因塞縫而生燒焦現象，卻無鏡面研削之痕跡。一般切削上的切削負荷亦高，重複幾次，即殘留因熔著所生的空洞痕跡。

② ELID 的穩定性

　　另一方面，採用同樣的#4000CIFB-D 磨輪，嘗試 ELID 研削 FCD45 材料。雖是 FCD45，但藉 ELID 效果，可使磨輪表面潔淨，維持穩定的鏡面研削。若能適合#4000 磨粒直徑的進刀深度(1 趟爲 1~2μm)，那麼如**圖 10.9** 所示鏡面研削的穩定性即無任何變化。本研削機構上會在 FCD45 加工面上，形成有規律的研削條痕，說明如**相片10.7(A)**所示是呈現良好微粒磨輪的銳利度，仍然持續存在。

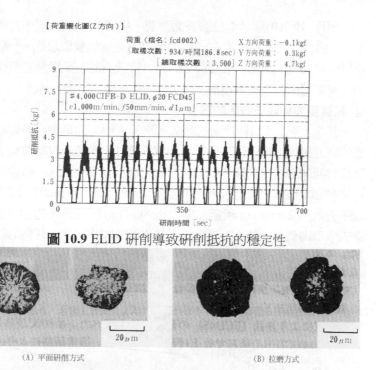

【荷重變化圖(Z方向)】

荷重〈檔名：fcd002〉　　　　X方向荷重：－0.1kgf
〔取樣次數：934/時間186.8sec〕Y方向荷重：0.3kgf
〔總取樣次數：3,500〕Z方向荷重：4.7kgf

#4,000CIFB-D ELID, φ20 FCD45
v1,000m/min, f50mm/min, d1μm

研削抵抗〔kgf〕

研削時間〔sec〕

圖 10.9 ELID 研削導致研削抵抗的穩定性

20μm

20μm

(A) 平面研削方式　　　　　　　　(B) 拉磨方式

相片 10.7 加工方式形成鑄鐵(FCD45)的精磨表面形貌

(3) ELID 拉磨鑄鐵的精磨嘗試

① 微細磨粒磨輪施行鑄鐵的精磨特性

　　其次，使用#4000 及#8000CIFB-D 磨輪，透過拉磨試驗機，嘗試拉磨鑄鐵(FCD45)。一般拉磨上，由於無法獲得微細磨粒的有效凸出，因此針對鑄鐵這樣軟質的金屬材料而言，就會產生顯著的塞縫，無法實現鏡面研削。不過在 ELID 拉磨上，與前述平面研削一樣，不會受到塞縫導致拉磨能力低落，反而可達到穩定鏡面研削 FCD45。至於 FCD45 的拉磨表面，則呈現肉眼難以分辨的加工條痕，十足高品位鏡面狀態，可說愈使用微細磨粒，愈靠近擦光面境界。

相片 **10.7(B)**顯示本拉磨表面形貌。與平面研削比較，有效磨粒數較多，由於進刀與進給皆在一定加壓力下的這個變數規定，一般認爲表面可得高品位。因此，讓人震驚的是，鑄鐵內的石墨形狀及模樣並無崩潰，可知可做到漂亮地精磨。

② **拉磨壓力與除去效率的關係**

其次，調查 ELID 拉磨的除去效率。工件方面是選定較鑄鐵難以研磨的高速鋼(SKH51)及超硬合金(K-10)。**圖 10.10** 顯示求取拉磨加壓力與單位時間除去量之間關係的結果。固定磨粒性質方面，一般認爲有效施行拉磨必須促進磨粒吃入所需的加壓力很大，而在 SKH51 情況，爲獲取除去效率 $2\,\mu$m/min 所需加壓力是 8kgf/cm^2。此外，超硬合金情況的除去效率則低落此的 1/2 以下。不過從**圖 10.10** 可知，任何的除去效率顯示幾與加壓力呈正比例傾向，一般認爲透過加壓力的控制容易管理除去效率。另外，FCD45 情況一般認爲可實現 K-10 的 10 倍以上除去效率。

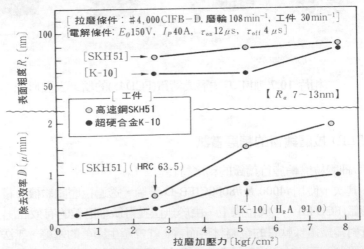

圖 10.10 ELID 拉磨加工壓力與除去效率、加工表面粗度的關係

③ **拉磨壓力與精磨表面粗度的關係**

其次，有關 SKH51 及 K-10，調查加壓力與 ELID 拉磨表面粗度

的關係(圖 10.10)。任何情況,愈施加高的加壓力,精磨表面粗度雖有少許惡化,然施加到 8kgf/cm² 時,則止於 80~90nmRz 或 12~13nmRa 良好的表面粗度,可以期待充分的高效率化與鏡面形貌是可兩相並立的。不過,在加壓力之下存在適當的電解條件,經驗上已獲得確認了。此外,加壓力對表面粗度的影響是硬度愈高金屬材料,呈愈少傾向,而鏡面加工可說愈加容易。**圖 10.11** 顯示精磨表面粗度形態之例,而**相片10.8**顯現各鏡面加工樣本。

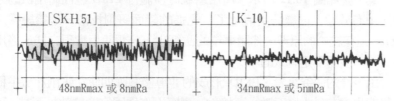

圖 10.11 ELID 拉磨形成精磨表面粗度形態之例

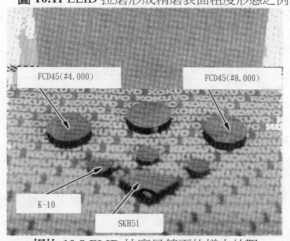

相片 10.8 ELID 拉磨呈鏡面的樣本外觀

10.7 次微米磨粒磨輪施行 ELID 拉磨法 [9]~[16]

磨粒加工可依磨粒作用形態(固定磨粒/游離磨粒)與除去機構形態 (運動複印/壓力複印)兩類而論者居多。大致上,固定磨粒係作為使用

刀具軌跡而進行運動複印型的"研削加工",予以運用,而游離磨粒則實現壓力複印加工方式的"研磨加工"。隨著 ELID 研削法效果逐漸明朗,就這些磨粒加工上,有希望試圖作形態上的統一。當中亦有前節之前所整理的"ELID 拉磨法"[9)、10)],可說其代表性,而使用次微米磨粒的情況,就其除去機構而言,意義深遠。

(1) ELID 研削方式的分類使用

其一是如**圖 10.12** 所示,所用磨粒直徑施行 ELID 鏡面研削法的分類使用有效性,已經分明清楚了。先進的鏡面研削技術,是繼續採用 ELID 這樣統一的原理,伴隨磨粒的微細化,分類使用實現方式或適用方式,一般認為是有效的。

由至今的研究來看,ELID 形成的非導體薄膜即使在研削加工中穩定狀態也會有最小厚至數 μm 境地,實際上作為固定磨粒效果而言,可以想像出可有效的磨粒界限。一般認為大約#10000 的磨粒。

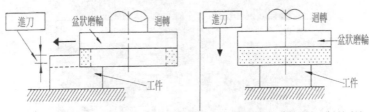

＃2,000～＃4,000～＃6,000～＃8,000～＃10,000～＃30,000～＃60,000～＃120,000
〈定寸進刀:微米磨粒〉| 〈定壓進刀:次微米磨粒〉

圖 10.12 使用的磨輪粒度與進刀方式的分類使用

(2) ELID 拉磨法的原理

圖 10.13 是上述適用方式之中,顯示定壓研削代表例的 ELID 拉磨法。本方式針對微米磨粒定寸進刀上,適應難以獲得鏡面的材質或次微米固定磨粒施行 ELID 鏡面研削上,定位為極重要的加工方法吧!本法

同時在現實適用方面,透過最小設定單位 $1\mu m$ 之微的寸步進刀方式,把加工過程中的平均研削抵抗比看作加工壓力,就拉磨而言,大概可以期待較高的實用性吧!

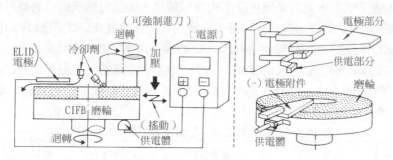

圖 10.13 ELID 拉磨法的原理

(3) 使用粒度與 ELID 研削表面粗度的關係

至今由 ELID 鏡面研削所得加工表面粗度(平均的 Rmax 值)與磨粒直徑大致關係,如**圖 10.14** 所示(盆狀磨輪施行硬脆材料的加工)。硬脆材料承受 ELID 鏡面研削上,一般認為受到磨輪粒度的影響而存在顯著的轉折點,可見到其一是 "脆性破壞→延性破壞" 的加工機構遷移點;另一為後述的 "半固定磨粒化" 遷移點。

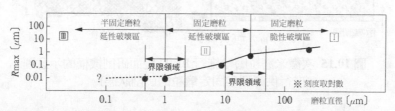

圖 10.14 ELID 鏡面研削上使用平均磨粒直徑與加工表面粗度的大致關係

(4) 次微米磨輪施行拉磨

　　電解非導體薄膜最小至幾 μm 即呈穩定化，如**表 10.3** 所示次微米 (0.1μm)磨粒，一般認為透過可顯現 "自行供應型半固定磨粒" 而形成加工機構(**圖 10.15**)的 ELID 鏡面研削，進而成就了平滑表面。定寸(強制)進刀方面，要求某種程度高的機械精度，因此超微細磨粒磨輪可根據一定壓力的進刀方式，可寄望於實用化。此處就 ELID 拉磨方式(**圖 10.13**)而言，因可積極使用#120,000 磨輪，作為次微米磨粒磨輪，用意在確立其實用效果及加工條件。此外，也針對奈米級磨粒而平均磨粒直徑約 5nm(50Å，1Å=0.1μm=10^{-8}cm)，具有鑽石超微粒子的#3,000,000 磨輪，試圖找出其適用效果。

表 10.3 嘗試具有微米~次微米磨粒的拉磨用磨輪

No.	稱 呼	形狀規格	內周部分	外周部分
①	#1,200/4,000	ϕ200W77.5mm	#1,200CIFB	#4,000CIFB
②	#4,000/30,000	ϕ210W80mm	#4,000CIFB	#30,000CIFB
③	#8,000/120,000 (本實驗試用磨粒)	ϕ210W80mm (磨粒層:3mm)	#8,000CIFB (1.76μm)	#120,000CIFB (0.13μm)

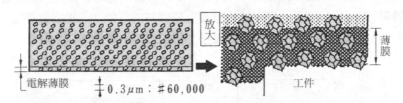

圖 10.15 次微米磨粒磨輪施行 ELID 鏡面研削機構的示意圖
　　　　　(自行供應型半固定磨粒的研削狀態)

10.8 ELID 拉磨實驗系統 [14)~16)]

(1) ELID 加工機

　　首先在如**圖 10.16** 所示門形 MC：VQC-15/40 上安裝 ELID 用電極

附件，以作為拉磨實驗用。工件迴轉驅動如**相片 10.9** 所示裝上自製的迴
轉工作台，以便利用。此外，ELID 電解削銳電源，主要選定雕模式放
電加工用電源的 SUE-87。至於冷卻劑，則以自來水稀釋 50 倍水溶性研
削液後使用。

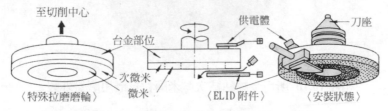

圖 10.16 拉磨用 ELID 電極附件示意圖

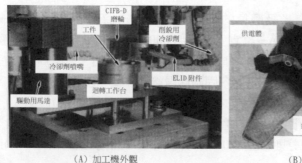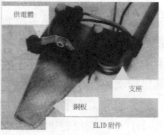

(A) 加工機外觀　　　　　　　　(B) ELID 電極部位

相片 10.9 切削中心上安裝 ELID 拉磨實驗裝置的外觀

(2) 次微米磨粒磨輪

次微米磨輪係採用鑄鐵纖維鑽石磨盤〔簡稱 "CIFB-D 磨盤" ，外
徑 ϕ 210mm，內周部分：#8000(集中度 25)，平均磨粒直徑約 1.76 μ m；
而外周部分：#120,000(集中度 25)，平均磨粒直徑約 0.3 μ m〕(**相片
10.10**)。此外，前加工需要，亦選用具同形狀的 CIFB-D 磨盤〔內周部
分：#1200(集中度 75)，平均磨粒直徑 11.6 μ m；而外周部分：#40,000(集
中度 50)，平均磨粒直徑約 4.06 μ m〕。根據平均磨粒大小，分別稱呼次
微米磨粒部位、微米磨粒部位〕。

相片 10.10 所用金屬黏結次微米磨粒拉磨用磨盤外觀

(3) 奈米磨粒磨輪

另一方面，奈米級磨粒的金屬黏結磨盤，係採用經爆炸合成 4~6nm(平均 5nm：50 Å→權宜上稱爲#3,000,000)的超微細粉末鑽石(簇形鑽石：大陸貿易公司)，開發成功鈷系金屬黏結磨石。有關簇形鑽石的用途，雖有研磨用膏、披覆劑、固體潤滑劑等多種，但開發成磨石用，本例是首次。依循至今所開發的拉磨用磨棒形態(2 粒構造、粒狀貼入)，進行試製開發工作(**圖 10.17**)。磨盤內周部分貼入#8000(鑄鐵纖維黏結：CIFB-D)，而外周部分則貼上#3,000,000(平均 50Å 磨粒，鈷黏結：CB-D)。

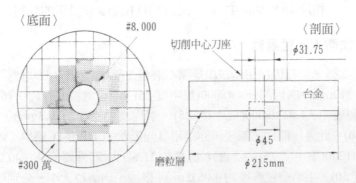

圖 10.17 試製金屬黏結奈米磨粒拉磨用磨盤結構示意圖

(4) 其它實驗裝置

　　其它的 CIFB-D 盆狀磨輪(φ150mm×W5mm)也適當選用，以進行加工特性的比較實驗。工件主要採用超硬合金(WC-Co)。此外，研削液(冷卻劑)係把水溶性研削液 AFG-M 作 50 倍稀釋後使用。

10.9 #120,000 磨石施行 ELID 拉磨實驗 [14], [15]

(1) 實驗方法

　　CIFB-D 磨盤經 C 磨輪適當削正後，再經 30min 左右進行初期電解削銳。工件固定在迴轉工作台試料板上，開始加工實驗。除了主要目的的#120,000 拉磨磨石試用以外，其它粒度的拉磨磨石也能適用，亦針對表面粗度與加工效率的實現性、拉磨條件與實際除去量的關係等項，予以調查。

(2) ELID 拉磨實驗的流程

　　圖 10.18(A)顯示採用 ELID 拉磨實驗裝置的加工工程示意圖。首先

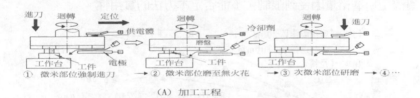

(A)　加工工程

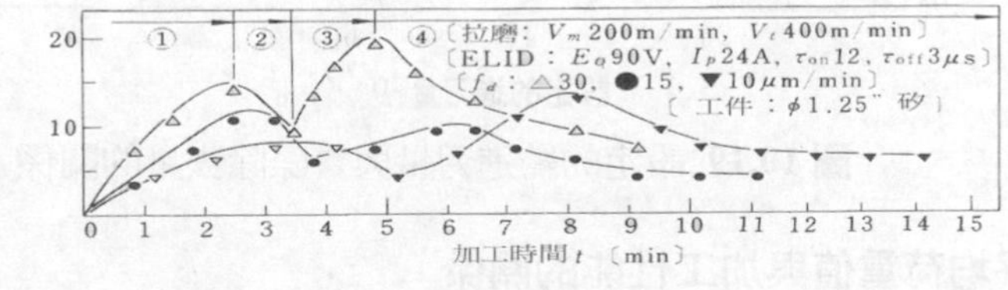

(B) 加工特性（V_t：次微米部位（最外周）磨輪周速，
V_m：微米部位周速，f_d：進刀速度（微米
部位：#4,000，次微米部位：#30,000）

圖 10.18 ELID 拉磨所需加工工程示意圖與加工特性

是①前精度所算出的總進刀量，全部給予微米磨粒部位研磨；接著②以微米磨粒部位研磨至無火花狀態；接著③移動磨盤，進一步以次微米磨粒部位進刀；④以同一磨粒部位，進行至無火花狀態，最後評價工件的表面粗度。此外，**圖 10.18**(B)係顯示實際進行加工時的研削抵抗變動的特性。

(3) 設定進刀量與實際除去量

圖 10.19 是針對程式設定的總進刀量與實際除去量的差異，予以調查的結果。加工面從梨子皮狀態至精磨的實際除去量，大致是設定進刀量的 2/3 多些。然而一旦變成鏡面的話，即會因與磨盤面之間產生滑移，而生逃讓現象，因此實際除去量有減少傾向。故適當的總進刀量是存在的。

(4) 適用磨石粒度與實際除去量的關係

接著就磨石粒度造成實際除去量的差異，也予以調查(**圖 10.19**)。進刀速度是因應粒度而適當選定的。當然，伴隨所用磨粒的微細化，實際除去量減低，隨著微米磨粒至次微米磨粒的推移現象，更加明顯。不過實際上研磨裕量因受到限制，不能否定本方法的實用性。

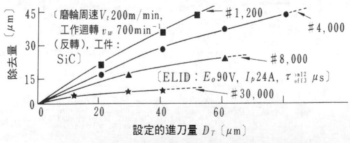

圖 10.19 設定的總進刀量與實際除去量的關係

(5) 平均荷重值與加工性能的關係

次微米磨石上，如何因應加工能力而掌握適當加工條件，本來就是困難之事。前加工面，可以想作某種程度的鏡面，如前述必要以上的進

刀,將招致反效果。因此,透過研削抵抗自動量測處理系統,算出研削抵抗 Fn 的時間平均值,以調查多種實驗上與加工表面粗度的相關性 (**圖 10.20**)。結果在#30,000CIFB-D 磨盤上,可知顯示 1.7~2.2kgf 平均值的良好精磨特性。

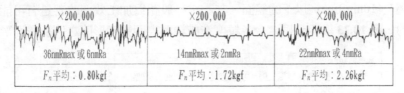

×200,000	×200,000	×200,000
36nmRmax 或 6nmRa	14nmRmax 或 2nmRa	22nmRmax 或 4nmRa
F_n平均:0.80kgf	F_n平均:1.72kgf	F_n平均:2.26kgf

圖 10.20 研削抵抗的時間平均值與加工表面粗度的關係

(6) 進刀造成研削抵抗變動的差異

其次,針對#120,000 磨石造成 ELID 拉磨研削抵抗變動,予以調查。進刀平均速度 fd 值,分別設定為 $3\,\mu$m/min 及 $2\,\mu$m/min,量測出如**圖 10.21** 所示各種情況的研削抵抗變動。由圖來看,在 $fd=3\,\mu$m/min 情況,顯示研削抵抗上升傾向有轉折線的變化,而在轉折點上,其研削抵抗的變動卻減少,一般認為這是顯示適當總進刀量之處。$fd=2\,\mu$m/min 情況,整體而言,呈現曲線變動,轉折線無法判斷,但研削抵變動較大,不能說是有效果。

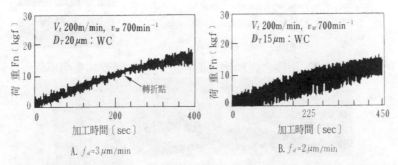

圖 10.21 #120,000 磨石造成研削抵抗的變動(橫軸:加工時間)

(7) 使用粒度與表面粗度、精度等的變化

　　圖 10.22 是針對使用至#120,000 拉磨磨石的粒度選擇與精磨面精度的變化、所花加工時間，予以列出。各設定的除去量，分別為#1200：40 μm、#8000：25 μm、#120,000：15 μm，而在 8min 內，由梨子皮精磨至 10nmRmax 以下的鏡面。其次，一般認為加工效率改善是有可能的。**圖 10.23** 顯示超硬合金各粒度造成精磨表面粗度形態之例及表面形

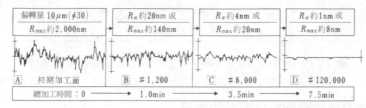

圖 10.22 加工流程與精磨表面粗度、加工時間的關係

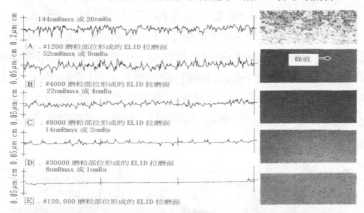

圖 10.23 超硬合金精磨表面粗度形態之例及其表面形貌

相片 10.11 加工樣本的外觀

貌。有關各種粒度是採用公認適當的加工條件。至於表面粗度在#1,200
與#4,000、#8,000 與#30,000 之間，可確認出轉折點。**相片 10.11** 顯現加
工樣本外觀。

10.10 #3,000,000 磨石施行 ELID 拉磨實驗 [16]

(1) 磨石的試製

鑄鐵纖維黏結部位、鈷黏結部位皆經金屬微粉與微粒鑽石粉末來混
鍊後，再經成形而予以燒結完成。如**相片 10.12** 所示，藉導電性黏結劑，
把本粒狀磨石黏貼至合金上而製成。

相片 10.12 試製的鈷黏結#3,000,000 磨石之外觀

(2) 電解削銳特性

加工之前，先調查試製刀具的削銳特性。如**圖 10.24** 所示，可見到
電流的低落現象，係受到鈷黏結的活潑性電解作用，確認是較高的電解
電流。**相片 10.13** 顯示電解削銳前後的磨石表面形貌。由相片可知，電
解導致磨石表面粗糙增加而形成電解薄膜。

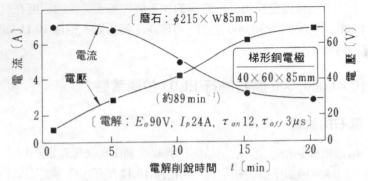

圖 10.24 試製奈米磨粒磨石的電解削銳特性

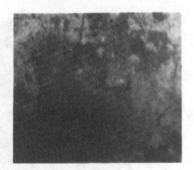

(A) 削正後（白色部分為平坦部位）　　　　　　　　(B) 電解削銳後（白色部分為不導體薄膜部位）

相片 10.13 電解削銳前後磨石表面狀態的外觀

(3) ELID 拉磨特性

　　其次，試圖由實際加工試驗找出適當的加工條件。與前節的實驗方法一樣，經一定量進刀後，施行無火花研磨，邊量測研削抵抗的變動，邊試圖維持定壓的研削狀態。**圖 10.25** 顯示研削抵抗變動的樣子。本磨石因研削效率在某種程度較低，因而無火花研磨導致的負荷低落現象較少，故很容易保持定壓狀態。由此可知保持 1 μm/min 以下的進刀速度，可說是理想的。

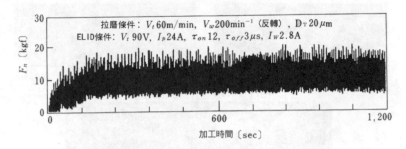

圖 10.25 奈米磨粒磨石造成研削抵抗變動的樣子

(4) 鏡面加工表面精度的評價

透過摸索的適當條件，以評價加工表面粗度。**圖 10.26** 顯示加工表面粗度與一般認為適當的加工條件。特別應維持的負荷條件等，雖在加工表面看到燒焦現象，但大致上可以實現優越的精磨加工表面品位。此外，有關表面形貌，並未見到加工條痕，但以本加工原理達成的加工表面狀態，可以認為極佳(**相片 10.14** 及**相片 10.15** 分別顯現加工樣本的表面及其模樣)。

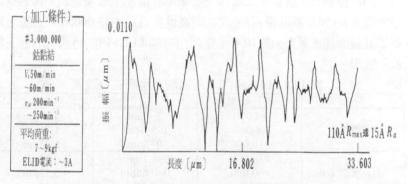

圖 10.26 適當條件形成的加工表面粗度之例

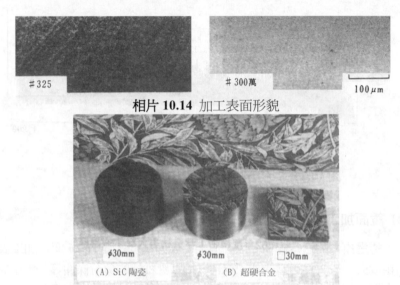

相片 **10.14** 加工表面形貌

相片 **10.15** 加工樣本的模樣

本章嘗試次微米磨粒磨石施行 ELID 研削，穩定的研削特性自不待言，成功實現了縱進方式的超精密研削表面。此外，亦確認了對各種硬脆材料適用 ELID 鏡面研削的效果。另外，針對 ELID 拉磨法，試用 #120,000 拉磨石，選定加工條件，並顯示評價加工效果之例。再者選用奈米級磨粒(50Å 簇狀鑽石)，成功開發世界首見的#3,000,000 磨石，確認了其鏡面加工效果。**表 10.4** 是整理出有關 ELID 研削可適用的磨石粒度一覽表。

表 10.4 ELID 研削所用微細磨粒磨石一覽表

分類	篩目號數	粒度分布/平均粒徑(約)	
① 微米級	#4,000	2~6µm	4.06µm
	#8,000	0.5~3µm	1.76µm
	#10,000	0~3µm	1.27µm
② 次微米級	#30,000	0~1.10µm	0.31µm
	#60,000	0~0.68µm	0.17µm
	#120,000	0~0.50µm	0.13µm
③ 奈米級	#3,000,000	4~6nm (40~60Å)	5nm (50 Å)

參考文獻

1) 大森整，中川威雄：カップ砥石を用いた放電研削によるシリコンの表面仕上（第2報：ロータリー平面研削盤への適用），昭和62年度精密工学会秋季大会学術講演会講演論文集，(1987) 689～690

2) 山田英治，中川威雄：メタルボンド砥石による鉄鋼材料の放電インプロセスドレッシング研削，昭和62年度精密工学会秋季大会講演論文集，(1987) 99～100

3) 大森整，中川威雄：鋳鉄ボンドダイヤモンド砥石によるシリコンの研削加工（第3報：電解研削による複合効果），昭和62年度精密工学会秋季大会学術講演会講演論文集，(1987) 687～688

4) 大森整，中川威雄：鋳鉄ボンドダイヤモンド砥石によるシリコンの研削加工（第4報：超微粒砥石による鏡面研削），昭和63年度精密工学会春季大会学術講演会講演論文集，(1988) 521～522

5) 大森整，中川威雄：フェライトの鏡面研削による仕上加工，昭和63年度精密工学会春季大会学術講演会講演論文集，(1988) 519～520

6) 大森整，中川威雄：鋳鉄ファイバボンド砥石による硬脆材料の鏡面研削，昭和63年度精密工学会秋季大会学術講演会講演論文集，(1988) 355～356

7) 大森整，成田俊宏，中川威雄：固定砥粒複合ラッピングによる仕上加工（第1報：電解複合によるシリコンの鏡面仕上），昭和63年度精密工学会春季大会学術講演会講演論文集，(1988) 589～590

8) 大森整，成田俊宏，中川威雄：固定砥粒複合ラッピングによる仕上加工（第2報：振動アタッチメントの試作），昭和63年度精密工学会春季大会学術講演会講演論文集，(1988) 913～914

9) 大森整，小森憲一，成田俊宏，中川威雄：固定砥粒複合ラッピングによる仕上加工（第3報：微細砥粒砥石を用いたアルミナセラミックスの鏡面仕上），昭和63年度精密工学会秋季大会学術講演会講演論文集，(1988) 203～204

10) 大森整，成田俊宏，中川威雄：固定砥粒複合ラッピングによる仕上加工（第4報：電解ドレッシングを利用した金属材の鏡面ラップ研削），1989年度精密工学会春季大会学術講演会講演論文集，(1989) 369～370

11) 大森整，高橋一郎，中川威雄：マシニングセンタによるラップ研削，1989年度精密工学会秋季大会学術講演会講演論文集，(1989) 759～760.

12) 大森整，中川威雄：サブミクロン砥粒による研削加工，1989年度精密工学会秋季大会学術講演会講演論文集，(1989) 903～904.

13) 大森整，島田満，中川威雄：電解インプロセスドレッシング機構に関する一考察，1990年度精密工学会秋季大会学術講演会講演論文集，(1990) 731～732.

14) 大森整，中川威雄：サブミクロン固定砥粒によるラップ研削（第1報），1991年度精密工学会春季大会学術講演会講演論文集，(1991) 1003～1004.

15) 大森整，中川威雄：サブミクロン固定砥粒によるラップ研削（第2報：#120,000による鏡面加工），1991年度精密工学会春季大会学術講演会講演論文集，(1991) 11～12.

16) 大森整，中川威雄：サブミクロン固定砥粒によるラップ研削（第3報：#3,000,000 [50オングストローム] 工具の試作），1991年度精密工学会秋季大会学術講演会講演論文集，(1991) 613～614.

第11章　ELID削正法的開發

11.1 基於 ELID 研削的精密削正法

本章為確立有關 ELID 研削法在適用鑄鐵黏結鑽石之類高強度金屬黏結超磨粒磨輪技術,乃開發了應用 ELID 研削的精密且高效率削正法,並提出以自動化為前提的新式削正/削銳法。金屬黏結磨輪的削正法,雖然放電加工法也適用,但儘管改變磨輪的形狀容易多了,不過放電所生痕跡(pit)會殘留在磨輪表面,特別針對微細磨粒磨輪而言,不但無法全部凸出有效磨粒,而且鏡面研削也無法有效利用。

本章所要解說的「ELID 削正法」,係作為精密削正技術之一環,以 ELID 研削為前提的生產流程中,被定位為不可或缺的加工手法。

11.2 ELID 削正法 [4],[5]

(1) ELID 削正法的原理

所提出的「ELID 削正法」係如圖 11.1 所示,把 ELID 研削法作為基本原理應用的機械削正手法。本法首先透過①剎車器式削正器(以下簡稱為削正器)的金屬黏結鑽石磨輪,進行 ELID 研削,而實際利用在研削加工的鑄鐵黏結鑽石磨輪等金屬黏結磨輪,施予精密且有效率削正(圖 11.1,A:削正模式);其次於②精密削正的鑄鐵黏結磨輪側,切換電路,進行初期的電解削銳(圖 11.1,B:削銳模式);亦即採取如此 2 種順序的方法。兩種模式個別在金屬黏結磨輪側設(+)電極,而相向各磨輪面的電極設(-)電極,以進行各自適當的電解削銳。

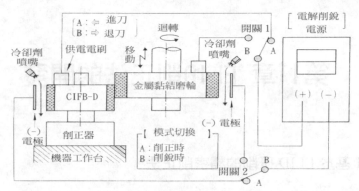

圖 11.1 ELID 削正法的原理

　　本法藉使用強力金屬黏結鑽石當作削正器的 ELID 研削，實現穩定且有高效率的精密削正，透過電路的切換可自動對應削銳作業，因此在 ELID 研削生產現場上達到廣範圍實用，乃成為不可或缺的技術。

(2) 削正及削銳流程

　　圖 11.2 係根據**圖 11.1** 所示原理的削正及削銳流程。工程(A)是削正

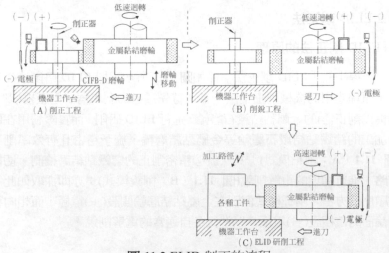

圖 11.2 ELID 削正的流程

器施行 ELID 研削，工程(B)係把削正過的磨輪施行初期電解削銳，而工程(C)則採用此磨輪，實際實施 ELID 研削。

11.3 ELID 削正實驗系統 [4], [5]

(1) 研削機器

實驗所用加工機係山崎 Mazack 公司製造的門形切削中心：VQC-15/40 及車削中心：QT-10N。前者主要是作爲圖 **11.1** 所示利用電解削銳研削的削正基礎實驗用，是適合實驗上用，而後者則爲了剖明藉磨輪削正法的縱進鏡面研削特性差異而選用的。冷卻劑則以自來水 50 倍稀釋市售的水溶性研削液後使用。

(2) ELID 電源

電解削銳用電源是改用自牧野銑床製作所製造的線切割放電加工機用電源：MGN-15W，係以接近 ELID 專用電源的電性條件使用。

(3) 削正器磨輪

削正器磨輪分別選用適用高效率研削的平直形鑄鐵纖維黏結鑽石

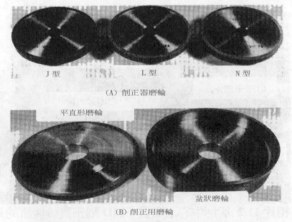

J 型　　　　L 型　　　　N 型

(A) 削正器磨輪

平直形磨輪

盆狀磨輪

(B) 削正用磨輪

相片 11.1 削正器及削正用磨輪外觀

〔CIFB-D：φ150mm 及 φ75mm×W10mm：SD#140(IMS 磨粒)，集中度 100〕以及鈷黏結鑽石磨輪(CB-D 磨輪： φ75mm×W10mm，SD#140 及 #325，集中度 100)(**相片 11.1(A)**：皆爲新東工業公司製造)。

(4) 削正用磨輪

削正用磨輪採用同樣平直形 CIFB-D 磨輪及青銅黏結鑽石磨輪 (BB-D)〔**相片 11.1(B)**〕。至於青銅黏結磨輪同時選用平直形磨輪(φ150mm ×W10mm)及盆狀磨輪(φ150mm×W5mm)(粒度：#140 及#4000：三菱材 料公司製造)。

11.4 ELID 削正的基礎實驗 [4]

(1) 實驗方法

如**相片 11.2** 所示削正器裝上 φ75mm CIFB-D 磨輪，而切削中心則 安裝削正用 φ150mm CIFB-D 磨輪。兩者皆爲 SD#140 及集中度 100， 除了直徑外，其餘皆同一規格。本系統係以**圖 11.1** 所示模式設定，施行 在削正器磨輪賦予 ELID 的 ELID 削正與同一磨輪但不賦予 ELID 的一 般削正兩方式，比較兩磨輪消耗量、削正精度、精磨表面狀態等項目。 此外，在進行各實驗之時，儘量努力使磨輪的初期狀態統一。

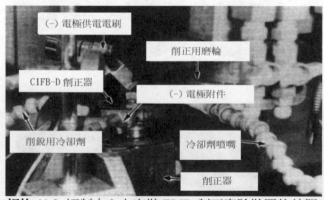

相片 11.2 切削中心上安裝 ELID 削正實驗裝置的外觀

(2) 一般削正特性

首先，ϕ75mm CIFB-D 削正器磨輪不施行 ELID，而嘗試 ϕ150mm CIFB-D 磨輪的一般削正。進刀 100 μm 左右，兩磨輪都有磨耗，而 ϕ150mm 的削正用磨輪的偏轉量不到 10 μm〔**表 11.1(A)**〕。結果削正器與削正用磨輪在同一粒度之下，以周速較大的後者屬強力型，而其減耗比呈現近於直徑比的倒數。

表 11.1 ELID 削正的基礎效果與特性

削正用磨輪：ϕ150mm，CIFB-D，#140	加工條件：S300min^{-1}(ϕ150mm 磨輪)	
	d1μm/5 趟，flm/min	
削正器磨輪：ϕ75mm，CIFB-D，#140	電解條件：E_O：60V,I_P10A，τ 1.5μs	
【實驗方式】	ϕ150mm 磨輪減耗量	削正器磨輪減耗量	磨輪除偏界限
(A) 一般削正	約ϕ42μm	約ϕ113μm	約 10μm
(B)ELID 削正	約ϕ8μm	—	約 2μm

(3) ELID 削正的效果

其次，同樣實驗方式在削正器上賦予 ELID 來進行。結果可知，ϕ75mmCIFB-D 削正器磨輪研削加工(削正)削正用磨輪有效。此情況，削正器磨輪直徑較小，磨耗卻極少，而削正用磨輪的 ϕ150mmCIFB-D 磨輪減耗量(削正量)趨近於偏轉的低減量，如**表 11.1(B)**所示，呈現幾無浪費結果。透過 ELID 削正法，對象磨輪即使與削正器屬同一粒度，削正也是可行的，遠比一般削正可在極短時間減少磨輪偏轉量至 1/5 以下。

(4) 削正用磨輪表面形貌

本基礎實驗顯示施行 ELID 削正的#140CIFB-D 磨輪外觀，如**相片 11.3** 所示。與常用削正的磨輪面比較，可知近於具有高光澤鏡面狀態的平滑度。微細磨粒磨輪的情況，可預測出非此狀態，即無充分發揮研削能力。此外，**相片 11.4** 顯示同一磨輪的表面形貌，而鑽石磨粒也被

研削呈平滑化了。

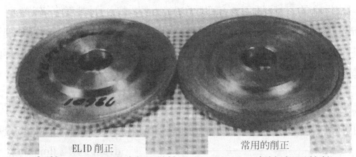

相片 **11.3** ELID 削正過的#140CIFB-D 磨輪表面狀態

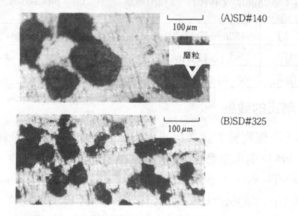

相片 **11.4** ELID 削正過的 CIFB-D 磨輪表面狀態

11.5 ELID 削正的效果與特性 [5]

(1) 實驗方法

透過大約 15min 的電解削銳，施行 CIFB-D 削正器磨輪的初期電解削銳，開始進行 BB-D 磨輪的 ELID 削正實驗。本實驗係以鏡面研削用的微粒 BB-D 磨輪為主要對象，以調查①研削(削正)抵抗的穩定性，②

BB-D 磨輪偏轉量的變化，③磨輪表面形貌，④削正器型別的影響等項目。

(2) 削正時的研削抵抗穩定性

首先，藉#140CIFB-D 削正器磨輪，施行#4000BB-D 平直形磨輪的削正，調查研削抵抗的變動(**圖 11.3**)。加工條件設定 BB-D 磨輪的周速 $\upsilon = 141$m/min，進給速度 f＝1m/min，進刀深度 d＝2μm/3 趟(往覆)，而進行總進刀量 0.4mm 左右的削正。如**圖 11.3** 所示，削正時的荷重 F_n 於賦予 ELID 的情況，大約在 18kgf 點上，呈穩定狀。BB-D 磨輪的殘留研削量，一般認爲幾無發生。ELID 條件當設定無負荷電壓 Eo＝90V、電流 Ip＝50A、脈衝寬 τ_{on} 與 τ_{off} 各爲 2μs 時，ELID 電流在 2A 左右，即呈穩定狀。而一般削正(無 ELID)的荷重 Fn，則因上升而無法穩定。

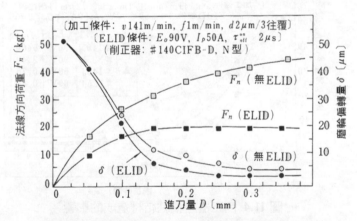

圖 11.3 ELID 削正造成研削抵抗的變動

(3) ELID 削正形成的效果

其次，伴隨削正時間的增加，針對 BB-D 磨輪(平直形)的迴轉振動(偏轉量)變動，予以調查(**圖 11.3**)。在賦予 ELID 的情況，實驗初期出現大

約 50 μm 的 BB-D 磨輪偏轉量 δ，在總進刀量 0.2mm 時(大約 15min)，可減至 3 μm，可確認出良好的削正效果。最後可使磨輪偏轉量減到 2 μm 以下。另一方面，一般削正(無 ELID)雖也嘗試，一如前述，伴隨研削抵抗的上升，肉眼看到青銅黏結的熔著呈銅色般斑點，附著在削正器磨輪表面上，直到最後仍無法消除偏轉狀態。

(4) 削正器磨輪粒度/型別的影響

接著試用結合度 J 型的 CIFB-D 削正器磨輪等項目，其結果如**圖 11.4** 所示研削抵抗可減至 N 型的 1/2 左右，可藉結合度與 ELID 的相乘效果，實現低負荷的削正。加工效率雖有少許不佳，但因低負荷影響，致使無火花研削時，可使磨輪偏轉量降低至 1 μm 以下。研削比 Gr 看起來犧牲很大，但屬低剛性的加工機而言，仍爲允當。

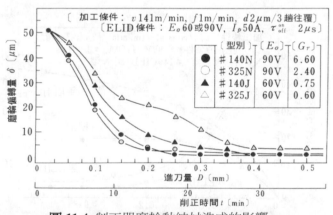

圖 11.4 削正器磨輪黏結材造成的影響

(5) 削正表面形貌

相片 11.5 顯示加工後#4000BB-D 磨輪的表面形貌。在同一加工時間上，J 型較 N 型有較低負荷，加工表面呈現良好狀態，但在最後因無火花研削緣故，兩者都可獲得均一平滑面的削正　而#325 更可使效率與

精度充分發揮,不生妨礙。此外,削正過的磨輪表面,如**相片 11.6** 所示,呈現良好表面光澤。

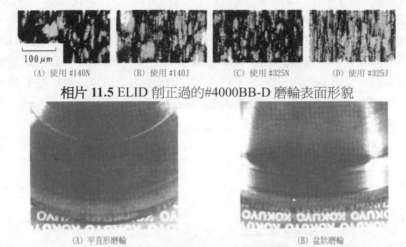

(A) 使用 #140N　　(B) 使用 #140J　　(C) 使用 #325N　　(D) 使用 #325J

相片 11.5 ELID 削正過的#4000BB-D 磨輪表面形貌

(A) 平直形磨輪　　　　　　　　　　　(B) 盆狀磨輪

相片 11.6 ELID 削正過的#4000BB-D 磨輪表面的外觀

(6) 對 ELID 研削的適用

本實驗雖以一般常用的金屬黏結磨輪,來調查 BB-D 磨輪為中心的 ELID 削正特性,但也確認**如圖 11.2** 所示(B)、(C)工程〔有關詳情,請參考文獻 6〕。而採用 ELID 削正後的#140 及#4000BB-D 磨輪,可如**相片 11.7** 所示,實現穩定的 ELID 研削 [1]~[7]。

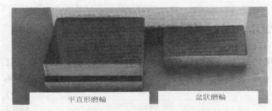

平直形磨輪　　　　　　　　盆狀磨輪

相片 11.7 ELID 削正過的金屬黏結磨輪適用之例
(氮化矽陶瓷的 ELID 鏡面研削之例)

11.6 ELID 削正法的適用方式 [1)~7)]

　　經由上述實驗結果，試圖把 ELID 削正法對應到各種加工方式，予以系統化，因而在 ELID 研削的實用上，可望帶來莫大的利益。包含如**圖 11.1** 所示在切削中心上運用平直形磨輪方式在內，再配合平面磨床、圓筒磨床、拉磨床等各種加工方式、使用磨輪形態，大概可構思如**圖 11.5** 所示那樣分類。若透過如**圖 11.1** 及**圖 11.5** 任何一種型別，或者這些複合形態予以適用的話，在既有大半的加工機(泛用加工機、NC 加工機、專用加工機)上，可望可以獲得廣範圍的實用效果。

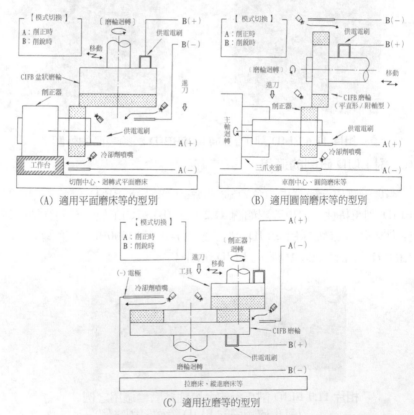

(A) 適用平面磨床等的型別

(B) 適用圓筒磨床等的型別

(C) 適用拉磨等的型別

圖 11.5 ELID 削正法的適用方式

參考文獻

1 ）大森整，成田俊宏，中川威雄：固定砥粒複合ラッピングによる仕上加工（第 4 報：電解ド
　　レッシングを利用した金属材の鏡面ラップ研削），1989年度精密工学会春季大会学術講演会
　　講演論文集，(1989) 369～370.

2 ）高橋一郎，大森整，中川威雄：硬脆材料の高能率加工（第 1 報），昭和63年度精密工学会秋
　　季大会学術講演会講演論文集，(1988) 401～402.

3 ）高橋一郎，大森整，中川威雄：硬脆材料の高能率研削加工（第 2 報：平面研削盤による電
　　解ドレッシング研削），1989年度精密工学会春季大会学術講演会講演論文集，(1989) 355～
　　356.

4 ）大森整，高橋一郎，中川威雄：電解ドレッシング研削を利用したツルーイング／ドレッシ
　　ング法の提案，1989年度精密工学会春季大会学術講演会講演論文集，(1989) 349～350.

5 ）大森整，高橋一郎，中川威雄：電解ドレッシング研削を用いた超砥粒砥石のツルーイング，
　　1989年度精密工学会秋季大会学術講演会講演論文集，(1989) 323～324.

6 ）大森整，中川威雄：青銅ボンド砥石の電解ドレッシング，1989年度精密工学会秋季大会学
　　術講演会講演論文集，(1989) 321～322.

7 ）大森整，勝又志芳，高橋一郎，中川威雄：円筒研削盤による電解ドレッシング鏡面研削，
　　1990年度精密工学会秋季大会学術講演会講演論文集，(1990) 255～256.

第12章　各種材料的ELID鏡面研削特性

12.1 各種材料的 ELID 鏡面研削

透過 ELID 鏡面研削法的開發，實現了以高硬脆性材料為中心的高效率鏡面研削，終可確認常用研削技術所無的種種優越性 [1]~[3]。

然而為使 ELID 研削法更加實用普及，有必要對一般生產現場利用的平面磨床或對應自動化的 NC 切削加工機，如切削中心等既存生產設備加以適用，其技術今後佔有非常重要的意義 [4]~[6]。尤其與半導體/電子材料、光學材料、陶瓷、超硬金屬之新素材比較，如何掌握現今市場規模呈壓倒性鋼鐵材料等常用素材的 ELID 研削特性，並確立其條件之事，可藉改變生產形態而對產業界的影響，可說極大。此外，大多的鋼鐵材料廣泛應用在模具材料上，而 ELID 研削法對模具材料的普及，就造物的進展而言，可謂完成極重要任務。此點倍受矚目 [7]~[10]。

此外，對軟質的不銹鋼 [11]或軟質非鐵金屬代表例之一的鋁合金 [12]，也從傳統的結構用途朝向功能性材料用途，擴大發展更高品位表面加工的實用路線。然而包含常用研削在內的 ELID 研削適用效果，至今可說仍未明朗。另外，其它硬質材料與較軟材料組合而成的複合素材零件，特別是陶瓷與鋼鐵材料的同時加工 [13]或在各種工具材料、電子與光學功能材料上扮演重要角色的鑽石材料 [14]加工等，一般認為適用 ELID 研削法可期待有益處的各種各樣工業材料皆是。不限於鑽石，連硬質切削刀具材質、單晶材料、CVD 素材，甚至塑膠(複合材料)施行 ELID 研削效

果，大都讓人寄予厚望吧！

　　因此本章就包含之前來介紹的各種材料施行 ELID 研削效果或一些嘗試，針對實用化之際認為重要的 ELID 研削特性，舉代表性材料，透過基本實驗，予以調查並整理成如下內容。

12.2 各種材料適用 ELID 鏡面研削的方式

　　本章就適用各種材料的 ELID 研削法，如**圖 12.1** 所示代表的適用方

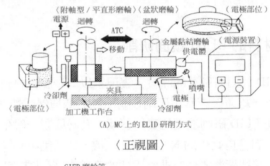

(A) MC 上的 ELID 研削方式

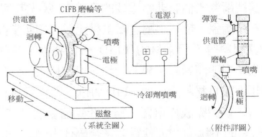

(B) 平面磨床上的 ELID 研削方式

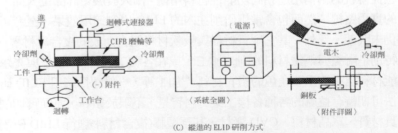

(C) 縱進的 ELID 研削方式

圖 12.1 各種材料適用的 ELID 鏡面研削方式

法。具體而言,透過平面磨床、切削中心(MC)等工具機,予以實現。原理上,如**圖 12.1** 所示,在所用各個金屬黏結磨輪上,設定(＋)電極供電,而相對磨輪面的位置,則裝上(－)電極,接著在磨輪面與(－)電極之間的間隙,供應水溶性研削液,以實施電解創銳。

在 MC 上的 ELID 研削法,依所用磨輪形態可廣泛建構,但一考量到現場的普及性與實用性(亦包括加工表面品位等因素),平面磨床的適用應可期待。平面磨床一般具有臥式磨輪主軸,而工作台係油壓缸驅動的,因此具有微細磨粒的平直形磨輪,亦可適用良好的 ELID 研削。

由至今經驗來談 MC 及平面磨床的適用方式應用到模具材料的 ELID 研削上,可有如**表 12.1** 所示特徵。此外,在面臨 ELID 研削實施之時,宜因應適用的研削方式來適當選定(－)電極材料吧(**表 12.2**)!

表 12.1 MC 及平面磨床施行 ELID 研削方式的特徵

條件 機器	使用磨輪 磨輪型別	工件 材種/形狀/直徑	加工精度 粗度/真直度	加工效率 實際/總時間
MC	盆狀、平直形 (溝槽加工用葉片形)、附軸型及輪廓成形。	·不論材質,有豐富形狀。 ·口/φ100mm 以下較適當。	·高剛性且真直度良好。 ·盆狀磨輪亦可期待良好粗度。	·可以 ATC 交換磨輪。 ·1 次夾定,可有效率鏡面加工。
平面磨床	平直形(溝槽加工用葉片形)。	·不問材質,只限平面及溝槽。 ·口/φ100mm 以上亦可。	·若只要精磨,則可得良好真直度。 ·較盆狀需要細粒磨輪。	·只停留 1 精磨工程。 ·大型工件效率較高。

表 **12.2** ELID 用(一)電極材質的選擇

項目 材質	<成形性>		<適用性>	
	輪廓	整形	平面加工	非平面加工
① 紅銅	切削雖為前提但容易	研削磨輪難以利用	簡單形狀電極容易製作	輪廓電極難製作
② 石墨	切削與研削皆容易	可利用研削磨輪	由安裝至修正皆容易	易忠實製作所要的電極

12.3 ELID 鏡面研削實驗系統

(1) 研削機器

平面磨床是採用 HF-50(JUNG 公司)(**相片 12.1**)及 GS-CHF(黑田精工公司)。此外，門形 MC 則選定 VQC-15/40(山崎 Mazack 公司)。平面磨床是以平直形磨輪施行 ELID 研削，而 MC 則是以盆狀磨輪或附軸型磨輪施予 ELID 研削(平面研削及成形研削)，試圖掌握各種材料的加工特性。在盆狀磨輪施行 ELID 平面研削實驗上，除了深切緩進研削方式〔**相片 12.2(A)**〕之外，也嘗試在 MC 上設置工件可迴轉工作台的縱進研削方式〔**相片 12.2(B)**〕，同時也使用臥式縱進磨床(湘南工程公司)。

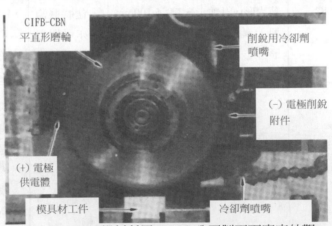

相片 12.1 ELID 研削所用 JUNG 公司製平面磨床外觀

　　ELID 電極是在 HF-50 之上，設置石墨製材質，而其它加工機上，則裝置紅銅製材質，各間隙取 0.1mm 左右。至於磨輪台金部位乃藉碳刷當(＋)電極，進行供電，而與磨輪呈對向的電極，則當(－)電極，以進行 ELID 研削。**相片 12.3** 顯示 ELID 研削用附件之一例。

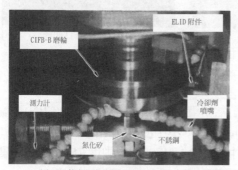
(A) MC 施行深切緩進 ELID 研削裝置模樣

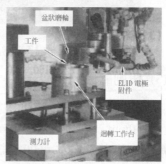
(B) MC 施行縱進 ELID 研削裝置模樣

相片 12.2 MC 上施行 ELID 研削

◀(A) 盆狀磨輪用

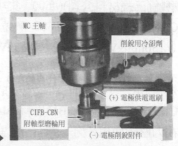

(B)附軸型磨輪用 ▶

相片 12.3 ELID 研削用附件外觀

(2) ELID 電源

　　ELID 用電解電源在基本實驗上，改自放電加工電源：MGN-15W(牧野銑床製作所)及 SUE-87(Sodick 公司)。此外，ELID 專用電解削銳電源裝置(富士模具公司)及 ELID PULSER：EDD-04S 型(新東 Breiter 公司)**(相片 12.4)**，也適當用於加工試驗。

(A) ED630（60V，30A）　　　　　　　　(B) EDD-04S(140V, 3A)

相片 12.4 所用的主要 ELID 電源裝置

(3) 研削磨輪

平直形磨輪採用鑄鐵(纖維)黏結鑽石/CBN(CIFB、CIB-D/CBN)磨輪
(φ150mm 及 φ200mm×W10mm：#140，集中度 100；#170，集中度 100；
#325，集中度 100；#600，集中度 100；#1200，集中度 75；#2000，集
中度 75；#4000，集中度 50)(新東 Breiter 公司)。

而盆狀磨輪則選用 CIB-CBN 磨輪(富士模具公司)、CIFB-CBN、鐵
系黏結 CBN(SB-CBN)磨輪(新東 Breiter 公司)、青銅黏結 CBN(BB-CBN)
磨輪(三菱材料公司)(#600，集中度 100 及#1200，集中度 75)，以及電鑄
CBN(NB-CBN)磨輪(#600，磨粒層 0.1mm)(旭鑽石工業公司)(上述規格為
φ150mm×W5mm 或 φ75mm×W3mm)。

此外，就試用在不銹鋼、鋁合金的 ELID 研削用附軸型磨輪而言，
是在 MC 上，透過直柄式筒夾把 φ15mm×W10mm 及 φ30mm×W20mm，
CIFB-CBN 或 SB-CBN 磨輪(#140、#400、#1000，集中度各為 100)，裝
在刀座內使用。另一方面，針對複合材料則試用複合磨粒型鑄鐵纖維黏
結磨輪(CIFB-D・B，表 12.3)。

表 12.3 使用的複合磨粒型鑄鐵纖維黏結磨輪

No.	粒度 （粒度分布：平均）	形狀規格	集中度	
			SD	CBN
①	#140 （88~105μm）	φ75mm，寬 W5mm	75	75
②	#4,000 (2~6μm：平均 4 μ m)	φ200mm，寬 W5mm	25	25

(4) 工件及其它

工件上，首先使用如**表 12.4** 所示代表性鋼鐵材料(模具材料)。此外，複合素材之例如氮化矽(Si_3N_4)陶瓷與不銹鋼(SUS420)，如**圖 12.2** 所示，進行同時研削。另外，**表 12.5** 顯示試削用鑽石材料。

表 12.4 工件用的主要鋼鐵材料

工件	HRC(HV)
SKH9	63
SKH51	62
SKD11	59
S45C	10（203）
SUS420	57（636）
SKS3	59（677）
SKH54	65（812）

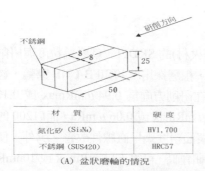

材　質	硬　度
氮化矽（Si_3N_4）	HV1,700
不銹鋼（SUS420）	HRC57

(A) 盆狀磨輪的情況

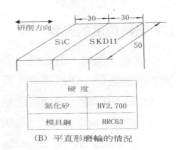

硬　度	
氮化矽	HV2,700
模具鋼	HRC63

(B) 平直形磨輪的情況

圖 12.2 ELID 研削試用複合素材之例

表 12.5 試削的鑽石材料

No.	鑽石種別	形狀，規格	製造廠商名稱
1	薄膜鑽石	10 × 10mm，10μm 厚	精工工具公司
2	燒結鑽石	φ20mm，1mm 厚	東芝鎢合金公司
3	燒結鑽石	φ2″，1mm 厚	Devias 工業公司
4	單晶鑽石	單晶削銳器	旭鑽石工業公司

冷卻劑(研削液)是把市售的水溶性研削液：AFG-M(Noritake 公司)，

以自來水稀釋 50 倍後使用。此外，研削抵抗採用應變計式研削分力計(AMTI)及量測處理軟體(Cosmo 設計公司)。加工表面粗度則選用鑽石探針的接觸式表面粗度儀：Surftest 501(三豐公司)。

12.4 模具材料(鋼鐵材料)的 ELID 鏡面研削事例 [10]

(1) 實驗方法

加工實驗之前，透過裝上#100C 磨輪的刹車器，進行對 CIFB-CBN 磨輪的削正。其次，使用#140CIFB-CBN 磨輪或#1200CIFB-CBN 磨輪，粗磨工件後，再以#4000CIFB-CBN 磨輪，施行 ELID 鏡面研削實驗。此外，各磨輪先在研削實驗開始前，經 10~15min 的電解削銳，做好初期削銳工作。至於研削特性，主要是就有關工件或磨輪粒度造成精磨表面粗度差異，進行調查。

(2) 磨輪粒度的影響

代表性鋼材，選定模具鋼(淬火材)的 SKD11，就磨輪粒度與研削表面粗度的關係，予以調查。首先，粗磨採用#140CIFB-CNB 磨輪，經施行 ELID 研削時，研削表面粗度在研削方向為 0.94μmRmax 或 0.17μmRa。此外，#600 的情況為 0.38μmRmax 或 0.06μmRa，而#1200 的情況為 169nmRmax 或 29nmRa，表面粗度幾呈直線性改善。另外，使用#4000CIFB-CBN 磨輪進行 ELID 研削時，可得 67μmRmax 或 10nmRa，可確認出微粒磨輪顯現適當的磨粒凸出效果。在#140 磨輪情況，與研削方向呈垂直方向的表面粗度約為研削方向的 2 倍，不過在#4000 的情況，卻呈相同程度。

(3) 加工方式與效率

於 MC 上使用盆狀磨輪的精磨方式，係透過#600CIFB-CBN 磨輪，對 SKD11 可實現鏡面研削。相對此的平面磨床因#4000 屬必要的，結果當然會使除去能力低落(容許進刀之例：#600 為 10μm；#4000 為 2μm)。然而實際上若為 80 ×80mm 以上工件時，前者由於加工穩定性緣

故，磨輪直徑需要φ250mm 以上才行，如此反而陷於不利。此處透過平面磨床施予加工實驗約花了 15min，橫跨 80 × 80mm 整個面，達到了鏡面加工。因此可說愈大型工件，愈能發揮實用上的效率。

(4) 工件的影響

其次，針對工件種類的不同造成加工表面粗度差異，予以調查。最後精磨是使用#4000CIFB-CBN 磨輪，結果顯示如**表 12.6** 所示各工件的精磨面粗度。由表來看，高硬度的淬火材精磨面粗度仍可獲得良好狀態，對於 SKD、SKH 等任何一種，都可到達 60nmRmax 境界。SUS 及生材的 S45C，亦可精磨至 60~100nmRmax 的鏡面效果。任何材料皆顯現穩定狀，可作鏡面研削，實際上經連續 12 小時的鏡面研削，也有實現的可能。有關鑄鐵雖不能以 Rmax 值直接評價，但加工表面上的石墨以外基地部位，全呈極佳鏡面狀態。

表 12.6 工件(鋼鐵材)的 ELID 研削表面粗度(#4000)

No.	工件	研削表面粗度	
		Rmax〔nm〕	Ra〔nm〕
1	SKD61	44	8
2	SKS3	52	8
3	SKH54	65	10
4	SKD11	67	10
5	SUS420	75	11
6	S45C	80	12
7	SUS316	108	14
8	FC25	225	22
9	FCA5	428	31

(5) 加工條件的影響

針對研削條件造成的影響，予以一些調查。首先，工作台進給速度變化在 5~20m/min 之內，但無顯著表面粗度變動。亦即以標準速度是可

充分利用的。而移動間距在 0.8~1mm 之間，也是充分穩定的。電解削銳條件設定無負荷電壓 Eo=120V，平均實電流 Iw=1.3~1.8A、脈衝時間 τ_{on}=5μs 及 τ_{off}=1.5μs 時，呈穩定狀，可施予鏡面研削。進刀 d 的影響，就 SKD、SKH 及 SKS 而言，並無顯著變化，但在 SUS 及 S45C 方面，d=2μm 時是 d=1μm 時的 1.5 倍左右，加工表面粗度明顯惡化。但在法線研削抵抗上，Fn 約為 2kgf，呈低負荷狀態。

(6) 研削表面粗度與鏡面形貌

　　圖 12.3 顯示代表性加工精度，**相片 12.5** 為加工表面形貌的典型之例，而**相片 12.6** 顯現鏡面研削過各種鋼鐵材料的樣本。任何材料不論真直度、表面粗度、均一性皆良好，一般認為常用的平面磨床是可以獲得充分的加工精度。此外篇幅所限，予以割愛，不過硬脆材料(氮化矽、碳化矽、矽、玻璃等等)亦同樣可作鏡面研削。

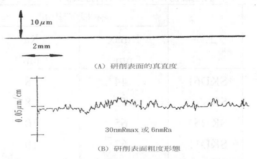

(A) 研削表面的真直度

30nmRmax 或 6nmRa

(B) 研削表面粗度形態

圖 12.3 ELID 研削表面精度的量測例 (真直度及表面粗度)

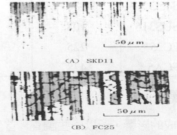

(A) SKD11

(B) FC25

相片 12.5 ELID 研削表面形貌典型之例

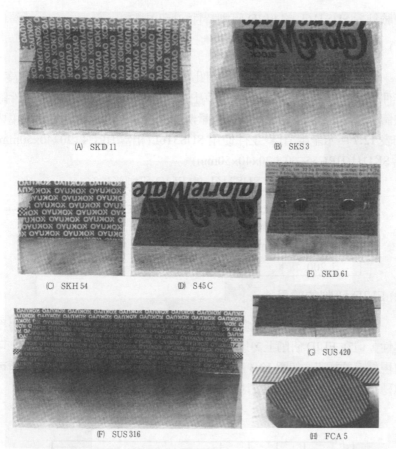

相片 **12.6** ELID 鏡面研削過的各種鋼鐵材料樣本

12.5 不銹鋼的 ELID 鏡面研削特性 [11)]

　　SUS316L 係屬奧斯田鐵型不銹鋼，其性不如麻田散鐵型不銹鋼具有淬硬性，而不被當作模具鋼使用，一般認為具軟質且黏性特徵的材種。因此，研削加工時的切屑，呈連續性排出，特別是在使用金屬黏結磨輪時，會附著在磨輪表面上，容易發生燒焦現象而成為研削上的問題。本

實驗針對 SUS316L 的 ELID 研削特性，予以調查。

(1) 實驗方法

　　主要是調查磨輪的磨耗量，因此在加工前與後，量測磨粒層厚度、工件厚度，根據其差與剖面積，算出損失體積，以求得研削比(工件除去體積/磨輪磨耗體積)。此外，也量測加工表面粗度。研削條件，主要如**表 12.7** 所示記載項目。工件使用 SUS316L(相當 HRC4，20x40x50mm)及 SKD11(HRC55~60，20x40x50mm)。

表 12.7 SUS316L 的 ELID 研削條件

磨輪周速	進給	進刀	總進刀量
V 〔m/min〕	f 〔mm/min〕	d 〔μm/趟〕	〔μm〕
1,200	100	5	300

(2) ELID 研削的效果

　　SUS316L 施予一般研削時，切屑容易附著於磨輪面上，難以獲得穩定性，但在 ELID 研削上，以盆狀磨輪施行平面的深切緩進研削時，可實現穩定的加工。如**圖 12.4** 所示，不但可持續穩定低的研削抵抗，還可以穩定狀態連續達到總進刀量 300 μm 的研削加工。

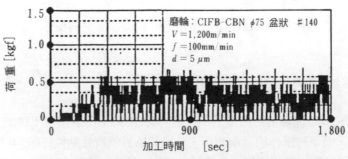

圖 12.4 SUS316L 材施行 ELID 研削抵抗的穩定性

(3) 工件與外加電壓造成的影響

為了比較而用的 SKD11，如圖 12.5 所示，可得 SUS316L 大約 20 倍的研削比(使用 CIFB-CBN 磨輪)。這些結果一般認為因切屑行為或性質差異而引起的。此外，該圖也顯示不同 ELID 電壓條件的研削比。

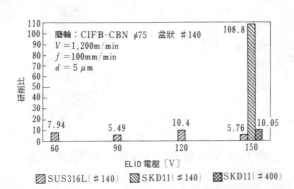

圖 12.5 工件及外加電壓造成研削比的差異

(4) 微粒磨輪的精磨

圖 12.6 顯示#1000CIFB-CBN 磨輪形成的表面粗度形態，可透過 ELID 研削獲得鏡面形貌的加工面。此外，該圖亦顯現加工樣本。

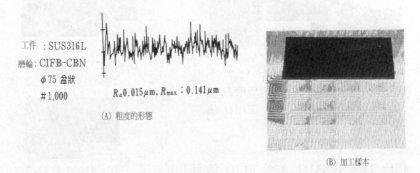

圖 12.6 #1000CIFB-CBN 磨輪形成 ELID 研削表面粗度形態及加工樣本

(5) 磨輪黏結材的影響

圖 12.7 顯示磨輪種別的研削比量測結果。SB 磨輪係在基地內不含纖維的鐵系黏結磨輪[15]。本結果一般認為磨粒分散狀態差異而有此影響。

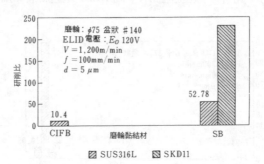

圖 12.7 磨輪種別(基地)導致研削比的差異

(6) 小徑附軸型磨輪的研削結果

相片 12.7 係經 φ 15mm×W2mm 附軸型磨輪縱進研削圓筒內圓形狀

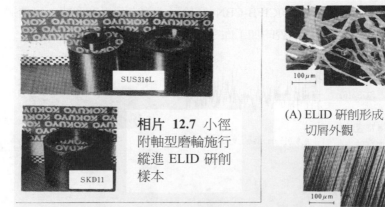

相片 12.7 小徑附軸型磨輪施行縱進 ELID 研削樣本

(A) ELID 研削形成切屑外觀

(B) #1000 磨輪造成 ELID 鏡面研削狀態

相片 12.8 SUS316L 施予 ELID 鏡面研削效果→

工件後加工表面的外觀。下面的相片為 SKD11，有段差的底面經電解削銳後，再經一般研削，但只用#140 竟可獲得所謂鏡面狀態，可說奧妙所在。另一方面 SUS316L 有關同樣段差面，採用 ELID 研削卻不可得鏡面狀態。SUS316L 切屑排出形狀可能不順暢，所以加工困難。如**相片 12.7** 所示 SUS316L 材料的左側形狀的話，使用#400 施行 ELID 研削，可以實現鏡面形貌。

(7) SUS316L 加工的總評

有關 SUS316L 施行 ELID 研削，從切屑的連續性〔**相片 12.8(A)**〕可以找出來許多的特徵。一般認為大概經過切屑附著造成過電解，導致磨輪消耗意外增多，與 SKD11 比較，研削比較低。

ELID 電壓一般認為從這個觀點確有最佳值存在。此外，精磨方面採用#1000 盆狀磨輪，雖可得鏡面形貌〔**相片 12.8(B)**〕，但存在一些肉眼看得很明顯的條痕。磨輪磨粒至#1000 左右，一般認為是適用範圍。至於適用磨輪，根據此處的實驗結果，可知 SB 較 CIFB 的磨耗量少。其理由推測因 SB 磨輪在磨粒層的基地排除纖維而獲得均一磨粒分散，成為有效磨粒均一分布的同時，連續性研削切屑不會局部附著，因而呈穩定狀而得到 ELID 效果吧！

12.6 不銹鋼與陶瓷的同時 ELID 研削 [13)]

作為新素材的複合材料有多種不同形態，當中的硬脆材(陶瓷)與延性材(鋼鐵材)的複合體加工，可謂困難重重。

其研削加工上，存有如**表 12.8** 所示問題，因而在模具或機械油封的製造上，強烈要求解決及改善。因此本節就 ELID 研削法，嘗試鑽石磨粒與 CBN 磨粒的複合型鑄鐵纖維黏結磨輪(**表 12.3**)是否適用。其適用效果，可如**表 12.9** 所示，寄予厚望。藉此，寄望解決**表 12.8** 的一些問題。

表 12.8 複合素材在研削加工上的課題

① 鑽石磨輪在加工鋼鐵部位時，會發生磨粒的化學上磨耗，易生伴隨負荷上升的熔著(seizure)現象；
② CBN 磨輪加工陶瓷部位不容易；
③ 因此，任何磨輪種別要進行穩定且高精度加工皆困難。

表 12.9 複合磨粒磨輪所期待的適用效果

① 基本上，CBN 磨粒有助於鋼鐵材部位的研削；
② 基本上，鑽石磨粒有益於陶瓷部位的研削；
③ CBN 磨粒儘管在陶瓷部位磨耗，亦可以 ELID 恢復；
④ 鑽石磨粒即使在鋼鐵材部位磨耗，也可以 ELID 恢復；
⑤ 此外，有關任何磨粒的塞縫因可藉 ELID 效果除去，所以可確保複合磨粒的凸出，呈穩定化。

(1) 實驗方法

實驗之前，先以電解削銳所用的磨輪，時間大約 15min。之後，依單一磨粒磨輪(CIFB-D 及 CIFB-CBN)、複合磨粒磨輪(CIFB-D・B)之順序，嘗試複合素材的同時研削，調查研削抵抗的穩定性及表面粗度、表面形貌。

(2) 鑽石磨輪研削複合材

首先，單一磨粒磨輪是採用鑽石磨輪(CIFB-D)，嘗試複合素材施行 ELID 研削。其結果如**圖 12.8(A)**所示，研削抵抗上升或下降皆激烈，不可進行穩定的切削。一般認為上升時，發生磨粒的化學性磨耗、黏結材與工件的接觸，而在下降時，則生磨粒脫落或空洞現象。ELID 實際電流為 5A，偏高。

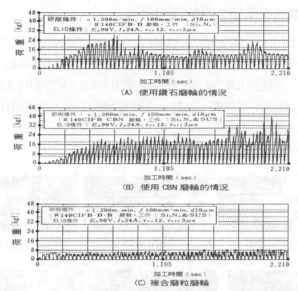

圖 12.8 磨輪種別對複合素材的 ELID 研削抵抗行為

(3) CBN 磨輪研削複合材

其次，使用同樣單一磨粒磨輪的 CBN 磨輪(CIFB-CBN)，嘗試複合素材施行 ELID 研削。結果，其研削抵抗如**圖 12.8(B)**所示，呈極高狀態，可知氮化矽陶瓷部位受 CBN 磨粒的機械性磨耗激烈。因此，此情況伴隨高負荷的研削殘餘量也很大，無法穩定研削，工件除去有困難。

(4) 複合磨輪研削複合材的效果

接著，嘗試複合磨粒磨輪(CIFB-D・B)施行 ELID 研削複合素材。結果如**圖 12.8(C)**所示，單一磨粒磨輪經確認可以維持單一磨粒磨輪無法實現低負荷且穩定的研削特性。此情況，ELID 電流大約為 2.5A，可知可減低至鑽石單一磨粒情況的幾分之一。透過本實驗，一般認為驗證了如**表 12.9** 所示預測的效果。

(5) 複合磨輪研削複合材的表面形貌

相片 **12.9** 顯示各種情況經 ELID 研削後的磨輪表面及其形貌。**相片 12.9(A)①**的 CIFB-D 磨輪面上，可看到不銹鋼熔著痕跡，而**相片 12.9(A)②**，則見到 CIFB-CBN 磨輪呈平滑傾向。至於**相片 12.9(A)③**的複合磨輪，則呈正常狀態。此外，在複合磨輪情況，可得潔淨研削表面〔**相片 12.9(B)**〕，加上微細削正效果，經確認可改善 2 倍左右的表面粗度〔**圖 12.9(A)及(B)**〕。

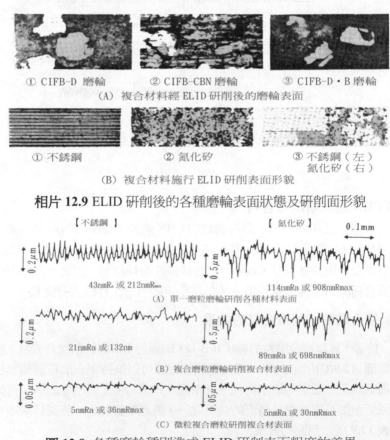

① CIFB-D 磨輪　　② CIFB-CBN 磨輪　　③ CIFB-D・B 磨輪
(A) 複合材料經 ELID 研削後的磨輪表面

① 不銹鋼　　　② 氮化矽　　　③ 不銹鋼（左）
　　　　　　　　　　　　　　　　　　氮化矽（右）
(B) 複合材料施行 ELID 研削表面形貌

相片 12.9 ELID 研削後的各種磨輪表面狀態及研削面形貌

【不銹鋼】　　　　　　　　　　【氮化矽】　　　0.1mm

43nmRa 或 212nmRmax　　　　114nmRa 或 908nmRmax
(A) 單一磨粒磨輪研削各種材料表面

21nmRa 或 132nm　　　　　　89nmRa 或 698nmRmax
(B) 複合磨粒磨輪研削複合材表面

5nmRa 或 36nmRmax　　　　　5nmRa 或 30nmRmax
(C) 微粒複合磨粒研削複合材表面

圖 12.9 各種磨輪種別造成 ELID 研削表面粗度的差異

(6) 微細複合磨輪的研削效果

透過微粒複合磨輪(#4000CIFB-D・B)，也嘗試 ELID 鏡面研削。**圖 12.9(C)**顯示研削表面粗度。研削抵抗與一般 ELID 研削(非複合素材情況)比較，稍高(約 1.5 倍)，而除去效率在 1/3~1/2 之間，可實現鏡面研削(**圖 12.10 及相片 12.10**)。

(7) 複合素材施行 ELID 研削的特徵

從複合素材施行 ELID 研削實驗來看，可知 ELID 電流是一般 ELID 研削時的 2 倍左右，呈穩定化。

一般認為這是與非複合材加工時比較，磨粒磨耗大的關係所致。

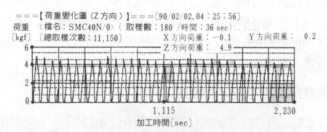

圖 12.10 微細複合磨粒磨輪施行 ELID 研削的穩定性

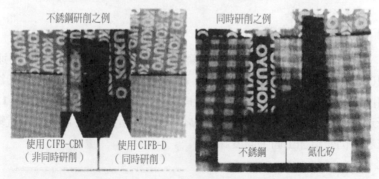

相片 12.10 複合磨粒磨輪施行 ELID 研削樣本

12.7 鑽石的 ELID 研削效果 [14)]

近年來，隨著鑽石製造技術的提高，以切削刀具中心的燒結鑽石等
應用領域也逐漸擴大起來。薄膜鑽石也是功能性材料之一，寄厚望於將
來應用技術的擴展。不過鑽石的加工由於會發生磨粒破碎問題，因而使
用鑽石磨輪施行的研削加工難以適用，多半仰賴拉削之類的加工。由加
工效率觀點來看，不能期待成本降低，是爲現今窘況。因此本節就鑽石
施行 ELID 研削，並針對其效果，予以調查及整理。

(1) 實驗方法

先以大約 15min 的電解削銳，對所用 CIFB-D 磨輪施予初期削銳，
再用於各種鑽石的研削加工上。主要以 MC 上施行深切緩進研削及平面
磨床上施予快速進給研削，並量測各種情況的研削抵抗。此外，選擇適
當方式，也嘗試單晶鑽石、薄膜鑽石的研削。兩者皆以一般研削與 ELID
研削方式，進行比較。

(2) 燒結鑽石施行 ELID 研削

改變加工方式，嘗試燒結鑽石的研削。在 MC 上，使用盆狀磨輪，
而在平面磨床上，則選用平直形磨輪。

① 深切緩進研削方式

首先，試行 #140 盆狀磨輪的研削。條件設定磨輪周速 υ
=1000m/min、進給 f=50mm/min、進刀 d=1~2μm。一般研削上，法線
研削抵抗上升，即生熔著現象。相對此的 ELID 研削，雖可如**圖 12.11**
所示獲取穩定化，但對圓形工件(ϕ20 mm)而言，從 1 趟研削抵抗變動
來看，仍殘留加工面平面度課題。

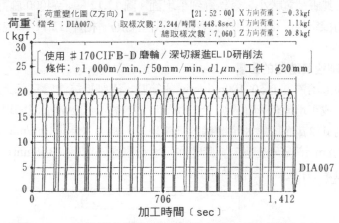

圖 12.11 燒結鑽石施行深切緩進 ELID 研削的穩定性

② 快速進給研削方式

相對此的平面磨床經適用橫進研削時，從 $\phi 20mm$ 至 $\phi 2''$ (英吋) 之間，可達到穩定的研削。由於間距定在 0.5~1mm 之間，使用盆狀磨

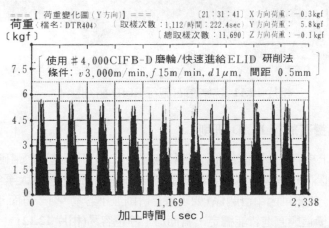

圖 12.12 燒結鑽石#4000 磨輪快速進給 ELID 研削的穩定性

輪時,其研削寬較小,容易得到平坦面。**圖 12.12** 顯示#4000 施行 ELID
研削的穩定性(一般研削時,發現了黑色條痕)。**相片 12.11** 顯現各種加
工樣本。

③ 研削速度造成的影響

在進給速度 f=50~100mm/min 的範圍,研削抵抗儘管呈穩定狀態,
但加工成平坦面仍困難。當 f=20m/min 時,在 d=1μm 情況顯現良好,
但一到 d=2μm 即增加了磨輪的逃讓現象。結果,f=5~10m/min 之間的
d=1~2μm 情況,最穩定,此時亦可進行直進研削(寬 B=5mm) 。一般
認為這是磨粒吃入工件最好的條件。

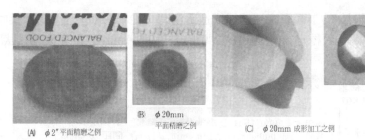

相片 12.11 燒結鑽石施行 ELID 研削樣本

(3) 單晶鑽石施行 ELID 研削

由以上來看,一般認為平面磨床施行的 ELID 研削適合於最硬材料
的研削,因而以同樣方式,嘗試單晶鑽石的研削。研削寬最大至 2mm
程度,但一般研削因平滑關係,要求穩定研削並不容易。另一方面,ELID
研削上,橫進與直進皆能穩定,斜面加工等也容易(**相片 12.12**)。

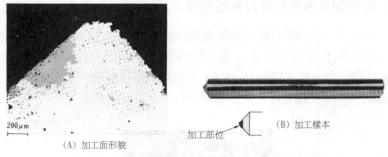

（A）加工面形貌　　　（B）加工樣本

相片 12.12　單晶鑽石施行 ELID 研削狀態

(4) 薄膜鑽石施行 ELID 研削

接著，嘗試薄膜鑽石的 ELID 研削。本工件只有 10 ×10mm 大小而已，使用盆狀磨輪施行的深切緩進研削不難。加工表面選擇 #140~#4000CIFB-D 磨輪，皆可進行鏡面加工。**相片 12.13** 顯示 #4000CIFB-D 磨輪造成的 ELID 研削表面。此外，本研削表面粗度形態之例，可如**圖 12.13** 所示，達到良好狀態的 30nmRmax。

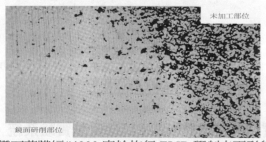

相片 12.13　鑽石薄膜經#4000 磨輪施行 ELID 研削表面形貌

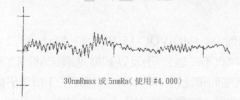

30nmRmax 或 5nmRa(使用 #4,000)

圖 12.13　鑽石薄膜施行 ELID 研削表面粗度形態之例

(5) 鑽石加工表面粗度與表面形貌

接著比較各種鑽石材的研削表面形貌。**相片 12.14** 顯示燒結鑽石與單晶鑽石的 ELID 研削表面。燒結鑽石由於具有素材粒度與磨輪粒度的關係，沒有適當粒度(#4000~#8000)就無鏡面形貌顯現，而單晶鑽石、薄膜鑽石皆因對磨輪粒度不夠靈敏而較易進行鏡面研磨。

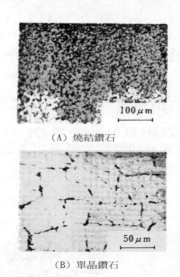

（A）燒結鑽石

（B）單晶鑽石

相片 12.14 燒結鑽石及單晶鑽石的 ELID
研削表面形貌

12.8 藍寶石、塑膠材料的 ELID 研削實驗系統

(1) 研削機器

採用門形切削中心(MC)VQC-15/40(山崎 Mazack 公司)、立式精密迴轉式磨床 RGS-60(不二越公司)及臥式縱進磨床(湘南工程公司)。這三款皆安裝電極(接觸面積比為 1/6~1/4)，以備用於 ELID 研削 [16]~[18]。此外，MC 上因應實驗內容，搭載迴轉工作台而改用之。

(2) 研削磨輪

使用鑄鐵纖維黏結 SD/CBN(CIFB-D/CBN) 磨輪、青銅黏結 SD/CBN(BB-D/CBN)磨輪 [19]及鈷黏結 SD/CBN(CB-D/CBN)磨輪 [20]，而形狀分為 φ200mm、φ150mm×W5mm 盆狀及 φ150mm×W10mm 平直形磨輪兩類。磨輪粒度採用如下 9 種：#140、#325、#600、#1200、#2000、#4000、#6000、#10000(平均磨粒直徑大約 1.27μm）及#30000(平均磨粒直徑大約 0.53μm)(富士模具公司、新東 Breiter 公司)。

(3) ELID 電源及研削液

電解電源主要選用 ELID 專用電源(富士模具公司)。此外，ELID 用研削液是採用至今所用一般水溶性研削液 AFG-M(Noritake 公司)，經 50 倍自來水稀釋液體。

(4) 工件

選用藍寶石(φ27mm，1102 面)及 PMMA(三菱 Rayon 公司)施予 ELID 研削。所用的 PMMA 平均靜力學、機械性質，則如**表 12.10** 所示。

表 12.10 PMMA 的靜力學及機械性質

比重	抗拉強度〔kgf/mm^2〕	伸長比〔%〕	縱彈性率〔kgf/mm^2〕	抗壓強度〔kgf/mm^2〕	抗彎強度〔kgf/mm^2〕	硬度
1.19	7.4	5~6	3.0~3.2	12~13	11	M92~93
光透過率	93%		• 表面硬度大，耐候性亦佳。			
屈折率	1.49		• 熱穩定性未必良好。			

(5) 研削抵抗量測系統

實驗上為能在線上量測研削抵抗，乃以 A/D 轉換器當媒介，把測力計訊號輸入個人電腦：PC9801VX(日本電氣公司)，再經數據處理軟體(Cosmo 設計公司)處理、記錄及解析。而藍寶石與 PMMA 的鏡面研削效果，如以下顯示。

12.9 藍寶石的 ELID 鏡面研削效果

(1) 縱進式磨床進行 ELID 研削

① ELID 研削所需主要工程與條件

　　首先，在面臨縱進式磨床對藍寶石施行 ELID 鏡面研削，如**表 12.11** 所示適用的主要工程。前加工表面約為 4μmRmax，而初期偏轉量大約為 5μm。所用的加工機可作定壓進刀，因此調查各粒度進刀可能的速度。以#1200 而言，可設定在平均為 20μm/min，而#6000 來說，平均為 12μm/min。

表 12.11 ELID 研削所需主要工程

	粗磨	中磨	精磨	磨輪周速與工件迴轉
工程 I	#1,200	—	#6,000	周速： υ 334m/min
工程 II	#1,200	#6,000	#10,000	工件： υ_w500min^{-1}(反轉)

② 磨輪粒度形成的加工表面粗度與加工表面形貌

　　其次，調查磨輪粒度造成加工表面粗度的差異(**圖 12.14**)。若用

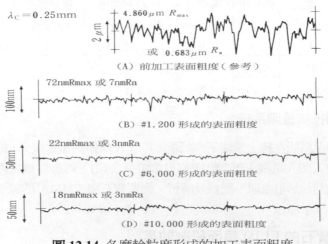

$\lambda_C = 0.25$mm　　4.860μm R_{max}

2μm　　或 0.683μm R_a

(A) 前加工表面粗度（參考）

72nmRmax 或 7nmRa　　100nm

(B) #1,200 形成的表面粗度

22nmRmax 或 3nmRa　　50nm

(C) #6,000 形成的表面粗度

18nmRmax 或 3nmRa　　50nm

(D) #10,000 形成的表面粗度

圖 12.14 各磨輪粒度形成的加工表面粗度

#6000，可得 18~28nmRmax 或 3~4nmRa 的鏡面，作為中磨、精磨粒度用是妥當的。而#10,000 則較#6000 稍佳，可得 16~18nmRmax 或 3~4nmRa。**相片 12.15** 顯示各粒度造成研削表面形貌。就#1200 而言，會殘留空洞之面(**相片 12.15②**) 。如果全部不消除，即使是#6000 也不會成為完全鏡面(**相片 12.15⑤**)。此處要注意的是，#1200 及#6000 的加工，實際除去量約需 20μm 才行。

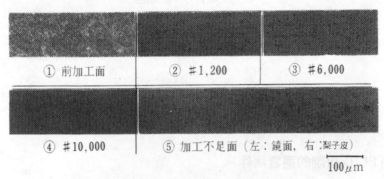

相片 12.15 各磨輪粒度造成的研削表面形貌

(2) MC 施行的 ELID 研削實驗

① 使用磨輪粒度與研削條件

　　為了掌握縱進式磨床造成的研削負荷，在 MC 上也以同一系統，進行研削分力解析。進刀速度 d 依#1200 及#6000 分別設定 2.1μm/min，而磨輪周速 υ 則仿效縱進式磨床，設定 334m/min(反轉)。

② 磨輪粒度與研削抵抗、ELID 電流

　　圖 12.15 顯示各粒度造成研削抵抗的變動。在#1200 方面，荷重上升變鈍，呈飽和傾向。而#6000 及#10,000 方面，則隨進刀量增加而有上升傾向。在#1200 方面，ELID 實際電流為 1~1.5A(Eo=90V，Ip=24A，τ_{on}=12μs，τ_{off}=3μs)。在#6000 方面，則成為 1.5~2A，而在#10,000 方面，可看出 2A 左右，為適當電流(同條件之下)。

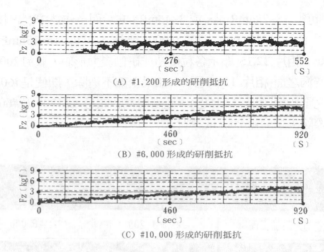

(A) #1,200 形成的研削抵抗

(B) #6,000 形成的研削抵抗

(C) #10,000 形成的研削抵抗

圖 12.15 各磨輪粒度造成的研削抵抗變動

(3) ELID 研削的適當條件

由以上來看，藍寶石施行 ELID 鏡面研削最低需要 2 個工程，精磨粒度使用#6000 是妥當的。磨輪周速爲獲得足夠 ELID 電流而強制降低，總進刀量在#1200 爲 30 μm，在#6000 爲 20 μm 左右，而負荷希望在 Fz=6kgf 這樣結果。**相片 12.16** 顯示藍寶石施行 ELID 鏡面研削樣本的模樣，可得良好透明度。

相片 12.16 藍寶石施行 ELID 鏡面研削之例
(由左依序爲前加工件、單面鏡面及雙面鏡面)

12.10 塑膠材料的 ELID 鏡面研削效果 [22],[23]

　　隨著高科技的進步，以及光電技術的高度化，塑膠系列材料要求超精密機械加工，日益增漲。在這當中，塑膠施予鏡面加工採用單晶鑽石車刀等的切削加工，仍是主流。然而，這種加工方式因強烈受到機械精度等的影響，因此為了實現良好的鏡面形貌需要，現況仍不得不依賴高精度的專用機。本節就舉光電對象材料的代表性塑膠 PMMA，針對 ELID 鏡面研削適用的可能性，予以調查結果，整理如下。

(1) PMMA 期待 ELID 鏡面研削的效果

　　PMMA 係 polymethylmethacrylate 的簡稱，其優異的光學性質，大都應用在透鏡等的光學零件上。此材料具有熱不穩定特徵，其鏡面研削有必要對微粒磨輪的適用與加工中發生磨輪塞縫的問題，採取徹底的對策。ELID 研削法可用在次微米級微細磨粒磨輪上，因此適用於 PMMA，可以想像廣泛應用在穩定的鏡面加工。

(2) 實驗方法

　　實驗之前，採取適當方法削正 CIFB-D 磨輪。之後，透過 ELID 研削，開始進行 PMMA 的鏡面研削。研削方法上，適用深切緩進與縱進方式兩種，以調查個別加工方式所造成的差異與效果。評價實驗結果，依粗度的量測及加工表面形貌的觀察進行。

(3) 加工方式/磨輪粒度與 ELID 特性

　　首先，調查加工方式與磨輪粒度造成 ELID 實際電流的變化特性，結果如圖 12.16 所示。由圖可知，在深切緩進研削情況，在如此微弱實電流 0.3A 左右狀態，可穩定加工。此結果，顯示 PMMA 具有極為良好的切削性。在縱進研削的情況，使用與深切緩進研削同一磨輪粒度，造成實電流稍許增加。這是一般認為加工方式的特徵造成接觸面積不同所致。此外，縱進研削上，磨輪粒度#30,000 的實電流較#10,000 情況稍高。此結果推測#30,000 磨輪加工情況，隨著 ELID 研削的開始，磨粒在氧

化薄膜中呈游離化作用機構所致。

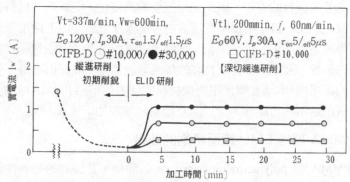

圖 12.16 加工方式/磨輪粒度造成的 ELID 特性

(4) 加工方式/磨輪粉塵與精磨特性

　　圖 12.17 顯示加工方式及磨輪粒度造成研削表面粗度差異的調查結果。在深切緩進研削的情況，磨輪粒度#60 改變至#4000、#8000，表面粗度並無見到相當大的差異。此外，使用同一粒度的磨輪，經長時間加

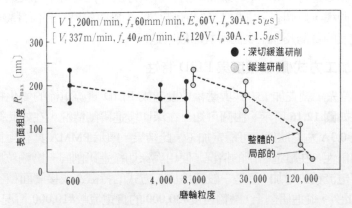

圖 12.17 加工方式/磨輪磨粒造成的精磨特性

工次數造成的精磨表面粗度，可知有某種程度的偏差。在研削難削材的PMMA　情況特別是採用微細磨粒之際，意味著這些易受機器精度、刀具精度(偏轉、形狀)等影響導致的結果。

　　另一方面，在縱進研削的情況，愈用微粒磨輪，愈能改善表面粗度，透過適用#120,000(平均磨粒直徑：大約 0.13μm)磨輪，呈現 80nmRmax左右的鏡面形貌。一般認為這是就次微米磨粒施行 ELID 研削而言，在電解生成物的非導體薄膜內，以半固定磨粒存在鑽石磨粒施予的研磨，與深切緩進研削比較，減低了來自加工機、刀具精度或狀態的影響結果。

(5) 加工方式/磨輪粒度與研削表面形貌

　　圖 12.18 顯示加工方式造成研削表面粗度及表面形貌，而**相片 12.17**則顯現縱進研削上磨輪粒度形成研削表面形貌。誠如**圖 12.18** 所示，深切緩進研削的加工表面，可見到決定粗度規律的痕跡，其主因一般認為受到機器精度及磨輪迴轉偏轉等影響。此外，從**相片 12.17** 可知，因為受到縱進研削時磨輪粒度的影響，可指出這些研削條痕的變化。愈是微粒磨輪研削的加工面，整體而言，研削痕跡愈見淺薄、短小。此結果伴隨磨粒的微細化，意味著存在 ELID 薄膜中磨粒實質吃入深度與停留時間皆見減少。**相片 12.18** 顯示 PMMA 施行 ELID 鏡面的研削樣本。

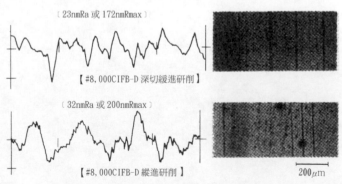

〔23nmRa 或 172nmRmax〕

【#8,000CIFB-D 深切緩進研削】

〔32nmRa 或 200nmRmax〕

【#8,000CIFB-D 縱進研削】

200μm

圖 12.18 加工方式造成表面形貌特性

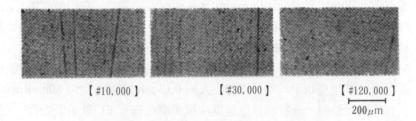

【#10,000】　　　【#30,000】　　　【#120,000】

200μm

相片 12.17 磨輪粒度引起加工表面變化

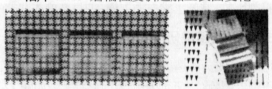

相片 12.18 PMMA 施行 ELID 鏡面研削之例

　　本實驗透過適用 ELID 研削，嘗試 PMMA 的鏡面研削。其結果在塑膠施行 ELID 研削上，已確認了效果極佳。今後，推進塑膠鏡面研削條件的最佳化，同樣也對複合材料的應用，寄予厚望。

參考文獻

1）大森整，中川威雄：鋳鉄ボンドダイヤモンド砥石によるシリコンの研削加工（第4報：超微粒砥石による鏡面研削），昭和63年度精密工学会春季大会学術講演会講演論文集，(1988) 521～522.

2）大森整，中川威雄：フェライトの鏡面研削による仕上加工，昭和63年度精密工学会春季大会学術講演会講演論文集，(1988) 519～520.

3）大森整，中川威雄：鋳鉄ファイバボンド砥石による硬脆材料の鏡面研削加工，昭和63年度精密工学会秋季大会学術講演会講演論文集，(1988) 355～356.

4）高橋一郎，大森整，中川威雄：硬脆材料の高能率研削加工（第2報：平面研削盤による電解ドレッシング研削），1989年度精密工学会春季大会学術講演会講演論文集，(1989) 355～356.

5）山田英治，中川威雄：マシニングセンタによる鉄鋼材料の研削加工（第2報：金型加工への応用），昭和62年度精密工学会秋季大会学術講演会講演論文集，(1987) 505～506.

6）大森整，山田英治，中川威雄：マシニングセンタによる鉄鋼材料の研削加工（第3報：鉄鋼材の電解ドレッシング研削法），昭和63年度精密工学会秋季大会学術講演会講演論文集，(1988) 43～44.

7）大森整，山田英治，中川威雄：電解ドレッシング研削加工による金型材料の鏡面仕上，型技術協会誌，第3巻，第13号 (1988) 65～72.

8）大森整，吉岡伸宏，高橋一郎，中川威雄：メタルボンド砥石による金型材料の電解ドレッシング鏡面研削加工，1989年度精密工学会春季大会学術講演会熱演論文集，(1989) 597～598.

9）大森整，吉岡伸宏，中川威雄：金型材料の電解ドレッシング鏡面研削特性，1990年度精密工学会春季大会学術講演会講演論文集，(1990) 957～958。

10）大森整，高橋一郎，石川雅洋，中川威雄：サーフェスグラインダによる鏡面研削，1989年度精密工学会秋季大会学術講演会講演論文集 (1989) 897～898.

11）大森整，榎本岳彦，高橋一郎，中川威雄：ステンレス材の電解ドレッシング研削特性，1991年度精密工学会秋季大会学術講演会講演論文集，(1991) 453～454.

12）大森整，吉岡伸宏，中川威雄：アルミ合金の研削加工，1989年度精密工学会秋季大会学術講演会講演論文集，(1989) 333～334.

13）大森整，高橋一郎，中川威雄：ダイヤ／CBN複合砥石によるセラミックス-鋼複合材の研削効果，1990年度精密工学会春季大会学術講演会講演論文集，(1990) 197～198.

14）大森整，中川威雄：ダイヤモンド砥石によるダイヤモンドの研削加工，1989年度精密工学会秋季大会学術講演会講演論文集，(1989) 613～614.

15）大森整，中川威雄：鉄系ボンド砥石による電解ドレッシング鏡面研削効果，1991年度精密工学会春季大会学術講演会講演論文集，(1991) 921～922.

16) 大森整，外山公平，中川威雄：鋳鉄ボンドダイヤモンド砥石によるシリコンの研削加工（第 5 報：インフィード鏡面研削の試み），昭和63年度精密工学会秋季大会学術講演会講演論文集，(1988) 715～716.

17) 高橋一郎，大森整，中川威雄：硬脆材料の高能率研削加工（第 1 報），昭和63年度精密工学会秋季大会学術講演会講演論文集，(1988) 401～402.

18) 高橋一郎，大森整，中川威雄：硬脆材料の高能率研削加工（第 2 報：平面研削盤による電解ドレッシング研削），1989年度精密工学会春季大会学術講演会講演論文集，(1989) 355～356.

19) 大森整，中川威雄：青銅ボンド砥石の電解ドレッシング，1989年度精密工学会秋季大会学術講演会講演論文集，(1989) 321～322.

20) 大森整，吉岡伸宏，中川威雄：コバルトボンド砥石による電解ドレッシング研削，1990年度精密工学会秋季大会学術講演会講演論文集，(1990) 1013～1014.

21) 大森整：サファイヤガラスの電解ドレッシング鏡面研削（第 1 報：サファイヤの鏡面研削特性），1992年度精密工学会春季大会学術講演会講演論文集，(1992) 459～460.

22) 松井醇一：繊維強化樹脂複合材料，精密工学会誌，Vol.56，4 (1992).

23) 朴圭烈，大森整，中川威雄：プラスチック材料の鏡面研削の試み，1991年度精密工学会春季大会学術講演会講演論文集，(1991) 55～56.

第13章 ELID研削法應用在特殊加工上

13.1 ELID 研削切斷加工 [1],[2]

ELID 研削法效果一旦適用在切斷加工上，可期待是一具高效率、高品位且穩定的切斷加工。在使用微細磨粒的 ELID 鏡面切斷基礎實驗上，選定平面磨床試行如**圖 13.1** 所示 ELID 鏡面切溝加工。本加工可以想像這是有如切片或對磁頭切斷、切溝作業，在可望實現抑制缺角(chipping)而呈穩定平滑溝面加工上，可謂具有重要意義。此外，關於圓筒形狀工件施行 ELID 研削切斷法，特別是適用在陶瓷之類難削材高效率研削的粗粒 CIFB 切刀磨輪賦予 ELID 功能，如**圖 13.2** 所示，是以實現穩定高效率切斷加工，作爲目標。

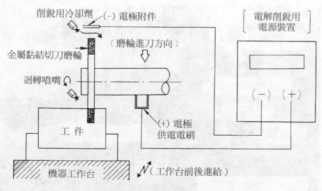

圖 13.1 ELID 切溝原理

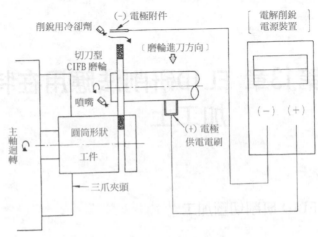

圖 13.2 ELID 圓筒切斷加工原理

13.2 ELID 研削切斷加工實驗系統 [1,2]

(1) 加工機器

採用的加工機，主要是平面磨床 GS-CHF(**相片 13.1**)(黑田精工公

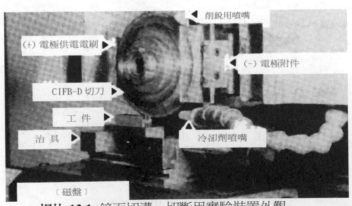

相片 13.1 鏡面切溝、切斷用實驗裝置外觀

司)、門形切削中心(MC)VQC-15/40(**相片 13.2**)及車削中心(TC)QT-10N
改造型(山崎 Mazack 公司)。平面磨床及 MC 係爲了嘗試切斷磨輪施行
切溝的目的而用的,而 TC 則爲實際切斷圓筒形狀工件實驗使用的。這
些都裝上電解削銳用附件,試行 ELID 法進行研削切斷加工實驗。

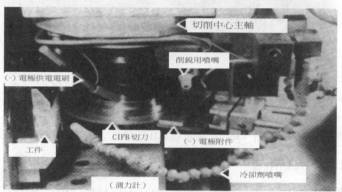

相片 13.2 切斷實驗裝置的外觀

(2) 切斷磨輪

實驗所用磨輪是切刀型微粒 CIFB-D 磨輪與電鑄鑽石磨輪。前者
(CIFB-D 切刀)是 ϕ 150mm×1mm 厚,使用#140 及#4000,而後者(NB-D
切刀)是 ϕ 75mm×0.25mm 厚,選用#2000 及#4000。**相片 13.3** 顯示粗粒

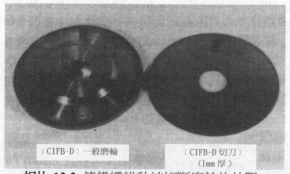

相片 13.3 鑄鐵纖維黏結切斷磨輪的外觀

〔#4,000CIFB-D〕
(1mm 厚)

〔#4,000NB-D〕
(0.25mm 厚)

相片 13.4 適用的微粒切斷磨輪的外觀

度 CIFB-D 切刀,而**相片 13.4** 顯現微粒 CIFB-D 切刀及 NB-D 切刀的外觀。

(3) ELID 電源及研削液

電解電極主要利用 ELID 專用電源(富士模具公司)。冷卻劑係以電解削銳爲前提而開發出水溶性研削液(油城化學工業公司),以利研削。

13.3 ELID 鏡面研削切斷實驗 [1],[3]

(1) 實驗方法

實驗之前,係以#100C 磨輪與刹車器,進行 CIFB-D 切刀的削正。有關 NB-D 切刀,因厚度關係,不強求削正,只依一般用法即可。各磨輪大約施行 15min 的初期削銳,以供鏡面切斷實驗用。加工特性係以評價切斷、切溝時研削抵抗的穩定性及加工表面粗度爲主進行。至於 ELID 條件皆依狀況適當設定。

(2) 加工條件造成的影響

首先,透過#4000CIFB-D 切刀,嘗試對矽切溝的加工,以調查加工條件所造成的影響。**圖 13.3** 顯示在除去效率 $50mm^3/min$ 的情況,依進給速度 f 與進刀深度 d 的組合所生研削抵抗變化(下磨)。任何條件下,

法線方向荷重 Fn 約在 1kgf 左右，相當低，可知是流暢的加工(ELID)。
當進給增大，荷重呈少許增加傾向，對於深進刀的深切緩進如此的條
件，可說是適當的。

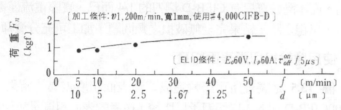

圖 13.3 切斷條件造成研削抵抗的變化

(3) ELID 切溝的穩定性

其次，從**圖 13.3** 實驗情況，提高除去效率，到達至 75mm³/min，調
查其研削抵抗的穩定性(**圖 13.4**)。結果可知 ELID 研削法即便連續加工
達到除去體積至 3250mm³ 時，研削抵抗仍然穩定，可維持大約
1.2~1.3kgf(/mm)之值。由於負荷低，當然工件的缺角肉眼難以目睹。此
外，一般研削(無 ELID)即在幾趟後，發生平滑現象，必須中途停止加工。

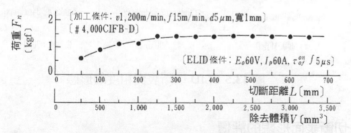

圖 13.4 ELID 鏡面切溝的穩定性

(4) 工件造成的影響

為調查工件造成的影響，比較了矽與光學玻璃的切溝加工。結果後
者的研削抵抗是前者的 2 倍左右，偏高，而切削性可知矽較佳。因此，
穩定切溝所需 ELID 實電流，在前者是 1A 左右，而在後者則約需 2A。

(5) 電鑄切刀的試用

　　根據以上實驗結果，透過 0.25mm 厚的 NB-D 切刀，來嘗試矽及光學玻璃施行 ELID 切溝加工。NB 磨輪方面，原本 ELID 電流就呈現較大傾向。而本磨輪寬只有 CIFB-D 切刀的 1/4 而已，實際電流僅需 0.5~1A 左右，呈穩定狀。結果完全無破損之類問題，加工可充分發揮。

(6) 使用磨輪與切斷表面粗度

　　圖 13.5 是調查所用磨輪造成切斷表面粗度差異的結果。首先，#4000CIFB-D 與 NB-D 切刀予以比較，後者的表面粗度呈較佳傾向，可得 34nmRmax 或 6nmRa 之值。這是一般認為磨輪厚度導致偏轉差異與 ELID 機構差異，是其主因。然而前者本質上並無差異。在#2000NB-D 切刀上，顯現介於#4000CIFB-D 與#4000NB-D 切刀之中間的加工表面粗度。

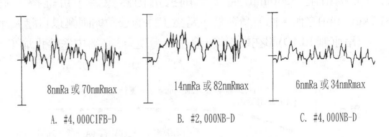

|A. #4,000CIFB-D|B. #2,000NB-D|C. #4,000NB-D|
|8nmRa 或 70nmRmax|14nmRa 或 82nmRmax|6nmRa 或 34nmRmax|

圖 13.5 ELID 切斷表面粗度的形態

(7) 切斷表面形貌的評價

　　比較各種切斷表面形貌。**相片 13.5** 顯示使用#4000CIFB-D 時的一般研削及 ELID 切斷表面形貌。後者的研削條痕呈塑性且清晰，有極佳的銳利度。此情況切斷表面真直度也良好(1 μm 多/20mm：**圖 13.6**)。**相片 13.6** 顯現達成矽及光學玻璃施行 ELID 切溝、鏡面切斷樣本的外觀。

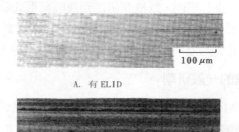

A. 有 ELID

B. 無 ELID

相片 13.5 各切斷表面形貌的差異(#4000CIFB-D)

圖 13.6 ELID 鏡面切斷表面的真直度

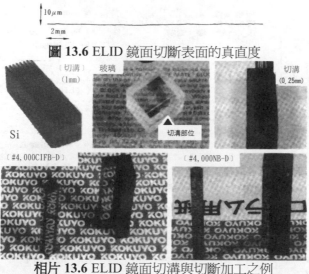

相片 13.6 ELID 鏡面切溝與切斷加工之例

13.4 陶瓷的高效率 ELID 研削切斷加工 [2]

(1) 實驗方法

首先針對角狀工件切溝,調查 ELID 效果(①),其次,實際在 TC 上,進行圓筒工件的切斷加工(②)。就①的實驗而言,嘗試氧化鋁(alumina) 及氮化矽的一般研削與 ELID 研削,以調查研削抵抗的差異。本實驗以

定寸進刀方式，進行研削，以量測研削距離與荷重的關係。兩實驗在加工之前，皆先經#80WA 磨棒施予切斷磨輪的削銳。此外，在②的實驗也實際嘗試氧化鋁的圓筒工件切斷加工，以調查有無 ELID 的差異。

(2) 切斷磨輪的一般研削

　　首先，在 MC 上進行切斷磨輪的一般研削，嘗試切溝工作。**圖 13.7** 及**圖 13.8** 分別顯示氧化鋁、氮化矽的一般切削之例。前者的磨輪平滑現象較後者慢，隨著累積研削距離的增加，研削抵抗不免上升(**圖 13.7**)。當然，氮化矽的一般研削產生平滑現象激烈，因而研削抵抗急增，從切

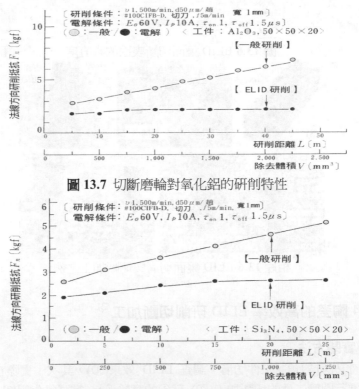

圖 13.7 切斷磨輪對氧化鋁的研削特性

圖 13.8 切斷磨輪對氮化矽的研削特性

斷磨輪的強度來看，事實上容易陷入不能研削狀態。一旦起火 [4]的研削
負荷，無論如何都不能加工。

(3) ELID 效果

　　其次，給予 ELID，嘗試進行同樣的切溝加工。就已經成為 ELID
高效率研削而言，有報告 [4]說是一般研削的 1/5 負荷而已，但經嘗試
CIFB-D 切刀的研削實驗而言，如**圖 13.7** 及**圖 13.8** 所示，可知 ELID 研
削可減至一般研削的 1/2 以下荷重。ELID 造成荷重減低的效果，不論
任何工件，皆顯現研削距離愈長愈加顯著。一般研削上無法持續條件
下，經 ELID 以低負荷可實現穩定的切斷加工，已是清楚不過了。

(4) 切斷磨輪形成的研削表面形貌

　　相片 13.7 顯示各加工法的切斷表面顯微鏡相片。所用磨輪由於是
#100，相當粗糙，並無見到顯著差異，但 ELID 的方式大體上顯現均一
條痕，有良好的銳利度。無法獲得良好磨粒凸出的一般研削，易生缺角
現象，從切斷精度或品質的觀點而論，一般認為都比 ELID 切斷差。
相片 13.8 顯示各研削加工樣本的外觀。

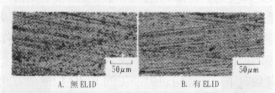

A. 無 ELID　　　　　　　B. 有 ELID

相片 13.7 切斷磨輪形成的研削表面形貌(氮化矽)

相片 13.8 LEID 研削切斷加工樣本

(5) TC 上的圓筒切斷加工

根據以上結果，在 TC 上嘗試氧化鋁圓筒的切斷加工。本實驗爲試行切斷加工，乃以低的進刀速度(20 μ m/rev)進行切斷。**相片 13.8** 顯示所切斷的氧化鋁樣本。由於是低切斷速度，即使是一般切斷情況，位於磨輪主軸負荷大致上維持穩定，但在切斷表面上卻有易生缺角的缺點。何況在此苛刻條件下，一般切斷時也引起切刀的破損，因加工時的抵抗而無法切出筆直的面。相對此的 ELID 適用下，可確認呈穩定且高效率的切斷。

以上，由於 ELID 研削法適用於金屬黏結切斷(薄片刀刃)磨輪，所以開發的目標是鏡面切斷法及高效率切斷法兩方面。嘗試對矽、光學玻璃、陶瓷之類硬脆材料的研削切斷加工，並確認了其效果。

13.5 電解削銳的雙面拉磨嘗試 [5]~[10]

追究研削與研磨的切點，必須回歸 2 個除去機構的切點。前者一般經強制進刀控制除去效率，因此從加工條件的一句話，大致上就可決定加工效率，反之即受運動複印的加工原理支配。後者則爲定壓力的除去機構，未必是加工條件來規範加工效率，而是因應材料予以除去單位極小化，並可控制之。這些分際，一般認爲這是關係到高度作業上要求精度與加工效率的並存問題。

在這樣背景之下，朝應用定壓加工的 ELID 拉磨法方向推進，而定寸進刀在對應難的材質上也成功做到鏡面。此外，利用次微米磨粒磨輪，針對如何實現奈米級表面品位的研削加工亦檢討過。本節接著就 ELID 拉磨法擴展至雙面加工方式，試圖掌握其效果與特性。

(1) ELID 拉磨的雙面加工法

表 13.1 顯示 ELID 研削法的磨輪粒度與進刀方式的關係。定寸進刀上，愈微粒磨輪，愈需高精度加工機，結果定壓進刀加工上，亦即與 ELID 拉磨法的分別使用是必須的。拉磨法雖可存在單面與雙面加工，但對於要求高功能的各種電子裝置基板等高品位、高精度加工方面，要

求雙面加工平坦化。

表 13.1 ELID 研削的粒度與進刀

分類	篩目平均粒徑		進刀方式	進刀方式的特徵
Ⅰ 微米磨輪	#4,000 #8,000 #10,000	4.06μm 1.76μm 1.27μm	定寸 ↓	微米磨輪係以磨床定寸進刀，效率上、定壓上皆可。
Ⅱ 次微米磨輪	#30,000 #60,000 #120,000	0.31μm 0.17μm 0.13μm	定壓 ↓	次微米磨輪係以研磨機定壓進刀，可達高精度與實用化。

　　因此本節使用上下一對的拉磨圓盤形金屬黏結磨輪，施行 ELID 研削，嘗試雙面拉磨方式(**圖 13.9**)的實現。

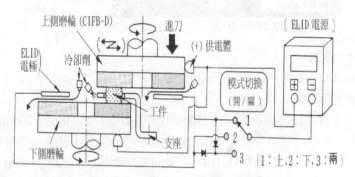

圖 13.9 ELID 雙面拉磨法的原理

(2) ELID 雙面拉磨實驗系統

① 加工實驗用機器

　　先在門形切削中心：VQC-15/40(山崎 Mazack 公司)裝上 ELID 附件，以用於上側磨輪的驅動與進刀。至於下側磨輪的迴轉驅動，則如**圖13.10** 所示，安裝自製的迴轉式工作台，以資利用。冷卻劑則以自來水稀釋水溶性研削液後使用。

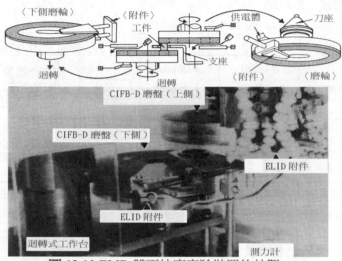

圖 13.10 ELID 雙面拉磨實驗裝置的外觀

② **ELID 電源**

ELID 用電源，可適用電解削銳電源。

③ **使用拉磨磨輪**

主要採用鑄鐵纖維黏結鑽石磨輪(CIFB-D 磨盤：外徑 ϕ 200mm：內周部分#4000，集中度 50，平均粒徑約 4.06 μ m；而外周部分#30,000，集中度 25，平均粒徑約 0.31 μ m，以及同形狀磨輪(內周部分#1200，集中度 75，平均粒徑約 11.6 μ m，而外周部分#4000，集中度 50)。單一粒度的 CIFB-D 磨盤(ϕ 250mm：#4000，集中度 50)也適當配合採用(新東 Breiter 公司)。

13.6 ELID 的雙面拉磨實驗 [10]

(1) 實驗方法

CIFB-D 磨盤上下兩側經適當削正後，再個別花約 30min 施予電解削銳。削正適用於 CIFB-D 盆狀磨輪施行 ELID 削正等工作。接著把工

件固定在試料支座上，ELID 同時作用上下側磨輪，針對主要的加工條件與垂直負荷的變化、加工表面粗度等項，予以調查。

(2) 實驗結果

① ELID 雙面拉磨的路徑

使用建構的 ELID 雙面拉磨裝置(**圖 13.10** 及**相片 13.9**)，進行如**圖 13.11** 所示雙面拉磨工程。首先，①定量步進，把上側磨輪朝工件進刀。因此，②經一定時間研磨至無火花後，最後③退回上側磨輪，完成 1 次的加工。

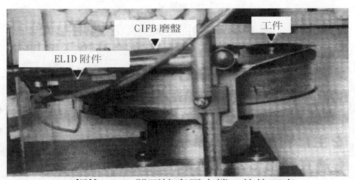

相片 13.9 雙面拉磨用支撐工件的刀座

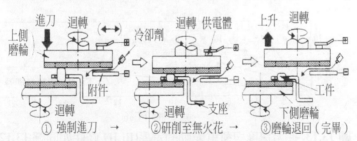

圖 13.11 ELID 雙面拉磨加工的工程

② 磨輪周速與雙面拉磨特性

磨輪周速 v_t(上下皆同)的影響，先調查超硬合金加工荷重的變動(**圖 13.12**)。被加工表面呈鏡面狀態。本調查結果認為周速愈高，荷重愈

大，而無火花效果以周速 υ_t=100m/min 最佳，研削殘餘量可抑制最少。磨輪周速的影響，一般認爲振動引起滑移所致。

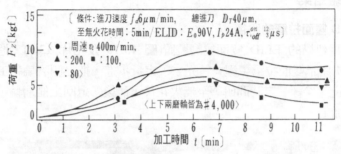

圖 13.12 磨輪周速與無火花效果

③ 進刀速度與荷重變動的差異

　　同樣針對超硬合金，以調查進刀速度的影響(**圖 13.13**)。本實驗根據上述結果可知適用良好的磨輪周速 υ_t 爲 100m/min。進刀速度 fd 在 6~10 μm/min(平均)之間，予以變化，但最大荷重及實質除去量(20~30 μm/40 μm 進刀)，並無重大差異。在 fd=15 μm/min 情況，會有荷重增加而產生穩定性問題，而 fd=2 μm/min 情況本身即有加工效率困擾，因此一般認爲 fd=6 μm/min 左右乃爲妥當條件。

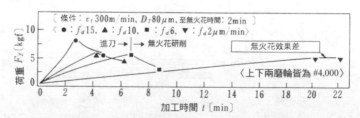

圖 13.13 進刀速度與荷重變動的差異(ELID 條件如同圖 13.12)

④ 加工次數與 ELID 效果的持續性

　　其次，針對 ELID 效果的持續性，予以調查。相對未加工(非鏡面)

的碳化矽,開始進行 ELID 雙面拉磨,1 次的總進刀量 D_T 定爲 80 μm,連續 10 次(工程如**圖 13.11**)。**圖 13.14** 顯示各次的荷重變動。第 2 次以後最大荷重不再上升,並無再削銳必要。加工表面初次即得鏡面。

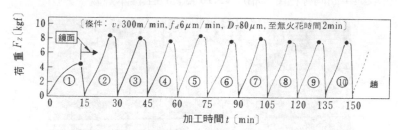

圖 13.14 ELID 效果導致連續加工的穩定性(ELID 條件如同圖 13.12)

⑤ **工件造成 ELID 特性的差異**

　　談到一般加工條件,超硬合金最是鈍化不敏,表面粗度或效率方面,並無見到如此變化。反之,ELID 條件就比其它材質敏感,兩磨輪所需平均實電流 Iw 爲 6A。碳化矽及氧化鋁容易成爲脆性面,因爲 ELID 條件之下,變得鈍感不敏。

⑥ **加工條件與工件固定機構的改良**

　　本實驗所用的 ELID 雙面拉磨裝置,爲求簡便,乃如**相片 13.9** 所示,設計單側支撐工件的支座。可是鏡面加工超硬合金時,由於水平面內的抵抗影響(約 5kgf),支座會搖晃,因而導致振動產生。今後,一般認爲宜朝向雙側支撐構造改善。

⑦ **ELID 雙面拉磨形成的精磨面**

　　圖 13.15 顯示超硬合金在各粒度形成精磨面粗度形態之例及表面形

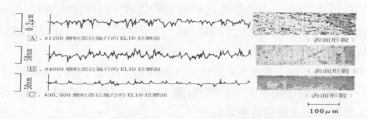

圖 13.15 各粒度形成 ELID 雙面的拉磨面

貌。在超硬合金上,只使用#1200CIFB-D拉磨磨輪,就可以達100nmRmax左右的鏡面形貌。若是#4000,可達 50nmRmax 或 8nmRa;若是#30,000,則至 15nmRmax 或 2nmRa 左右。透過次微米磨輪施行 ELID 雙面拉磨可獲取與單面同等粗度。**相片 13.10** 爲其加工樣本外觀。

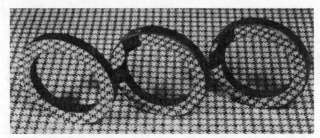

相片 13.10 ELID 雙面拉磨加工樣本(超硬合金之例)

13.7 **行星運動的雙面 ELID 拉磨** [11]

雙面拉磨圓盤上加上行星運動機構,廣泛運用在平行平坦面的鏡面加工。這種加工方式的特徵爲能更有效率發揮,雖嘗試了固定磨粒拉磨雙面,但卻留下磨輪銳利度、加工品質穩定性的問題。因此,把行星運動機構組入 ELID 研削法的拉磨方式,終能實現雙面拉磨用磨床。由此專應付特別要求平行度、真直度的塊規之類精密加工,並進而試圖達到實用化目的。

(1) **行星運動的 ELID 拉磨裝置**

前節所述的雙面拉磨方式,從工件運動姿勢考量,在要求加工真直度與平行度並立下,會發生機器精度上的極限。因此,透過中心齒輪及內齒輪組合,產生托盤的公轉與自轉,有望適用於工件呈行星運動狀的拉磨磨床。

托盤上,不與工件干涉的部位設(－)電極,而上下側拉磨磨輪當(＋)電極,並賦予維持兩者間隙的機構(**圖 13.16**),提出如**圖 13.17** 所示複合 ELID 效果的新式雙面拉磨系統。

相片 13.11 開發的 ELID 雙面用拉磨磨床

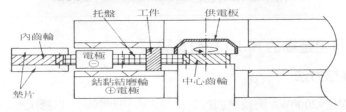

圖 13.16 ELID 組入行星運動機構內

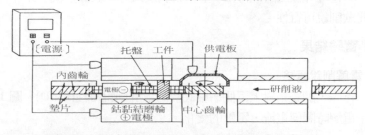

圖 13.17 具有行星運動的雙面拉磨磨床示意圖

(2) 實驗系統概要

　　相片 13.11 顯示所開發行星運動型 ELID 雙面拉磨磨床的外觀。作為開發基礎的拉磨磨床,係單向式雙面拉磨磨床。如**相片 13.12** 所示,圓盤設為(+)電極,而各托盤當(-)電極,兩者間以石墨與板狀彈簧為媒介供電。電源則是利用已有的放電加工電源。磨輪採用#2000 鈷黏結磨輪。研削液是由設在內齒輪的噴嘴,朝內周部分供應。

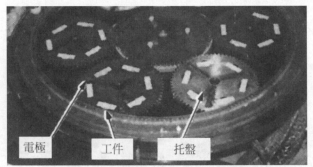

相片 **13.12** 托盤與 ELID 電極部位的外觀

13.8 行星運動的 ELID 拉磨實驗 [11]

(1) 實驗方法

採用#2000WA 磨粒，施行兼有削正與初期削銳，以修正磨輪。之後，調查電解線上削銳特性、磨輪銳利度及加工表面形貌。此外，也調查間歇削銳可行性。

(2) 實驗結果

① 電解削銳實驗

首先，調查相對上下側磨輪圓盤的電解削銳特性(ELID)。**圖 13.18** 顯示電解時間與電流、電壓的變化。

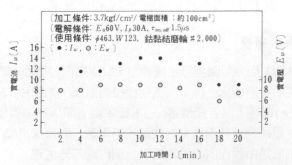

圖 13.18 ELID 電流與電壓在加工中的變化

　　圖中電流在 10~15A 變動著，一般認爲這是托盤與上下側圓盤之間間隙變動所致。經電解削銳後，上下側磨輪面，因形成非導體薄膜而變成焦茶系統色。

② **磨輪銳利度的差異**

　　其次，調查有無 ELID 造成磨輪銳利度變動的差異(**圖 13.19**)。先以 WA 施行前置削銳，再進行一般研削(無 ELID)時，發現最初銳利度不錯，但自此一路急劇低落。另一方面，ELID 研削因受電解薄膜的影響或有效磨粒數的增加，導致在低壓加工狀態的磨輪銳利度不佳，但可長時間呈穩定化。

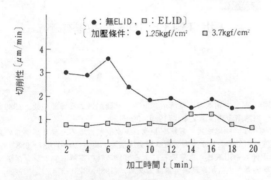

圖 13.19 有無電解造成磨輪銳利度的差異

③ **間歇削銳效果**

　　考慮連續削銳造成薄膜阻礙加工的條件，乃一改常態，改爲一定時間內反覆削銳與加工。結果透過選定良好條件，可使磨輪銳利度呈穩定狀態，暗示了實用化的可行性。

④ **加工表面粗度與表面形貌、真直度**

　　最後，針對本 ELID 雙面拉磨造成鏡面形貌，予以評價。如**圖 13.20** 及**相片 13.13** 所示，加工表面粗度可得 60nmRmax 或 6nmRa 左右，而加工真直度、平行度也極佳。透過本加工精度的實用，加工工程可望縮短。

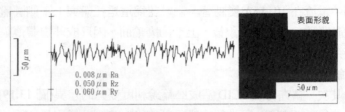

圖 13.20 ELID 雙面研削形成的加工表面粗度

相片 13.13 ELID 雙面拉磨樣本

參考文獻

1）大森整，高橋一郎，中川威雄：電解ドレッシング研削による鏡面切断，1989年度精密工学会秋季大会学術講演会講演論文集，(1989) 595〜596.

2）大森整，高橋一郎，中川威雄：電解ドレッシング研削によるセラミックスの高能率切断加工，1989年度精密工学会春季大会学術講演会講演論文集，(1989) 687〜688.

3）大森整，黒沢伸，中川威雄：電着砥石によるガラス材の電解ドレッシング鏡面研削，1989年度精密工学会春季大会学術講演会講演論文集，(1989) 373〜374,

4）大森整，中川威雄：青銅ボンド砥石の電解ドレッシング，1989年度精密工学会秋季大会学術講演会講演論文集，(1989) 321〜322.

5）大森整，成田俊宏，中川威雄：固定砥粒複合ラッピングによる仕上加工，昭和63年度精密工学会春季大会学術講演会講演論文集，(1988) 589〜590.

6）大森整，小森憲一，成田俊宏，中川威雄：固定砥粒複合ラッピングによる仕上加工（第3報：微細砥粒砥石を用いたアルミナセラミックスの鏡面仕上），昭和63年度精密工学会秋季大会学術講演会講演論文集，(1988) 203〜204.

7）大森整，成田俊宏，中川威雄：固定砥粒複合ラッピングによる仕上加工（第4報：電解ドレッシングを利用した金属材の鏡面ラップ研削），1989年度精密工学会春季大会学術講演会講演論文集，(1989) 369〜370.

8）大森整，中川威雄：マシニングセンタによるラップ研削，1989年度精密工学会秋季大会学術講演会講演論文集，(1989) 759〜760.

9）大森整，中川威雄：サブミクロン固定砥粒によるラップ研削，1990年度精密工学会春季大会学術講演会講演論文集，(1990) 1003〜1004.

10）大森整，高橋一郎，中川威雄：電解ドレッシングを利用した両面ラップ研削，1990年度精密工学会秋季大会学術講演会講演論文集，(1990) 251〜252.

11）大森整，蔵元祐二，中川威雄：両面ラップ盤による電解ドレッシング鏡面研削，1992年度精密工学会春季大会学術講演会講演論文集，(1992) 49〜50.

第14章 ELID專用加工機開發及其 特性

14.1 ELID 迴轉式平面磨床 [1]~[6]

隨著 ELID 研削法研究的進展，要求朝其高功能材料加工予以實用化及普及。以 ELID 研削法實用化為目的，開發於磨輪主軸及工件轉軸採用空氣主軸的 ELID 專用加工機 "超微細磨床" [4],[5]，並針對其代表性硬脆材料或矽晶圓鏡面研削的適用效果與特性，予以調查。

(1) ELID 專用磨床的開發 [1],[2],[4],[5]

① ELID 研削的原理

所開發專用磨床的 ELID 研削法，係磨輪與工件兩者都迴轉，採取磨輪面往工件中心進刀的縱進研削方式 [1],[2]。如**圖 14.1** 所示，磨輪側以

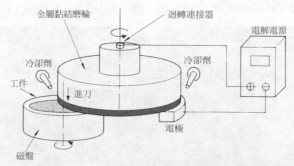

圖 14.1 立式迴轉縱進 ELID 研削方式

主軸上方端面介入水銀封裝式迴轉連接器等，當(＋)電極，而與磨輪面對向位置，則設紅銅或黃銅製的(－)電極。研削液噴在電極表面事先鑽好的細孔內，充分供應極間，以進行 ELID 研削。**表 14.1** 顯示實驗系統。

表 14.1 超微細磨床上的實驗系統

研削機器	立式迴轉平面磨床：RGS-20W-ED〔不二越公司〕
	臥式迴轉平面磨床：HSG-10A〔不二越公司〕
削銳電源	電解加工用電源：ED610〔Stanrey 電氣公司〕
研削磨輪	鑄鐵纖維黏結鑽石磨輪：ϕ 143mm 及 ϕ 146mm × W3mm 而分#2000、#4000、#6000 及#8000〔新東工業公司〕
工件	ϕ 5″ 及 ϕ 6″ 矽晶圓、ϕ 3″ SiC、ϕ 3″ 鐵氧體、ϕ 20mm 超硬合金、50 ×50mm Al_2O_3-TiC、ϕ 3″ LiN_bO_3 及ϕ3″ $LiTaO_3$晶圓
研削液	Noritake：AFG-M 50 倍稀釋〔Noritake 公司〕
量具	表面粗度：Talysurf 6〔Rank Taylor Hobson 公司〕
	平面度：FIX05〔富士寫真光機公司〕

② ELID 專用磨床的概要

　　遠比磨粒更細篩目#4000 的磨輪，作爲專用機用必須具有：①振動小，②迴轉精度良好，③熱位移小等優點不可。開發的 ELID 專用加工機 "超微細磨床"，如**相片 14.1** 所示，磨輪主軸及工件轉軸皆選用空氣靜壓軸承的立式迴轉縱進式加工機。機上的床柱或主軸箱，以冷卻水循

相片 14.1 所開發的 ELID 專用 "超微細磨床" 外觀

相片 14.2 超微細磨床的 ELID 電極周邊近景

環,溫度控制在 20±5℃之內,以抑制熱位移。爲抑制溫差所生熱位移,研削液亦作同樣溫度控制。進刀可由精密滑軌做到每分鐘 1μm 的連續進入工件,可藉全閉式控制達到 0.1μm 的定位精度。電極與磨輪之間的間隙,可如**相片 14.2** 所示,透過電極安裝台的滑動機構,簡單調整。**表 14.2** 爲超微細磨床的主要規格。

表 14.2 超微細磨床的規格

磨輪主軸	空氣主軸,2.2kW 內藏式馬達,1 軸,300~3600min⁻¹
工件轉軸	空氣主軸,1.5kW 內藏式馬達,2 軸,200~1800min⁻¹
工件工作台	空氣浮上,180°,分度
工件夾頭	~φ8″,真空夾頭(多孔質)
使用磨輪直徑	最大 φ200mm(盆狀)
磨輪主軸	移動速度:0.001~50mm/min 設定單位:0.0001mm

　　另一方面,在開發超微細磨床之前,爲圖臥式縱進研削方式的超精密迴轉式平面磨床能調和化,乃進行調查各種硬脆材料對 ELID 鏡面研削特性。本機也與超微細磨床同樣,在磨輪主軸及工件轉軸上,採用迴轉精度高的空氣主軸,再藉精密滑軌,可進給 1μm/min 微細量。**相片 14.3** 顯示 ELID 臥式迴轉縱進式磨床。爲施行電解削銳,磨輪主軸後端裝上迴轉連接器,設爲(+)電極,相對磨輪面的電極定爲(-)電極。

(a) 機器全景

(b) ELID 電極周邊的近景▶

相片 14.3 搭載 ELID 的臥式迴轉縱進式磨床

用於 ELID 研削的冷卻劑，是以地下水(日本富山縣滑川市)稀釋市售的水溶性研削液 AFG-M 後使用。ELID 用電解電源，主要選用 ED610。此外所用的磨輪係盆狀(ϕ 143mm 及 ϕ 146mm×W3mm)鑄鐵纖維黏結鑽石磨輪，粒度-集中度分別爲#4000-50、#6000-40 及#8000-40。以下簡稱爲 "CIFB-D 磨輪"。

(2) 實驗方法

所用的 CIFB-D 磨輪，事先在機上施予削正及電解削銳後，即開始 ELID 研削。矽晶圓以真空夾頭吸著固定，而其它工件則黏結在治具板上，進行加工。研削特性上，針對加工表面粗度的穩定性、進刀速度的影響，予以調查。

工件方面，選用 ϕ 5″ 及 ϕ 6″ 矽(單晶矽)晶圓、 ϕ 3″ 碳化矽(SiC)、 ϕ 20mm 超硬合金(WC)、 ϕ 3″ LiN$_b$O$_3$ 及 ϕ 3″ LiTaO$_3$ 晶圓、50 ×50 mmAl$_2$O$_3$-TiC 等多樣。

(3) 專用磨床的 ELID 研削效果 [4]

① 矽晶圓的 ELID 研削

改變進刀速度，調查在連續加工矽晶圓時的電解電流變化

(圖 14.2)。在 f=20μm/min 時，電解電流急劇上升，加工幾片即超過 2A。
加工表面出現刮痕偏多，並非出自磨粒，而是黏結部位擦磨所致樣子。
其次在 $f=10\mu$m/min 時，電流呈緩慢上升，加工表面雖可見到稍深的
研削條痕，但大致上可維持穩定的加工。不過磨輪的磨耗量偏多。當只
有 $f=6\mu$m/min 時，電流不但穩定，加工表面也良好。使用各種磨輪，
並以認為最佳條件加工的情況，#8000CIFB-D 磨輪可穩定獲得
40nmRmax 以下的鏡面。

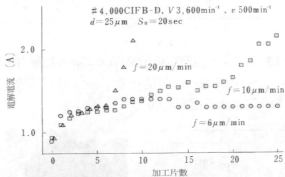

圖 14.2 進刀速度與電解電流的關係(φ5″ 矽晶圓)

$$\left[\begin{array}{l} \text{V：磨輪迴轉數，d=總進刀量，}\upsilon\text{=工件廻轉數，} \\ \text{So：至無火花所需時間} \end{array}\right]$$

② **超硬合金的 ELID 研削**

其次，使用#4000CIFB-D 磨輪連續加工超硬合金情況，獲得如
圖 14.3 所示加工表面粗度的變化。由圖可知，可穩定獲取 10nmRmax
以下的鏡面。加工表面肉眼上看不出有任何的研削條痕(**圖 14.4**)。

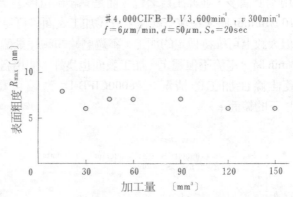

圖 14.3 加工量與表面粗度的關係(φ 20mm 超硬合金)

$\left[\begin{array}{l}\text{V：磨輪迴轉數，d＝總進刀量，} υ \text{＝工件迴轉數，}\\ \text{So：至無火花所需時間}\end{array}\right]$

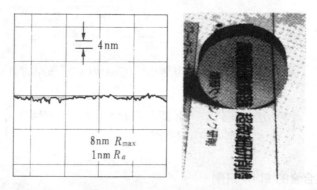

圖 14.4 超硬合金加工之例

③ **碳化矽及鐵氧體的 ELID 研削**

以#4000CIFB-D 磨輪加工碳化矽，並以#6000CFIB-D 磨輪加工鐵氧體結果(表面粗度及平面度)，可分別於**圖 14.5** 及**圖 14.6** 顯示。對碳化矽而言，可得 20nmRmax 的鏡面。

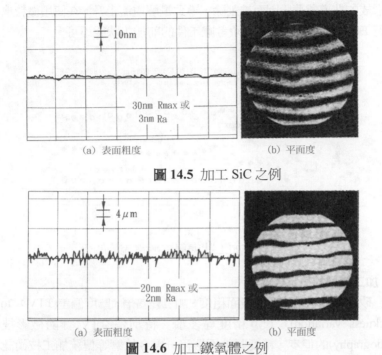

圖 **14.5** 加工 SiC 之例

圖 **14.6** 加工鐵氧體之例

(4) 矽的 ELID 研削特性 [5]

① 前加工狀態造成的研削性差異

現今，針對電解電流與加工表面粗度，以及加工速度與電解電流的關係，予以調查結果可知：1)電解電流一旦變大，表面粗度即惡劣；2) ELID 研削是有適當的加工速度範圍。

本實驗是就工件前加工狀態造成 ELID 研削特性，予以調查。**圖 14.7** 顯示不同前加工狀態的 φ6″ 矽晶圓 3 類各 25 片，以#6000CIFB-D 磨輪加工時的電解電流變化。各工件的前加工狀態表面粗度分別為 8.0 μm、2.0 μm 及 0.8 μmRmax。前加工表面愈粗糙，電解電流愈高，表面粗度也愈粗。一旦表面粗度變大，內部龜裂也就更加深入，而且因加工是破碎進行，因此產生較大的切屑。透過此切屑，一般認為磨輪表面

所形成的非導體薄膜因而被削除，導致電解電流上升。在使用微粒磨輪施行 ELID 研削的情況，必須考慮工件的前加工狀態不可。

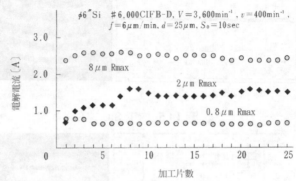

圖 14.7 前加工狀態與電解電流的關係

② 加工精度的穩定性

矽晶圓加工精度要求表面粗度、加工變質層、厚度偏差(TTV： total thickness variation)、尺寸精度等多項。特別是 TTV 伴隨微影技術(lithography)的進步，精度要求極嚴格。現今拉磨等傳統加工技術認為困難的 0.5~1 μm 以下之值，未來針對大口徑矽晶圓聽說要求至 0.1 μ

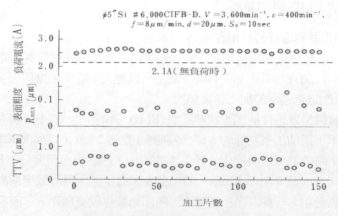

圖 14.8 ϕ 5″ 矽晶圓的加工結果

m。**圖 14.8** 顯示以#6000CIFB-D 磨輪連續加工 ϕ 5″ 矽晶圓情況的研削負荷、表面粗度及 TTV 變化。無負荷狀態的研削負荷，圖中以虛線表示，值為 2.1A。TTV 方面除真空夾頭面上灰塵導致波浪狀(dimple)外，其餘可得皆在 0.7μm 以下幾為穩定的結果。

(5) 各種材料的 ELID 研削特性 [5]

① LiN$_b$O$_3$ 的 ELID 研削加工之例

　　鈮酸鋰(LiN$_b$O$_3$)或鉭酸鋰(LiTaO$_3$)材料多用於資訊領域的彈性表面波(SAW)過濾器上。這些氧化物單結晶一般認為研削加工極困難。**相片 14.4** 顯示以#2000CIFB-D 磨輪經 ELID 研削 ϕ 3″ 各種材料的結果。這兩種材料可由 ELID 研削達到鏡面效果，而 LiN$_b$O$_3$ 可得表面粗度 30nmRmax。

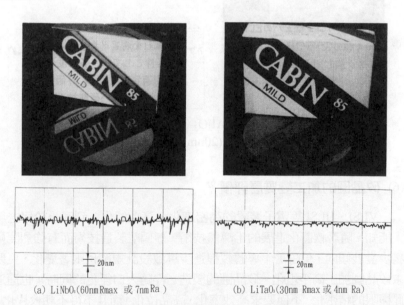

(a) LiNbO₃(60nmRmax 或 7nmRa)　　　　　(b) LiTaO₃(30nm Rmax 或 4nm Ra)

相片 14.4 氧化物單結晶的加工結果

② Al$_2$O$_3$-TiC 的 ELID 研削加工之例

Altic (Al$_2$O$_3$-TiC)是用於磁性記錄裝置的薄膜磁頭(**圖 14.9**)滑軌材料。**相片 14.5** 顯示以#4000CIFB-D 磨輪 ELID 研削 50 ×50mm Al$_2$O$_3$-TiC 的結果。加工表面無研削條痕，可得表面粗度 20nmRmax。

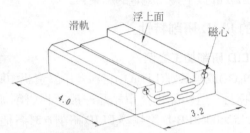

圖 14.9 薄膜磁頭

 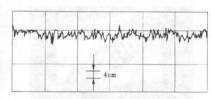

相片 14.5 Al$_2$O$_3$-TiC 加工結果
(20nmRmax 或 2nmRa)

(6) 矽晶圓的加工變質層評價 [6)]

VLSI、ULSI 等電子裝置的高密度化、高功能化，到底止於何處無人能知。隨著軟體化進展的半導體技術，漸偏離製造技術而有強烈開始獨步發展傾向，但隨著半導體製程進步導致設計規範也跟著變化，更要求矽晶圓加工高平坦化。矽晶圓的製造，伴隨大口徑化的同時，也逼迫此極限的精密化，不僅要求高效率化、高品位化，而且不得不朝枚片化、自動化等生產系統這個方向變化。

另一方面，有關 ELID 施行矽的鏡面研削，至今已有許多事例報告，其加工品位獲得比傳統研削或拉磨優越、不差的評價。因此，以下從更

實用觀點來看，已經意識到朝適用矽晶圓製造而開發"超微細磨床"所生加工應變等項目，嘗試評價而整理之。

① 實驗方法

　　評價矽晶圓施行 ELID 鏡面研削是採用#2000、#4000、#6000 及#8000 共 4 種 CIFB-D 磨輪。所用的磨輪，經適當削正後，再施予初期削銳，即開始 ELID 鏡面研削。加工條件上，各粒度基本上定為同一狀況，但在進刀上，各粒度則適當選擇。**表 14.3** 為評價實驗系統的規格。由表可知，評價矽晶圓研削加工面及胚料(研磨加工件)，係依斜磨法(含化學腐蝕法)、Langmuir 法的 X 光形貌(topography)方式。

② 加工條件

　　圖 14.10 顯示適用矽晶圓評價鏡面研削的進刀條件。本加工為實現只用 1 種磨輪粒度即可獲得高精度及有效率加工，研削條件中的進刀(精密步進)速度，柔性適當選 1、2 次。加工條件(2 次進給)於 2~8 μm/min 之間，適當選擇。

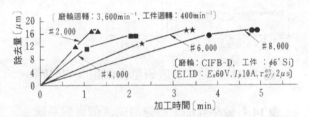

圖 14.10 適用矽晶圓施行 ELID 研削所用進刀條件

③ 研削表面粗度

　　經由上述加工條件，ELID 鏡面研削矽晶圓加工面粗度可如**表 14.4** 所示。使用#4000 以上微細磨粒磨輪，幾可加工至鏡面狀態。#2000 時，可得 107nmRmax 或 14nmRa；#4000 時，可達 62nmRmax 或 8nmRa；#8000 時，則至 31nmRmax 或 4nmRa 左右，有非常好的表面粗度。**圖 14.11** 為表面粗度形態之例。

表 14.3 各粒度造成矽晶圓的
ELID 研削面狀態

評價樣本	表面粗度〔nm〕		2 次進給	加工應變層
	R_{max}	R_a		
①#2,000	107	14	8 μm/min	1.3 μm
②#4,000	62	8	5 μm/min	1.1 μm
③#6,000	61	7	3 μm/min	1.0 μm
④#8,000	31	4	2 μm/min	0.4 μm
⑤胚料	10	1		

TTV 0.52 μm

(a) 加工表面粗度及龜裂層深度　　　　　　(b) 加工平面度

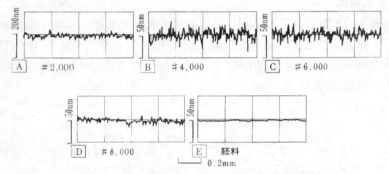

圖 14.11 各粒度造成研削表面粗度的形態

表 14.4 矽晶圓加工應變層的評價實驗系統

①	研削機器	超微細磨床(ELID 超精密鏡面磨床：RGS-20W-ED；2.2kW，ELID 裝置)〔不二越公司〕
②	研削磨輪	CIFB-D 磨輪(ϕ 146mm×W3mm。盆狀：#2000、#4000、#6000、#8000)〔新東 Breiter 公司〕
③	其它	研削液：Noritake cool AFG-M，50 倍〔Noritake 公司〕量　具：Talysurf 6，靜電容量型平面度儀
④	工件	ϕ 6″ 矽晶圓(0.6mm 厚)〔信越半導體公司〕
⑤	評價法	1) 應變深度評價：斜磨法(含化學腐蝕) 2) 應變分布評價：X 光形貌(利用 Lankmuir 法)

④ **加工平面度**

　　接著，如**表 14.4** 所示之圖，顯示評價品的加工平面度(使用#4000)。φ6″矽晶圓的加工平面度，幾無因粒度不同而有差異，TTV 平均為 0.5 μm 左右，可加工極佳的形狀精度。甚至在#4000 實際研削評價品也能獲得 TTV=0.52 μm，可抑制成為良好加工面平面度。

⑤ **斜磨法造成加工應變層的評價**

　　相片 14.6 顯示各 ELID 鏡面加工品及研磨加工品(胚料)經斜磨法導致應變層的評價用照片。由此可知，任何加工表面皆可抑制到低的應變。**表 14.4** 是整理後顯示各評價樣本的精磨面粗度、最終加工條件及加工應變層深度。各樣本雖都在中間部位、周邊部位二處評價，但並無太

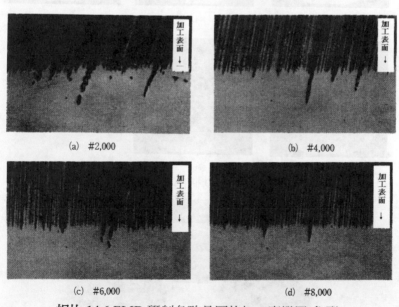

(a) #2,000　　　　　　　　　　(b) #4,000

(c) #6,000　　　　　　　　　　(d) #8,000

相片 14.6 ELID 研削各矽晶圓的加工應變層(龜裂)

大差距。愈細微粒，固然愈低加工應變，不過仍受個自加工條件的影響。

⑥ **X 光形貌造成應變層的評價**

　　相片 14.7 顯示各評價品的 X 光形貌。由此可知針對#2000 及#4000
施行加工品而言,沿稍有規律研削痕跡,視覺上產生較強應變。使用更
微粒的#8000 磨輪,較強烈應變消失,低應變均匀分布在晶圓全面上。
一般認為這是受到各磨輪精度分布的影響。今後的課題應是如何選定更
加實用的粒度。**相片 14.8** 顯現 ELID 鏡面研削矽晶圓的外觀。

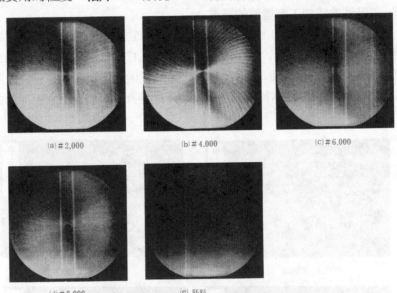

(a)＃2,000　　　　　(b)＃4,000　　　　　(c)＃6,000

(d)＃8,000　　　　(e) 胚料

相片 14.7 各粒度 ELID 研削各矽晶圓的 X 光形貌

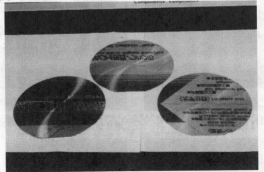

相片 14.8 ELID 鏡面研削矽晶圓外觀

(7) GaAs 晶圓加工變質層的評價之例

透過超微細磨床經 ELID 鏡面研削的晶圓應變層，雖可確認極小，

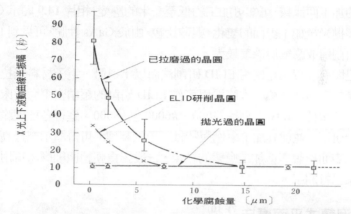

圖 14.12 GaAs 晶圓於 ELID 研削面經 X 光上下波動曲線半振幅的評
價例

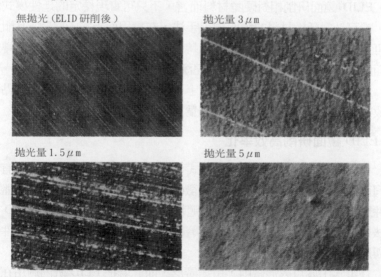

相片 14.9 GaAs 晶圓經 ELID 研削表面出現加工應變層(龜裂)外觀
(使用#8000)

但加工應變的深度卻依對象材質的脆性或加工性而有些差異。**圖 14.12** 是在化合物半導體 GaAs 晶圓($\phi 3''$)經#8000ELID 鏡面研削情況，以 X 光前後波動曲線的半振幅，比較評價加工應變的數據。與傳統拉磨的加工面比較，可知可加工約低至一半的應變。**相片 14.9** 顯示 GaAs 晶圓經拋光後加工表面的變化。與矽比較，由於 GaAs 性脆，可見到 ELID 鏡面研削造成應變層深度較大。

已開發並實用化使用 ELID 研削法而以半導體、電子材料無拉磨化為目標的專用加工機。本節採用可作 ELID 研削的超精密平面磨床，分別施予超微粒 CIFB-D 磨輪#4000、#6000 及#8000，進行各種硬脆材料的鏡面研削，並就其加工事例與特性，予以整理。可得顯示充分高品位精加工表面形貌與低加工應變的結果，一般認為朝超微細磨床實用化之道，業已打開了。

14.2 迴轉式平面磨床 [7]~[10]

ELID 鏡面研削相對硬脆材料而言，不只可實現穩定的延性模式研削，還可針對延性材料的鏡面加工手法，在實用面上寄予厚望。因此，以可立即實用加工形態，就大型迴轉體(圓盤狀)工件，於有效率迴轉式平面磨床上，嘗試 ELID 研削法是否適用。

本節先在傳統迴轉式平面磨床上，搭載 ELID 系統，就現場觀點考慮改善加工效率，以實現鏡面研削為目標。

(1) ELID 鏡面研削高效率化 [7]

與反覆式平面磨床比較，迴轉式平面磨床若單純計算的話，具有加工同面積工件達 3 倍以上效率的特徵(**圖 14.13**)。特別針對圓形、圓盤狀工件加工更有效吧！**圖 14.14** 係以迴轉式平面磨床檢討實用的 ELID 研削法概要。本方式為能適用平直形磨輪，與盆狀磨輪比較，具有工件外徑與磨輪外徑關係較少拘束的特徵。

往覆式由於可成形研削，用途廣泛，而此處把 ELID 研削適用在迴轉式，主要以切槽刀、CD-ROM 壓印之類迴轉工件且具較大面積者為對

象。

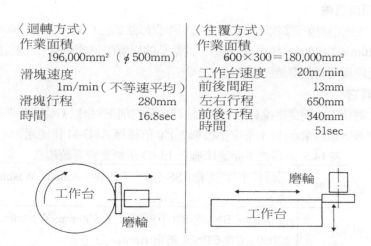

〈迴轉方式〉
作業面積
　　196,000mm²（φ500mm）
滑塊速度
　　1m/min（不等速平均）
滑塊行程　　　　280mm
時間　　　　　　16.8sec

〈往覆方式〉
作業面積
　　600×300＝180,000mm²
工作台速度　　　20m/min
前後間距　　　　13mm
左右行程　　　　650mm
前後行程　　　　340mm
時間　　　　　　51sec

圖 14.13 迴轉式平面磨床的加工效率

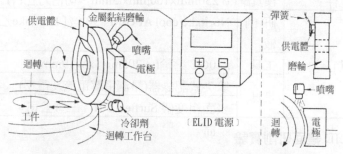

圖 14.14 在迴轉式平面磨床上的 ELID 研削方式

(2) ELID 鏡面研削實驗系統規格 [8],[10]

表 **14.5** 顯示所用實驗系統規格的概要

① 研削機器

加工機採用迴轉式平面磨床(山崎 Mazack 公司，7.5kW)，安裝所需附加裝置(主軸用變流器、ELID 電極與供電電刷、ELID 專用電源等)，

以利 ELID 鏡面研削之用。

② **研削磨輪**

　　由研削對象為鋼鐵材料，因此選用平直形鈷黏結 CBN 磨輪(φ300mm ×W10mm：#2000，集中度 100)。鈷黏結的電解削銳效率高，一般認為適合現場用高效率鏡面研削加工。

③ **其它**

　　對象工件則選擇模具鋼。金屬黏結磨輪的削正，是以 GC 磨輪進行。研削液則以自來水(日本東京都板橋區)50 倍稀釋 AFG-M 後使用。

表 14.5　迴轉式平面磨床施行 ELID 研削實驗系統規格

① 研削機器	迴轉式平面磨床：SS-501，7.5kW〔Amada Washino 公司〕		
② 研削磨輪	鈷黏結 CBN 磨輪(平直形： φ300mm×W10mm，#2000：CB-CBN〔新東 Breiter 公司〕		
③ ELID 電源	ELID PULSER：EPD-10A〔新東 Breiter 公司〕		
④ 工件	模具鋼(φ250mm×160mm×t3mm，切槽刀胚料)		
⑤ 其它	研削液	Noritake cool AFG-M，50 倍〔Noritake 公司〕	
	工具	#80GC 磨輪(φ205mm ×W19mm)	
	量具	筆尖式記錄器(量測電解電流及電壓)	
		表面粗度儀 Surftest 501〔三豐公司〕	

(3) ELID 鏡面研削實驗 [8~10]

① **實驗方法**

　　首先，使用的磨輪經 GC 磨輪削正。之後，針對初期電解削銳及 ELID 條件、加工條件，調查表面粗度、穩定性等項。

② **ELID 系統的安裝**

　　相片 14.10 顯示迴轉式平面磨床外觀。試製該機用的紅銅製 ELID 電極，覆蓋磨輪面積的 1/4。極間間隙設為 0.3~0.5mm 之內。其次，以彈簧為媒介，使供電體緊貼靠近磨輪中間的合金部位。供電體本身為紅

(A) 機器全景　　　　　　　　　　　　　(B) 電極部位放大

相片 14.10 搭載 ELID 的迴轉式平面磨床外觀

銅製管件，係一雖受加壓力作用，但著重可得密貼性較高的構造。

　　電源採用已實用化 ELID 專用電源。波形的選擇要求可切換直流脈衝或波紋。至於電源容量為 1.5kVA。

③ **初期電解削銳實驗**

　　研削實驗之前，先施行初期電解削銳實驗。接著調查電解實際電流、電壓的行為，並找出電流降低而使電解溶出與非導體薄膜化的平衡條件。**圖 14.15** 顯示電解電流與電壓的行為之例。該圖的條件一般認為是適合鈷黏結磨輪，可得灰褐色磨輪面，實現了良好 ELID 鏡面研削。

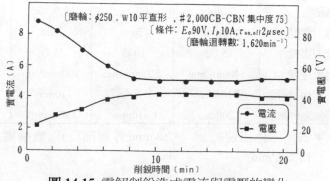

圖 14.15 電解削銳造成電流與電壓的變化

④ ELID 鏡面研削實驗

根據圖 14.15，進行模具鋼(切槽刀胚料)的 ELID 鏡面研削，可得如圖 14.16 所示充分的加工表面精度。條件是在表 14.6 中選定最佳值，進行了有效率的精磨。精磨過的表面粗度獲得 0.15 μ mRmax 左右之值。加工面形貌亦如相片 14.11 所示良好，可寄予高精度化。

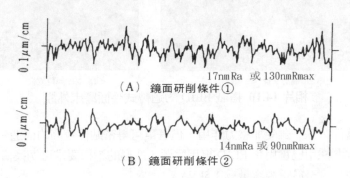

(A)　鏡面研削條件①　17nmRa 或 130nmRmax

(B)　鏡面研削條件②　14nmRa 或 90nmRmax

圖 14.16　模具鋼施行 ELID 鏡面研削的效果

表 14.6　控制因子、水準及最佳條件

控制因子		水準			最佳條件
		1	2	3	
A	進刀位置	工件兩端	工件右端	—	2
B	設定電流	4A	7A	10A	3
C	脈衝寬	2.0μsec	4.0μsec	8.0μsec	1
D	進刀深度	1μm	2μm	3μm	1
E	進刀次數	5 次	10 次	15 次	2
F	滑塊速度	140mm/min	220mm/min	300mm/min	2
G	工作台迴轉數	310min⁻¹	210min⁻¹	110min⁻¹	1*
H	磨輪迴轉數	1,200min⁻¹	1,410min⁻¹	1,620min⁻¹	2*

〔註〕 ＊表示工件周速約為 243m/min(外周部位)而磨輪周速約為 1328m/min

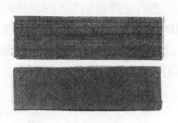 

(A) 加工面形貌(上：鏡面研削條件　　　　　　(B) 加工樣本外觀
①，下：鏡面研削條件②)　　　　　　　　　(模具鋼：切槽刀胚料)

相片 14.11 切槽刀施予 ELID 鏡面研削後的加工表面狀態

14.3 ELID 超精密成形平面磨床 [11]~[18]

以陶瓷為首的尖端材料為期實現各種各樣功能零件，所不可或缺者便是材料表面的超精密加工技術。另一方面，可望將來大有發展的「光」應用技術，可說隨著「光學元件」的進步而前進。因此，「超精密研削技術」便要使表面粗度與形狀精度兩相其美，必須達成儘可能的高效率化。

舉這樣例而言，把同步加速器的輻射光(SR 光)或軟 X 光、真空紫外光、雷射光等高能量光，予以反射及聚焦的光學元件(反射鏡)[11]。其胚料係以陶瓷為基材而具優越耐熱性、耐蝕性、強度、平滑性的 CVD-SiC，雖倍受矚目 [12]，不過它的硬質性因難以傳統研磨為主體的加工工程有效率生產，在面對此用途的光學元件要求多種形狀、尺寸以及嚴格表面、形狀精度時，如何實現反射鏡製造自動化、低成本化、短交期化，乃成為當務之急 [13]。

因此，開發 ELID 超精密成形平面磨床，針對這種加工作業實用化，予以檢討，並就其加工事例如下介紹。

(1) CVD-SiC 反射鏡的製程 [12]、[15]、[17]

SiC 反射鏡係為迎合高能量光的光學元件，一般認為其熱變形指標

(導熱率/熱膨脹係數)高，僅次於鑽石實用適合的胚料(**表 14.7**)。不過由於其硬質性關係，一般認為有必要從研磨為主體的加工工程改為研削為主體的加工工程。因此，嘗試以 ELID 法適用於超精密研削加工機，同時創造形狀精度與表面粗度，減少加工工時，同時建構可彈性對應製造所需反射鏡的超精密 ELID 鏡面研削系統。

表 14.7 反射鏡胚料的熱變形指標

材料	導熱率 K 〔W/cm・deg〕	熱膨脹係數 α 〔$\times 10^{-6}$/deg〕	熱變形指數 K/α 〔10^5W/cm〕
Diamond	6.0	1.5	40
SiC	2.0	4.3	4.7
Si	0.86	2.4	3.6
Si_3N_4	0.098	2.75	0.36
Mo	1.4	5.1	2.7
Cu	4.0	16.0	2.5
Al	2.4	24.0	1.0
溶解石英	0.021	0.55	0.39

　　圖 14.17 顯示 CVD-SiC 反射鏡製程的模式流程。在進入鏡面研削對象的反射鏡胚料前置作業之前，先行完成 CVD 基材的 SiC(碳化矽)陶瓷基準面加工或順應反射鏡形狀的成形加工，接著是 CVD 披覆工程。之後的 CVD-SiC 加工工程分別為 3 個工程的研削加工與同樣 3 工程程度的研磨加工所構成，但在研削/研磨過程中，適當施予量測形狀或表面

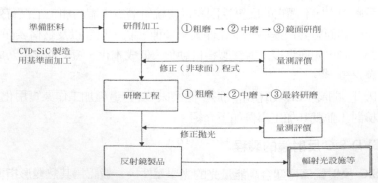

圖 14.17 CVD-SiC 反射鏡的加工工程

粗度,直至達到目的精度爲止。

(2) ELID 超精密成形平面研削系統 [15]‧[17]‧[18]

① 工件

使用 200 ×200mm、300x79mm、150x30mm 等的 CVD-SiC 胚料(日本 Pillar 公司)。這些皆以 SiC(碳化矽)陶瓷爲基材,CVD 表面形成大約 200 μm(約 HV3400)薄膜的胚料(相片 14.12)。

相片 14.12 CVD-SiC 薄膜的模樣
(左:CVD-SiC 剖面,右:CVD-SiC 薄膜)

② 超精密加工機

是利用如**相片 14.13** 所示具備靜壓驅動機構與光學尺回饋定位機構的超精密成形平面加工機 SGU52HP-2(Nagase 分度器公司)。該機擁有全

(A) 機器全景　　　　　　　(B) ELID 電極磨輪部位
相片 14.13 ELID 超精密成形平面磨床的外觀

軸油壓驅動機構，也具有全閉式光學尺回饋定位分解能達 100nm 之能
力(**圖 14.18**)。由於儘可能抑制接著等導致固定的變形，因此工件透過鐵
製治具或真空夾具固定，以進行 ELID 研削加工。

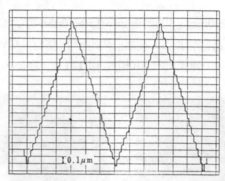

I 0.1μm

圖 14.18 進刀定位分解能的可靠性
(最小進給精度的量測結果)

③ **使用的磨輪**

依粗加工、中加工及鏡面研削分別採用#325、#1000(或#2000)及
#4000(平均磨粒直徑約 4μm)或#8000(約為 2μm)的鑄鐵黏結磨輪(富士
模具公司)。磨輪形狀為φ200mm×W10mm 平直形)。

④ **ELID 電源**

選用可生直流高頻脈衝電壓的專用 ELID 電源：ED630(富士模具公
司)。容量上充分有餘，適用無負荷電壓 60V 及最大電流 30A 型。

⑤ **研削液**

選擇水溶性研削液 AFG-M 及 CEM(Noritake 公司)，予以 50 倍稀釋
後使用，分別以自來水、精製水稀釋。

(3) 平面反射鏡的超精密 ELID 鏡面研削實驗 [15]、[17]

① **實驗方法**

先以剎車器等施予機械式削正所用磨輪，再以#2000 及
#8000(φ200mm ×W10mm 平直形)磨輪，進行 ELID 鏡面研削，並調查
加工平面度與表面粗度。電解削銳的標準條件設定無負荷電壓 60V、最

大直流 10A、脈衝寬 τ_{on} 與 τ_{off} 各為 $2\mu s$，並與磨輪~電極間距離等條件搭配，透過磨輪粒度或磨輪直徑，選定適當條件。

② **實驗結果**

利用超精密成形平面磨床，執行大型(200 ×200mm)平面反射鏡的 ELID 研削。經 2 工程 90min 加工完成。胚料是以#325~#600 等事先粗磨好備用。**圖 14.19(A)**為所得到加工表面粗度，而**圖 14.19(B)**為加工平面度。表面粗度為 19nmRy 或 4nm*rms*，而平面度則是在φ150mm 的量測範圍內可達到 λ(=0.6328) μ m 左右〔**圖 14.9(B)**〕；這是透過往覆式平面研削，可得與鏡面兩全其美的加工精度，一般認為層次最高。另一方面，參考起見，就圓盤形平面反射鏡透過超精密迴轉式平面磨床，可獲取大約 λ/4(**相片 14.14**)。**相片 14.15** 顯示 ELID 研削平面反射鏡外觀。

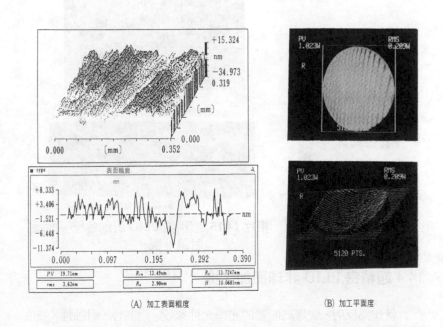

(A) 加工表面粗度　　　　　　　　(B) 加工平面度

圖 14.19 ELID 超精密成形平面磨床造成的加工效果

(A) L 150mm 反射鏡外觀

(B) 200×200mm 反射鏡外觀

(C) L 300mm 反射鏡加工外觀
（此例是以鐵製治具固定反射鏡）

(D) L 300mm 反射鏡外觀

相片 14.14 圓盤形平面　**相片 14.15** 超精密 ELID 研削各種平面反射鏡外觀

14.4 超精密 ELID 非球面加工機 [12],[17],[19]~[21]

　　就作為反射、聚焦高能量的光學元件來說，耐熱性、耐蝕性、強度、平滑性優越的 CVD-SiC 反射鏡，受到眾人矚目。不過由於傳統研磨法難以有效率加工，彈性面對此種用途的非球面光學元件所要求嚴格形狀

精度或表面精度，實現自動化、低成本化及短交期化，乃是當務之急。

因此，開發具備 ELID 系統的超精密非球面加工機，就球面/非球面 CVD-SiC 反射鏡的鏡面研削而言，因可達成有效率使表面粗度與形狀精度兩全其美，故如下予以介紹。

(1) 超精密 ELID 非球面加工系統 [12]、[19]、[20]

① 加工機

透過使用雷射干涉回饋的定位，具有 10nm 分解能，再於裝載油壓導引的直線驅動機構與磨輪主軸、工件轉軸皆為空氣靜壓軸承的超精密非球面加工機：ASG-2500(Rank Pneumo 公司)(相片 14.16)上，另搭載 ELID 系統才可適用。工件藉真空夾具固定，施予適當加工。

(a) 加工機全景　　　　　　　　　(b) 加工部位放大

相片 14.16 超精密非球面加工機外觀

② 磨輪

採用粗加工、中加工、鏡面研削用粒度分別為#400、#1000 及 #4000(平均粒徑約 4 μm)的鑄鐵黏結鑽石磨輪(富士模具公司及新東 Breiter 公司)。磨輪形狀選用 ϕ75mm ×W3mm 平直形。

③ ELID 電源

選用可生直流高頻脈衝電壓的專用 ELID 電源 ED910(富士模具公司)。由於使用較小徑磨輪，因此適用標準容量的 90V、10A 型。

④ 工件

使用 φ 100mm xt10mmCVD-SiC 胚料(日本 Pillar 工業公司)。此係以碳化矽陶瓷為基材，表面形成大約 20 μ mCVD 薄膜(約 HV3400)之胚料。

⑤ **研削液**

以 ELID 專用水溶性研削液 CEM(Noritake 公司)，經精製水 50 倍稀釋後使用。

(2) 非球面加工方法 [17]·[21]

① 程式補正

軸對稱(非)球面反射鏡的研削，會因工件與磨輪之間的相對速度變化，導致依照目的形狀程式愈往中心部位前進，脫離理想曲線偏差愈趨變大。因此，針對具大曲率半徑的反射鏡形狀，為保證更高形狀精度，必須回饋經加工形狀量測所得具體形狀誤差數據，檢討了在短時間內實施程式補正的獨特方式。由作為目的的非球面形狀公式，透過微小直線

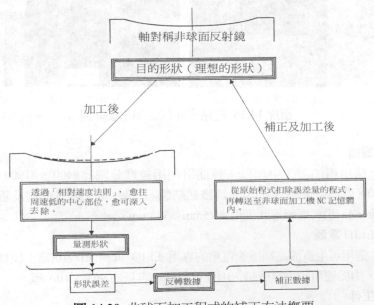

圖 14.20 非球面加工程式的補正方法概要

分割所形成的刀具路徑與 NC 程式,再施予 1 次研削,最後以具縱分解能 25nm 的非球面形狀儀:CV-L426(三豐公司),量測所加工反射鏡,並予以評價。接著,透過高速傅利葉轉換,過濾與理想曲線的偏差數據後,再藉可靠性佳的統計演算法,求出適當的誤差數據曲線,經由理想曲線扣除的獨特手法,進行原始程式的補正(**圖 14.20**)。

② **超拋光**

    X 光反射鏡的表面粗度,亦有多層膜形成之目的,要求 2~4Å(rms)之間。ELID 研削實用上是以#8000(平均粒徑約 2μm)適用於最終工程,表面粗度可達幾 nm(rms)。因此,實用上必須追加拋光提高表面粗度。如此一來,以拋光墊面對迴轉、搖擺的工件表面,不受拘束,以一定壓力加壓,適用游離磨粒的研磨加工,檢討了邊維持研削的形狀,邊改善表面粗度的手法。

(3) 超精密 ELID 鏡面研削實驗 [17]，[21]

① **實驗方法**

    (非)球面加工上,透過安裝在工件轉軸上的盆狀工具(#325 鑄鐵黏結鑽石磨輪:ϕ30mm ×W2mm),對 ϕ75mm ×W3mm 平直形磨輪,施予 R 成形削正。約經 10min 的電解初期削銳後,分別經#400 的粗磨、#1000 的中磨,最後再以#4000,進行 ELID 鏡面研削,以調查表面粗度、形狀精度及加工表面品位。加工表面係採用 Nomarski 微分干涉顯微鏡觀察。電解削銳雖以無負荷電壓 60V、最大電流 10A、脈衝寬 τ_{on}、τ_{off} 各為 2μs,作為標準條件,但搭配磨輪~電極間距離等條件,針對磨輪粒度或磨輪直徑,適當選擇最佳條件。

② **非球面加工程式**

    想像 X 光聚焦用途,球面反射鏡係加工成曲率半徑為 R=2000mm 者,以及作為非球面反射鏡用時,是從曲率半徑 R=2000mm 球面加工至中心部位 30μm 深形狀(**圖 14.21**)的拋物面:$Z=2.62039076 \cdot 10^{-4}X^2$。各形狀都由非球面公式變數在個人電腦上,形成直線補間程式,再經由 RS232C,轉至 NC 單元:8200 系列(Alhambradrey 公司)。

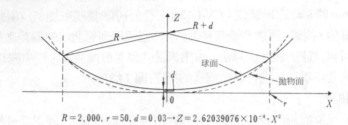

$$R = 2,000, \; r = 50, \; d = 0.03 \rightarrow Z = 2.62039076 \times 10^{-4} \cdot X^2$$

圖 14.21 加工的(非)球面形狀

③ **球面反射鏡加工**

首先，實施 R=2000mm 球面反射鏡的研削加工。分別經由#400→#1000→#4000 的 3 個工程 ELID 研削後，如**圖 14.22** 所示，評價所得反射鏡的表面粗度與形狀精度。**圖 14.22(a)**所示粗度量測數據，是使用非接觸式表面粗度儀 Zygo5700 而獲得。**圖 14.22(b)**的 ELID 鏡面研削形成的形狀精度，顯示加工程式補正的效果。

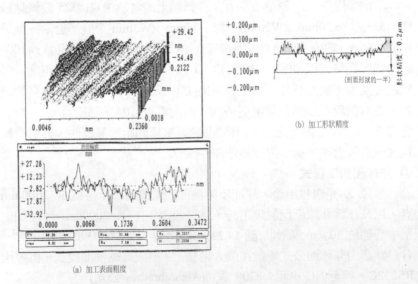

(b) 加工形狀精度

(a) 加工表面粗度

圖 14.22 球面反射鏡的加工表面粗度與形狀精度

④ **非球面反射鏡加工**

相片 **14.17** 顯示使用同樣的#4000 經 ELID 鏡面研削所得的非球面反射鏡加工表面形貌。透過 Nomarski 微分干涉顯微鏡，確認了本加工面公認爲完全無 "空孔" 的延性加工機構而成規律研削條痕。**相片 14.18** 顯示經超精密 ELID 鏡面研削非球面反射鏡外觀。加工是經 3 個工程於 180min 內完成。本反射鏡情況，胚料係由 R=2000mm 粗加工狀態經 CVD 形成薄膜，並經 ELID 研削工程磨除至初期 CVD 薄膜厚的一半左右。這是考慮 CVD 薄膜初期表面較粗，加工胚料初期形狀(球面)作爲非球面形狀偏差理論上爲 $30\,\mu\mathrm{m}$，以及考量 CVD 薄膜性質等因素，而設定總進刀量的結果。

相片 **14.17** 非球面反射鏡加工表面的形貌

相片 **14.18** ELID 鏡面研削非球面反射鏡外觀

⑤ **追加拋光造成表面粗度與形狀精度**

ELID 研削後的 CVD-SiC 反射鏡，再以膠態氧化矽(SiO_2)追加拋光，

可達到 4nmRmax 或 0.4nmRa 表面粗度與 0.15 μ m 的形狀精度。

14.5 ELID 搪磨床 [22) , 23)]

陶瓷作為精密機械零件用的優越性,雖可列舉耐磨耗性、耐熱性、耐化學性等優點,然而在加工成製品時,必須具備高尺寸精度(配合)、高形狀精度(真圓度)、高表面品位(鏡面性),因其難加工性緣故,量產極為困難。因此,使用金屬黏結鑽石磨石,依賴電解間歇削銳功能,使其銳利度穩定,開發成功了可實現附有高效率、高品位鏡面加工的 ELID 功能的搪磨床,以下重點介紹。

(1) ELID 搪磨床的開發與實驗系統 [22),23)]

① 電解間歇削銳法與加工工程

為了適用設置電極於困難的小徑內圓加工而可施行 ELID,乃開發可施予間歇削銳的電解間歇削銳(ELID II)研削法,以達到內圓鏡面研削高硬度材料。**圖 14.23** 顯示 ELID II 研削法適用搪磨床的加工工程。金屬黏結磨石的初期削正(成形 R)是先透過放電加工實施的,之後再賦予間歇電解削銳(ELID 搪磨)。

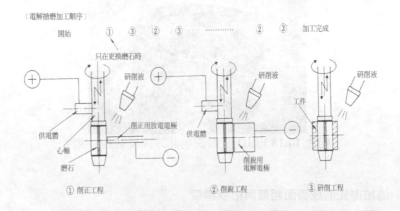

圖 14.23 ELID 搪磨加工工程

② **搪磨床**

開發附有 ELID 功能的搪磨床本機係 CMH-200-N-S(日進製作所)**(表 14.8)**。本機種組入 ELID 電源、電極自動定位裝置，並開發專用程式，予以專用化。**相片 14.19** 顯示其外觀。

表 14.8 ELID 搪磨床的規格

孔徑/孔長	ϕ 15~ϕ 50mm/80 (110)mm
主軸迴轉數	180~1300min^{-1}
最大往覆速度	22m/min
控制行程方式	NCS 電油壓伺服方式
磨石擴張方式	螺絲楔塊方式(步進馬達驅動)
定寸方式	size magic/gauge magic

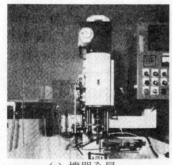

(a) 機器全景　　　　　　　(b) 加工部位詳圖

相片 14.19 開發的 ELID 搪磨床

③ **搪磨石**

搪磨石係選用鐵系黏結鑽石磨石(#325 及#4000，集中度各為 100，各 4 片：新東 Breiter 公司)。

④ **其它**

研削液係以自來水經 50 倍稀釋 AFG-M(Noritake 公司)後使用。工件選用氧化鋯、碳化矽的各種陶瓷、超硬合金，形狀為外徑 ϕ 30mm、內徑 ϕ 17.8mm 及長度 L=30mm。

(2) ELID 搪磨實驗 [22)]

① 實驗方法

先放電削正各磨石後即進行 ELID 搪磨。粗磨為#325，精磨為#4000。最後評價加工的穩定性、表面粗度、真圓度等項目。

② ELID 搪磨條件

表 14.9 顯示碳化矽施行 ELID 搪磨條件。這次是選定不重視效率而偏重於穩定性的條件。超硬合金的情況，與其它比較，選定較高的磨石迴轉數。

表 14.9 ELID 搪磨的條件

<搪磨條件>	(#4000)
磨 石 迴 轉 數：315min⁻¹	
進 給 速 度：5m/min	
跳　　　　越：1(粗)、4(精)	
擴　　　　張　　量：0.2μm(粗)、0.2μm(精)	
總　擴　張　量：220μm(粗)、240μm(精)	
清　　　　潔：10s/dowel：0.3S	
<ELID 條件>	(直流脈衝波形)
Eo=140V，Ip=3A，τ_{on}=5μs，τ_{off}=1.7μs	

③ 磨石粒度的影響

圖 14.24 顯示#325 及#4000 對各工件施行 ELID 搪磨粗度的形態。

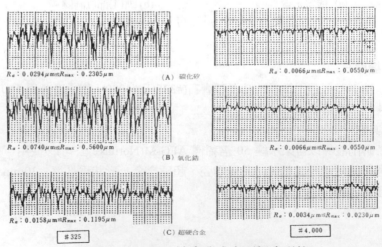

R_a：0.0294μm或R_{max}：0.2305μm　　(A) 碳化矽　　R_a：0.0066μm或R_{max}：0.0550μm

R_a：0.0740μm或R_{max}：0.5600μm　　(B) 氧化鋯　　R_a：0.0066μm或R_{max}：0.0550μm

R_a：0.0158μm或R_{max}：0.1195μm　　(C) 超硬合金　　R_a：0.0034μm或R_{max}：0.0230μm

＃325　　　　　　　　　　＃4,000

圖 14.24 ELID 搪磨造成表面粗度形態

在#325 情況，粗度爲 0.2~0.3 μmRmax，而#4000 的情況，可得 0.03~0.06 μmRmax，由此可知磨粒的微粒化，確認了改善 10 倍效果。

④ **工件的影響**

碳化矽與超硬合金比較，前者的破壞韌性強度較低，不過兩者的磨石粒度，皆會造成加工表面粗度惡劣結果。後者可得大約一半的值，而#4000 可做到 30nmRmax 之值。

⑤ **ELID 條件的影響**

#4000 的 ELID 條件，對加工穩定性特別敏感，重要條件是削銳次數與平均實際電流。加工/削銳次數爲 10/20，而平均電流必須有 0.5A 左右。

⑥ **搪磨真圓度**

圖 14.25 顯示透過#4000 經 ELID 搪磨過超硬合金的真圓度量測之例及加工之例，可以實現 0.15 μm 如此良好真圓度，同時亦可達到 30nmRmax 的表面粗度。以這些實驗結果爲根據，亦可推進開發機適用其它不同難削材。此外，對削銳次數的縮短化、中磨磨粒：#1000~#2000磨石的適用、最佳磨石黏結材與研削液的追究剖明，也欲逐次推進擴展。

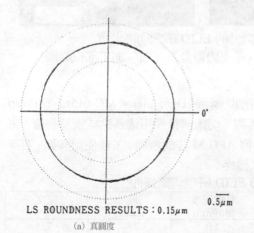

LS ROUNDNESS RESULTS：0.15μm

(a) 真圓度　　　　　　　　　(b) 加工例（氮化矽）

圖 14.25 ELID 搪磨形成的真圓度及加工例

14.6 ELID 研削切斷機 [24], [25]

近年來，伴隨光通訊裝備、光感測器、醫療裝備等的急速發展，而使陶瓷、玻璃、石英之類難削材的切斷加工擴大，並寄望於其有效率的切斷加工技術開發。研削磨輪的切斷加工，在作業特性上易生平滑，而且磨輪剛性脆弱，容易產生振動，只要有點苛刻條件下，就發生作業不能的缺點。因此，開發 ELID 法朝切斷加工適用的 ELID 研削切斷機，針對嘗試代表性難削材的陶瓷、石英、高硬度鋼材等的切斷加工結果，予以如下整理。

(1) ELID 研削切斷系統及實驗方法 [24], [25]

相片 14.20 開發的 ELID 研削切斷裝置
(左：機器全景，右：加工部位詳圖)

① **實驗裝置**

使用的切斷機是 ELID 研削切斷機：Dynamicron MC-615EL 型(Mart公司)。**相片 14.20** 為其裝置外觀。切斷磨輪採用鑄鐵黏結鑽石磨輪。研削液係使用自來水經 50 倍稀釋 AFG-M 後的液體。工件使用陶瓷、石英等材料。**表 14.10** 顯示其加工條件

表 14.10 ELID 研削切斷條件

	磨輪周速〔min^{-1}〕	進給速度〔mm/min〕	進刀〔mm〕	粒度〔#〕
氮化矽	2,800	2.0	2	325
石英	2,500	1.0	10	2,000
SKD11	2,500	1.0	10	2,000
Altic	2,500	1.0	7	2,000

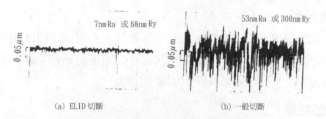

圖 **14.26** 石英的 ELID 研削切斷面粗度

相片 **14.21** 石英的切斷面外觀

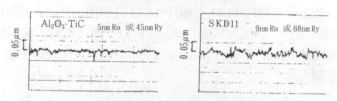

圖 **14.27** Al_2O_3-TiC 及 SKD11 的 ELID 研削切斷面粗度

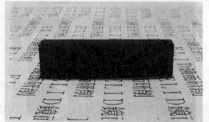

相片 **14.22** Al_2O_3-TiC 的 ELID 研削切斷面模樣

相片 **14.23** SKD11 的 ELID 研削切斷面模樣

② **實驗方法**

　　爲調查 ELID 研削切斷加工法的有效性，乃嘗試 ELID 研削切斷，觀察切斷面的表面粗度。本實驗係以定寸進刀進行研削切斷，並以接觸式表面粗度儀，進行量測及評價切斷面粗度。

(2) **實驗結果** [24]

　　圖 14.26 顯示使用#2000 磨輪切斷石英時，比較各種切斷法所獲得的切斷面品位。由圖來看，可知一般切斷法係由於研削面與磨粒不凸出的磨輪黏結材接觸狀態，邊引起脆性破壞，邊進行加工。然而一旦適用 ELID 的話，因可得微細磨粒凸出效果，所以可知研削面的去除是很平滑，遷移至延性模式去除作用。**相片 14.21** 顯示石英的 ELID 切斷面。此外，**圖 14.27** 顯示同樣經 ELID 切斷所得 Al_2O_3-TiC(Altic)及 SKD11 的切斷面粗度，而**相片 14.22** 及**相片 14.23** 分別顯現其切斷面照片。在研削切斷的情況，切斷面粗度 100nmRy 以下者，稱爲 "鏡面研削切斷"，可說整個斷面成爲鏡面狀態。由此可以確認實現幾無後續工程的高品位切斷面。

14.7 ELID **無心磨床** [26], [27]

　　隨著光通訊、超精密機器的發展，用於耐熱陶管(ferrule)或微機械零件的超精密小徑圓筒零件需求，日漸增多，深切期望其高效率且具超精密的生產技術。一般而言，圓筒零件的外周研削是以圓筒磨床進行，但在外徑小的圓筒零件情況，以使用無心且可高效率加工的無心磨床，較有效。因此，開發搭載 ELID 系統及放電削正功能的無心磨床，可以實現小徑圓筒零件的高效率鏡面研削，予以以下介紹。

(1) ELID **研削實驗系統** [26], [27]

　　圖 14.28 顯示 ELID 無心研削法與所開發裝置(光洋機械工業公司)的概要。無心研削適合小徑圓筒零件的精密加工，使用調整輪，輔助工件迴轉，依直進或縱進，進行所需加工。加工機採用φ150mm ×W50mm

磨輪的無心磨床。磨輪主要使用青銅與鐵複合黏結(SBB)的#800、#1200、#4000 及#8000 鑽石(SD)磨輪。電解電源則選用大容量的 ELID 專用電源 ED1560(富士模具公司)。工件則以 φ 2.5mm 氧化鋯套筒、模具零件之一的 SKD61(HV1000)經氮化處理披覆的頂出銷、φ 2.5mmSUJ 材滾針等小徑圓筒零件。

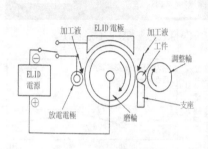

(a) ELID 無心研削法的原理

(b) ELID 無心研削裝置

圖 14.28 ELID 無心研削法及裝置

(2) ELID 研削方法與過程 [26],[27]

　　爲實現高效率且具超精密的 ELID 研削，因此有必要施行良好磨輪的削正與形成適當的氧化薄膜。本機施行 ELID 研削的製程如下：

① 使用放電削正，進行磨輪的精密削正。大約 1 小時放電削正後，磨輪形狀精度可得真直度 4 μm/W50mm、真圓度 2 μm/ φ 150mm，係一充分精密的磨輪表面。

② 其次利用電解，進行磨輪初期的削銳。大約 30min 的電解削銳，可形成 10 μm 厚左右的氧化薄膜。

③ 最後施行 ELID 研削。ELID 研削一開始，透過剝離非導體薄膜作用，電壓與電流恢復某種程度。

　　相片 14.24 顯示放電削正的模樣。**圖 14.29** 則是顯現放電削正效果的結果。由圖可知可以實現極高效率的削正。

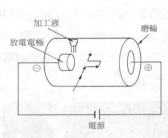
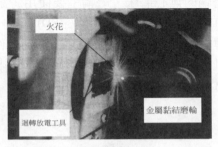

相片 14.24 放電削正的模樣(左：原理示意圖)

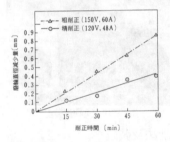
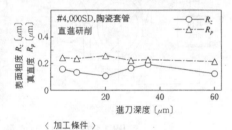

$\tau_{on}12\mu s$，$\tau_{off}3\mu s$ (共通)，磨輪：SD#200，磨輪迴
轉速：340min⁻¹，陰極迴轉數：3,090min⁻¹，進給速
度：100mm/min，進刀：2μm/趟

磨輪迴轉數：4,000min⁻¹，調整輪迴轉數：
45min⁻¹，E_o90V，I_p48A，$\tau_{on,off}$4μS

圖 14.29 放電削正的效果　　　**圖 14.30** 進刀深度與表面粗度、真直
度的關係

(3) 陶瓷(氧化鋯)的加工實驗 [26]

① 進刀深度的影響

　　圖 14.30 顯示進刀深度與表面粗度、真直度之間的關係。由於 ELID
研削效果，即使給予 60μm 的進刀，加工表面粗度與真直度幾無改變，
可以維持良好的加工表面。無 ELID 的情況，只進刀 20μm 深，即生燒
焦現象。

② ELID 的穩定性

　　圖 14.31(a)顯示連續加工 3000 個工件時的加工表面狀態。實驗中
途，由於調整過加工條件，因此在 1500 個以後的真圓度可見到少許變
化，但#4000 的加工穩定性一般認為非常高。

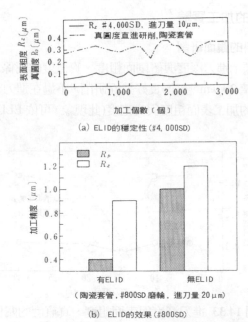

(a) ELID的穩定性 (#4,000SD)

(b) ELID的效果 (#800SD)

圖 14.31 ELID 的效果與穩定性
(加工條件與圖 14.30 相同)

③ 加工精度方面

　　圖 14.31(b)顯示有無 ELID 的比較結果。ELID 研削上可知加工表面粗度與真直度皆改善許多。**圖 14.32** 顯現磨輪造成加工面粗度與真直度的關係。透過#4000SBB 磨輪，可確認具有充分的實用性。

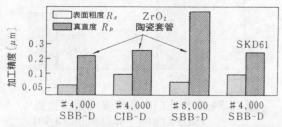

圖 14.32 磨輪與加工表面粗度、真直度的關係
(加工條件與圖 14.30 相同)

(4) 鋼鐵材料的加工實驗 [27]

① SKD61 材料的鏡面研削

　　圖 **14.33** 顯示進刀深度與研削面粗度、真直度的關係。雖然進刀深度設定在最大值 $30\,\mu\text{m}$，可得良好鏡面研削，不過在進刀量 $15\,\mu\text{m}$ 時，更可獲取不錯的加工表面粗度與真直度(此現象，可依 ELID 研削機構說明)。

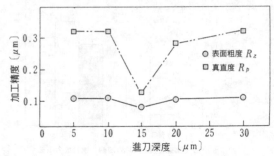

圖 14.33　進刀深度與表面粗度、真直度的關係
(SKD61 材)(加工條件與圖 14.30 相同)

② SUJ 材的鏡面研削

　　圖 **14.34** 是使用#4000、#8000SD 磨輪，比較有無 ELID 對 SUJ 材加工表面粗度的結果。使用#4000SD 磨輪的情況，因有 ELID 效果，加工

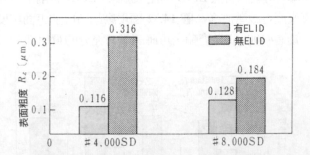

圖 14.34　有無 ELID 造成表面粗度差異
(SUJ 材)(加工條件同圖 14.30)

表面粗度得以改善許多。至於#8000 情況，一般認為其加工條件太強，改善效果不多。

　　圖 14.35 是採用#4000、#8000SD 磨輪，比較 SUJ 材加工表面真直度的結果。此外，**圖 14.36** 是比較連續加工 300 個 SUJ 材工件情況下，第 1 個與第 300 個的加工表面粗度、真直度。由於 ELID 效果，儘管實施連續加工，磨輪銳利度也不變，可達到極穩定的加工。

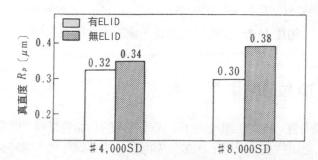

圖 14.35 磨輪粒度造成加工表面真直度的差異
(SUJ 材)(加工條件與圖 14.30 相同)

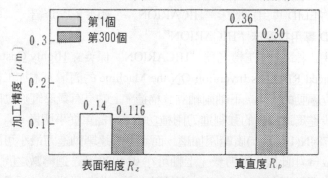

圖 14.36 加工表面粗度與真直度的穩定性
(SUJ 材)(加工條件如同圖 14.30)

　　相片 14.25 顯示使用 ELID 無心磨床鏡面加工 SKD61 與 SUJ 材的工件。兩者皆可實現良好的鏡面研削。

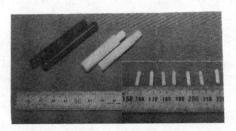

(a) 陶瓷零件（左起氮化矽、氧化鋯而右下為氧化鋯陶瓷套管）   (b) 鋼製零件(SUJ 材)

相片 14.25 鏡面研削陶瓷、鋼製零件(銷)的外觀

14.8 ELID 拉磨床 28)~30)

一般而言，精加工組成電子、光學零件的功能性材料，雖採用拉磨或拋光，然這些加工大體上加工效率既低且需熟練作業，同時又有作業環境上惡劣這樣的問題。因此，以固定磨粒創造高品位表面為目標，透過常用的拉磨裝置，研發 ELID 拉磨法。結果開發出了本加工法實用化為目的的 ELID 專用拉磨床 "HICARION"，如下予以介紹。

(1) ELID 專用拉磨床 "HICARION" 30)

開發出來的本加工機名為 "HICARION" 係英文 Highly Customized & Advanced RIKEN's Invention ON the Machine 的簡稱。本加工機擁有個自獨立驅動的上軸、下軸兩軸立式構造。上軸具有氣壓缸作動的定壓進刀與步進馬達驅動的強制進刀兩種功能，可簡單從事切換。氣壓缸可作 9.8~784N(1~80kgf)廣範圍加壓，而步進馬達驅動進刀最小可設定達到 0.01 μm 如此微小進刀量。上軸可在 0~4000min^{-1} 迴轉數之間，作無段變速；下軸則在 0~1000min^{-1} 迴轉數之內，作無段變速；而各軸可安裝磨輪或工件。此外，裝上拖盤用驅動單元亦可從事雙面加工。**相片 14.26** 顯示所開發 ELID 拉磨床 "HICARION" 的外觀(與 Mart 公司共同開發)。

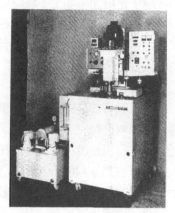

(b) HICARION(ELID 專用機)

(a) 拉磨床 (HICARION 的主力機 Lapotester)
(上：機器全景，下：加工部位放大圖)

相片 14.26 開發出的 ELID 專用拉磨機外觀

(2) 加工形態

本加工機可適用的加工形態，計有：①單面拉磨，②雙面拉磨。以下分別顯示其加工方法。

① 單面拉磨

本加工方式係下軸配置磨輪，上軸裝置工件，而工件位於磨輪上

相片 14.27 單面拉磨時的模樣

方，施予定壓加壓加工。磨輪可使用粗粒磨輪至超微細磨粒磨輪，可實現高效率研削，甚至是超精密研削。加工條件設定上，只就磨輪迴轉數、工件迴轉數及加工壓力 3 個項目，予以操作。**相片 14.27** 顯示單面拉磨時的模樣。

② **雙面拉磨**

　　上下軸皆安裝同一直徑的磨輪，其上下軸磨輪之間係以托盤支撐工件，再以兩磨輪夾入工件方式，在工件上下面同時進行有效率的加工。托盤不作行星運動，而只是依托盤用驅動馬達作自轉運動。安裝可用最大托盤直徑為 ϕ 120mm，可加工工件至直徑 4″。加工條件的設定是以上下磨輪的迴轉數、加工壓力及托盤迴轉數施行。**相片 14.28** 顯示雙面拉磨時的模樣。

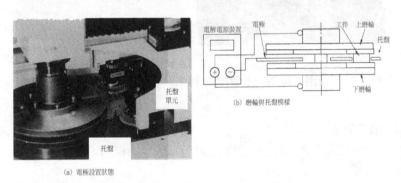

(a) 電極設置狀態

相片 14.28 雙面拉磨時的模樣

(3) ELID 拉磨實驗 [31]

① **實驗方法**

　　為了掌握所開發 ELID 拉磨的特性，就基礎加工特性，進行調查。實驗是採用#4000 鑄鐵黏結鑽石磨輪(ϕ 250mm×W55mm，集中度 100，富士模具公司)，施予超硬合金(相當 K-10，ϕ 20mm)的單面及雙面拉磨，以調查其加工特性。

② **單面拉磨結果**

先削正磨輪，掌握初期電解削銳特性後，再使用#4000 磨輪，在超硬合金上施行單面拉磨。**表 14.11** 為此時所得到的加工結果。獲得加工表面粗度 32nmRy、形狀精度 0.45 μm P-V、加工效率 1.54 μm/min 如此良好結果。此時加工中觀察並無異常，可維持穩定的加工。實驗結果，證明本加工機的單面拉磨機構具有良好的功能。

表 14.11 超硬合金經 ELID 拉磨結果

項 目	值
加工面粗度	32nmRy 或 4nmRa
形狀精度	0.45 μmP-V
加工效率	1.5 μm/min

③ **雙面拉磨結果**

其次，上下磨輪皆使用#4000 磨輪，以進行超硬合金的雙面拉磨實驗。初期電解削銳如**相片 14.28(b)**所示，在上下磨輪之間插入 1 塊電極之形式進行 。實驗上先確認上下磨輪都長出充分的非導體薄膜後，即開始實驗。

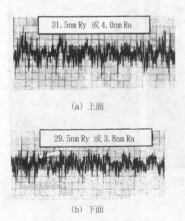

(a) 上面

(b) 下面

圖 14.37 雙面拉磨結果

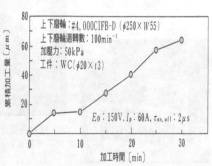

圖 14.38 雙面拉磨的加工效率

　　圖 14.37 顯示工件上下兩面所得到加工表面粗度的輪廓。兩面皆可獲得 30nmRy 左右良好加工結果。此外，形狀精度上兩面都可獲取 0.6 μm P-V 左右良好之值。**圖 14.38** 顯示加工效率的結果。圖中可知隨著加工時間的經過，累積加工量呈線性上升，並無塞縫情形，可維持穩定的加工。透過本加工系統，可知雙面拉磨機構確具有效功能的。

　　經由以上結果來看，能應付各種加工形態的 ELID 專用加工機已開發成功，並步入實用階段。此處所介紹之外，還有許多機器製造廠商已銷售了不少可選配搭載 ELID 功能的加工機。此外，不只是作爲 ELID 系統基本部分的專用脈衝電源(**相片 14.29**)如此，就連各種金屬黏結磨輪(**相片 14.30**)也推進開發進入專用化與實用化的階段 [32]。**表 14.12** 顯示此處 ELID 所用主要的磨輪粒度，而**表 14.13** 整理包含專用磨輪、電解電源、研削液在內所代表的 ELID 專用加工機及其製造廠商。

(a) 標準型電源EPD-10A
（ 新東 Breiter 公司 ）

(b) 普及型電源 ED910
（富士模具公司）

(C) 大容量電源 EPD-15A
（ 新東 Breiter）

(d) 汎用型 ED630
（富士模具公司）

相片 14.29 ELID 專用電源的開發及製品化之例

相片 14.30 ELID 專用金屬黏結磨輪的開發及製品化之例
(鑄鐵、鐵系/複合金屬黏結磨輪：富士模具公司)

表 14.12 ELID 研削所用的磨輪粒度之例

粒度〔#〕	精度分布〔μm〕	平均磨粒直徑〔μm〕	用途〔ELID〕
140	105~88		
170	88~74	接近中間值	高效率/粗
325	40~90	63.0	磨
600	20~30	25.5	
800	12~25	18.96	中磨
1,200	8~16	11.6	
2,000	5~10	6.88	
4,000	2~6	4.06	
6,000	1.5~4	3.15	鏡面研削
8,000	0.5~4	1.76	
10,000	0~3	1.27	
20,000	0~0.9	0.51	
60,000	0~0.68	0.17	超精密
120,000	0~0.50	0.13	鏡面研削
3,000,000	0.004~0.006 (4nm~6nm)	0.005 (5nm)	極限平滑 鏡面研削

表 14.13 代表性 ELID 專用裝置、加工機及製造廠商

裝　置	品　名(規格等)	製造廠商
磨　輪	金屬黏結磨輪 　FUJI ELIDER 系列 　　鑄鐵黏結(鑽石/CBN)磨輪(FCI) 　　複合金屬黏結磨輪(KFSI-2) 　　青銅黏結磨輪(FSI-2)	富士模具公司
	鑄鐵纖維黏結(FA-N) 鐵系黏結磨輪(FX3) 鈷黏結磨輪(FA-J、FA-K；FX4、FX8)	新東 Breiter 公司
電　源	高頻脈衝直流電源 　FUJI ELIDER:910,920,630,1560 等	富士模具公司 (Stanrey 電氣公司)
	ELID PULSER:EDD-10A,EDD-15A 等	新東 Breiter 公司
研削液	水溶性研削液 　Noritake cool PC-M,CEM	Noritake 公司 (協同油脂公司)
	ELID No.31,32,35,40 等	新東 Breiter 公司 (油城化學工業公司)
磨床 (主要機種)	迴轉式平面磨床、成形磨床等 　(往覆式)平面磨床、成形磨床等 　切削中心、車削中心 　平面與成形磨床、工磨磨床、螺牙磨床等 　成形與平面磨床、臥式迴轉平面磨床等 　搪磨床 　平面與成形磨床、迴轉式平面磨床等 　迴轉式平面磨床、非球面加工機等 　無心磨床、迴轉式平面磨床 　切斷機、拉磨床 　超精密非球面加工機、迴轉式磨床、切片機 　超精密非球面加工機 　超精密非球面加工機	不二越公司 黑田精工公司 山崎 Mazack 公司 三井精機工業公司 Amada Washino 公司 日進製作所 Nagase Integlex 理研製鋼公司 光洋機械工業公司 Mart 公司 東芝機械公司 Rank Pneumo Cranfield Precision

參考文獻

1 ）大森整，外山公平，中川威雄：鋳鉄ボンドダイヤモンド砥石によるシリコンの研削加工
（第 5 報：インフィード鏡面研削の試み），昭和63年度精密工学会秋季大会学術講演会講演
論文集，(1988) 715〜716.

2 ）大森整，外山公平，中川威雄：鋳鉄ボンドダイヤモンド砥石によるシリコンの研削加工
（第 6 報：＃10,000砥石による鏡面研削），1989年度精密工学会春季大会学術講演会講演論文
集，(1989) 365〜366.

3 ）大森整，中川威雄：鋳鉄ファイバボンド砥石による硬脆材料の鏡面研削加工，昭和63年度
精密工学会秋季大会学術講演会講演論文集，(1988) 355〜356.

4 ）大森整，高尾佳宏，中川威雄：各種硬脆材料の電解ドレッシング研削特性，1990年度精密
工学会春季大会学術講演会講演論文集，(1990) 959〜960.

5 ）大森整，高尾佳宏，中川威雄：電解ドレッシング鏡面研削用超精密加工機，1990年度精密
工学会秋季学術講演会講演論文集，(1990) 615〜616.

6 ）大森整，外山公平，中川威雄：鏡面研削されたシリコンウェハ加工変質層の評価，1990年
度精密工学会秋季大会学術講演会講演論文集，(1990) 989〜990.

7 ）㈱ワシノエンジニアリング：ロータリー平面研削盤SS-501カタログ

8 ）大森整，大瀧幸久，中川威雄：ロータリサーフェスグラインダによる電解ドレッシング鏡
面研削，1991年度綿密工学会秋季大会学術講演会講演論文集，(1991) 457〜458.

9 ）大森整，高橋一郎，中川威雄：ドレッシング用電解電源に関する考察（第 2 報：コンデン
サ電源の適用効果），1990年度精密工学会秋季大会学術講演会講演論文集，(1990) 727〜
728.

10）H. Ohmori：Electrolytic In-Process Dressing (ELID) Grinding Technique for Ultra-precision
Mirror Surface Machining, International Journal of JSPE, Vol. 26, No. 4 (1992) 273〜278.

11）大型放射光施設SPring-8（パンフレット），日本原子力研究所・理化学研究所大型放射光施
設計画推進共同チーム．

12）阿久根安博，谷野吉彌：ビラーパイドクリスタル（CVD-SiCミラー），電子材料，Vol.31,
No.2 (1992)，34〜41.

13）H. Ohmori: Electrolytic In-Process Dressing (ELID) Grinding for Optical Parts
Manufacturing, Int, Progress in Ultra-precision Engineering, Proceedings of IPES 7th (1993),
134〜148.

14）大森整：電解ドレッシング用研削液要因の考察（第 6 報：純水希釈型研削液の要因），1993
年度精密工学会春季大会学術講演会講演論文集，(1993) 115〜146.

15) 大森整，大前勝，宮澤徹二，有銘盛克：CVD-SiC ミラーの超精密 ELID 鏡面研削，1994年度精密工学会秋季大会学術講演会講演論文集，(1994) 553〜554.
16) 大森整：CVD-SiC の電解ドレッシング鏡面研削（第 1 報：SiC 薄膜の鏡面研削効果），1992年度精密工学会春季大会学術講演会講演論文集，(1992) 455〜456.
17) 大森整：ミラー研磨，平成 5 年度 SPring-8 利用系 R & D 成果報告会講演要旨集，大型放射光施設計画推進共同チーム (1994)，15.
18) 超精密成形平面研削盤 SGU52N シリーズ（カタログ），㈱ナガセインテグレックス.
19) 大森整：超精密鏡面加工に対応した電解ドレッシング，精密工学会誌，Vol.59，No.9，(1993) 43〜49.
20) 伊藤清一，大森整：ELID 研削による非球面の加工，1992年度精密工学会秋季大会講演論文集，(1992) 545〜546.
21) 守安精，大森整，山口一郎，加藤純一，中川威雄：超精密 ELID 研削おける非球面形状の制御，1995年度砥粒加工学会学術講演会講演論文集，(1995) 13〜16.
22) 大森整，赤瀬浩矢，香山芳一：電解インタバルドレッシング研削による小径円筒内面の鏡面加工，1993年度精密工学会秋季大会学術講演会講演論文集，(1993) 693〜694.
23) 香山芳一：ELID ホーニング盤 CMH100E・200E，マシン＆ツールジャーナル，Vol.32，No.5，生産技術通信社，23.
24) 大森整，金華栄，山本幸治：ELID 研削切断機の開発および適用効果，1996年度精密工学会秋季大会学術講演会講演論文集，(1996) 131〜132.
25) ELID 切断機ダイナミクロン（カタログ），㈱マルトー.
26) たとえば，李偉，大森整，高橋一郎，B. P. Bandyo-padhyay，石井利夫：ELID 研削による小径円筒部品の高能率・高精度加工，砥粒加工学会誌，Vol.40 (1996)，211〜212.
27) たとえば，李偉，大森整，高橋一郎，石井利夫，山田裕久：ELID センタレス研削盤による小径金型部品の精密・高能率加工（第 2 報）鉄鋼材ピンの鏡面加工，型技術協会誌，Vol.12 (1996)，No.8，64〜65.
28) 大森整：超微粒ラッピング砥石による電解インプロセスドレッシング（ELID）研削，砥粒加工学会専門学術講演会固定砥粒加工フォーラム講演論文集，(1993) 5〜8.
29) 伊藤伸英，大森整：微粒ラッピング砥石による硬脆材料の ELID 研削特性，砥粒加工学会専門学術講演会固定砥粒加工フォーラム講演論文集，(1993) 9〜12.
30) ELID ラップ研削盤ヒカリオン HOM−380E（カタログ），㈱マルトー.
31) 伊藤伸英，大森整，河西敏雄，土肥俊郎，堀尾健一郎，山本幸治，松澤隆，牧野内昭武：ELID ラップ研削盤ヒカリオンの開発と加工特性，1998年度砥粒加工学会学術講演会（ABTEC98）講演論文集 (1998)，325〜326.
32) ELID 研削システム FUJI ELIDER（カタログ），冨士ダイス㈱.

第15章　ELID研削的實用秘訣

15.1 ELID 電極面積的影響

ELID 研削所用電極面積，至今只是經驗性的，針對直徑 ϕ 15~ϕ 200mm 的盆狀、平直形磨輪而言，基本上係以磨輪全周的 1/6 作爲對向面積。然而在電極面積較少的情況，初期削銳並無有效率施行，而且又不能確保 ELID 研削穩定性等的問題產生，而在電極面積較大情況，乃有處理或減少磨輪有效面積等問題。此處，針對有關電極面積的秘訣，予以整理如下介紹。

(1) 電解機構與電極面積的關係

非線性電解機構，一般認爲受到電解面積的影響。亦即使電流流動也不一定會引起電解，因此存在最佳電極面積的可能性。經由電極影響的電解機構，一般認爲如下：

① 黏結材的電解溶出量與非導體薄膜厚(非導體化量)的關係；

② 研削液中水的電性分解量與磨輪電性分解量關係；

③ 對電極析出物的量與非導體薄膜中的元素分析等等。

此處，誠如**表 15.1** 所示，變化電極面積 5 種，主要著眼非導體薄膜厚度，以調查電解面積的影響。

表 15.1　利用過的電解面積

ϕ 150mm 用	1/4	1/6	1/9	1/12	1/18
ϕ 300mm 用	1/4		1/6		1/9

(2) 實驗系統及實驗方法

　　所用的加工機係在往覆式平面磨床；GS-CHF(黑田精工公司)上，附加 ELID 裝置，以資實驗用。磨輪則以#4000 鑄鐵黏結鑽石磨輪爲主。粗磨使用#325 及#1200 磨輪。直徑適當選定 φ150mm 及 φ300mm。此外，採用可產生高頻脈衝電壓的專用 ELID 電源裝置。波形選定純矩形波。研削液則以常用的 AFG-M 經自來水(日本東京都板橋區)50 倍稀釋後使用。工件爲超硬合金。

　　電極面積事先準備 5 種，調查了電極面積對電解削銳行爲及非導體薄膜厚的影響。同時也針對磨輪周速、磨輪直徑的影響，予以調查。此外，並對 ELID 研削表面粗度、電流變化的影響，進行了調查。

(3) ELID 研削實驗

① 電解削銳的行為

　　圖 15.1 顯示有關 φ150mm 平直形磨輪在面對不同電極面積帶給電解削銳電流變化的差異。電極面積變小，電流亦呈低落傾向。60V 與 90V 的兩種電解電壓，後者的電極面積影響較少，電流差距不大。

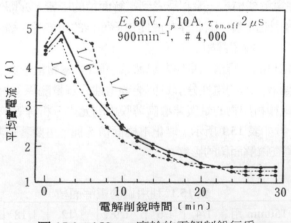

圖 15.1 φ150mm 磨輪的電解削銳行爲

② **電解面積與非導體薄膜厚的關係**

接著，再以分厘卡量測經 30min 電解削銳前與後的磨輪直徑變化，而定磨輪半徑增加量為薄膜厚。**圖 15.2** 顯示電極面積與 2 種(60V、90V)電壓所生非導體薄膜厚的關係。90V 方面，電極變小，薄膜厚只是單調地減少，但在 60V 方面，1/4 的情況較 1/6 的薄膜厚小。在此，平均 4 次電解削銳所生的磨輪直徑變化，經求出 30min 電解削銳黏結材的電解量，可得如**圖 15.3** 所示 1/4 情況呈較大結果。

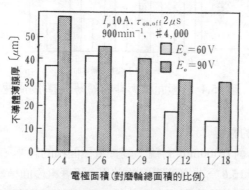

圖 15.2 電極面積與非導體薄膜厚(低周速)

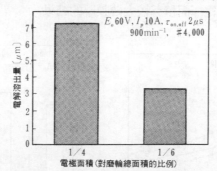

圖 15.3 黏結材電解溶出量的差異

③ **磨輪周速的影響**

磨輪周速與研削時同樣，定為 1200m/min，以調查電極面積與非導

體薄膜厚的關係。誠如**圖 15.4** 所示，與低周速比較，薄膜厚較小。此情況，在 1/4 電極上的薄膜厚較 1/6 為大。若以薄膜厚代表電解效率的話，ELID 研削時的穩定性與初期削銳時比較，可說易受電極面積的影響。

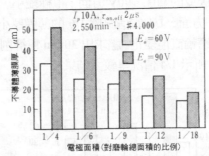

圖 15.4 電極面積與非導體薄膜厚(高周速)

④ **磨輪直徑的影響**

接著若針對 φ300mm 磨輪，調查電極面積的影響。**圖 15.5** 顯示電流變化，而**圖 15.6** 為非導薄膜厚的差異。隨著電極面積變小，可知電解電流呈現較早低落的強烈傾向。此外，就 60V 或 90V 任一種電解電壓之下，可得 1/6 電極面積有較大薄膜厚的結果。

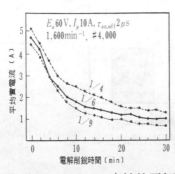

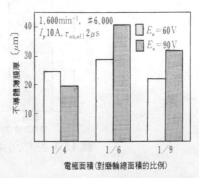

圖 15.5 φ300mm 磨輪的電解削銳行為　**圖 15.6** 電極面積與非導體薄膜厚(φ300mm)

⑤ **對 ELID 研削性能的影響**

使用 1/6 與 1/12 電極面積，調查#4000 磨輪(ϕ 150mm)對 ELID 研削特性的差異。前加工是依#1200 施行的。1/12 電極面積與 1/6 情況比較，其研削抵抗較低，一般認爲是磨輪磨耗較大緣故。加工表面粗度則如**圖 15.7** 所示，1/6 電極面積可獲得鏡面狀態，但 1/12 情況卻無法得到滿意的結果。

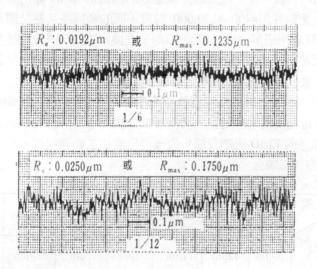

圖 15.7 電極面積不同造成 ELID 研削表面粗度的差異

15.2 ELID 研削機構的解析

能夠實現脆性材料高品位加工的延性模式研削，作爲下一代超精密研削方式而言，固然寄予厚望，但針對各種各樣對象材料來說，要讓其常態可行，仍存在眾多課題。ELID 研削法係使用微粒金屬黏結磨輪，可有效率形成鏡面的基礎技術，因此可常態適用 1 μm 以下的超微粒磨輪，可檢討作爲延性模式研削的現實加工原理。因此，採用

#400~#120,000 的金屬黏結磨輪，進行代表性脆性材料的 ELID 研削，嘗試加工表面的解析。根據此結果，就加工對象的脆性工件看何種磨輪粒度、條件，可獲得實現延性區(ductile regime)的使用秘訣爲本實驗目的。

(1) 實驗系統及實驗方法

適用的實驗系統，是依迴轉縱進式的超精密 ELID 專用磨床爲基礎建構的。磨輪採用#400~#120,000 粒度不同的多種鐵系黏結鑽石盆狀磨輪。ELID 專用研削液係以精製水(離子交換水)經 50 倍稀釋後使用。工件選用單晶矽、BK-7 玻璃及 Si$_3$N$_4$ 陶瓷。最後再以掃瞄式電子顯微鏡(SEM)及原子力顯微鏡(AFM)，評價加工表面。

首先以#325 青銅黏結鑽石盆狀磨輪，經削正各粒度的磨輪後，再經 30min 施行初期的電解削銳。其次根據如**表 15.2** 所示 ELID 研削條件，進行各工件的 ELID 研削實驗，最後再量測加工表面粗度，並以 SEM、AFM 觀察加工表面。

表 15.2 適用的磨輪粒度與各 ELID 研削條件

粒度 / 粒徑	#400	#1,200	#2,000	#4,000	#8,000	#40,000	#120,000
ELID 研削條件	30μm	12μm	7μm	3μm	2μm	0.4μm	0.13μm
磨輪迴轉數〔min^{-1}〕	2,500					1,500	
工件迴轉數〔min^{-1}〕	500					150	
進刀速度〔μm/min〕	1					0.5	
無負荷電壓〔V〕	60					90	
最大電流〔A〕	10					10	
On, off time〔μs〕	2					2	
脈衝波形	矩形					脈流	

表 15.3 磨輪粒度與 ELID 研削面粗度

粒度 表面粗度	#400	#1,200	#2,000	#4,000
Rmax〔nm〕	319.0	199.5	107.5	59.5
Ra〔nm〕	34.2	23.2	14.6	7.6

粒度 表面粗度	#8,000	#40,000	#120,000
Rmax〔nm〕	34.0	18.4	20.5
Ra〔nm〕	5.2	2.8	3.0

(2) ELID 研削實驗及解析

使用各磨輪，ELID 研削矽情況的加工表面粗度，整理如**表 15.3** 所示結果。由表中可知，#40,000 所形成的研削表面粗度最優，而後#120,000 所形成的加工面與#40,000 比較，雖有少許惡化，不過一般認為這是暗示加工條件適當化仍有改善空間。至於#400~#40,000，則是伴隨磨輪微粒化而致加工表面粗度減小。

其次**相片 15.1** 顯示各 ELID 研削面的 SEM 畫面。在矽的情況，#400 及#1200 造成的加工表面，顯示是典型脆性破壞的除去機構。#2000 形成的加工表面，可以觀察到沿較連續加工痕跡的小規模凹陷(crater)狀脆性破壞。接著#4000 及#8000 形成的加工表面，雖混雜著脆性除去機構，但仍然顯示以延性除去機構為主體的良好狀態。而#40,000 形成的加工表面，可知幾乎只有延性破壞機構所造成的狀態。誠如上述，#120,000 形成的加工表面顯現與#40,000 同樣狀態。因此，矽在脆性-延性遷移所生的臨界領域，一般認為存在#2000~#40,000 的範圍內。同樣的，**相片 15.2** 顯示整理的 AFM 畫像。

另一方面，針對玻璃及陶瓷亦同樣調查。任何材料在#400 上，幾呈脆性破壞狀態，而#2000 則殘留凹陷狀破壞。可是與玻璃比較，陶瓷顯示其加工面較接近延性破壞。至於#4000 上，則顯現玻璃仍伴隨著脆性破壞，而陶瓷幾以延性為主的加工面。此外，較#8000 更為微細粒度則

顯示連玻璃也幾乎爲完全延性除去機構。

　　因此陶瓷與玻璃比較，引起遷移的臨界領域較狹窄，可說接近粗粒度這一邊。玻璃方面，完全呈延性破壞的粒度與矽一樣，開始遷移的粒度一般認爲與矽相比，較粗。經由以上結果來看，ELID 研削上的脆性-延性遷移狀態，可如**圖 15.8** 表示。

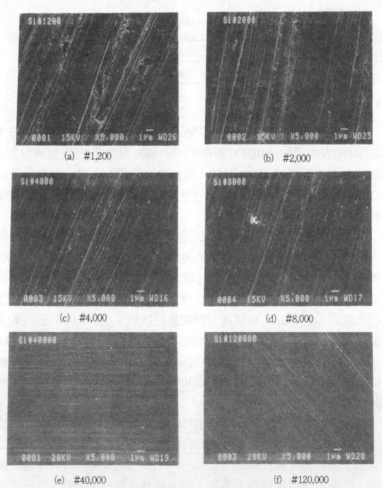

(a) #1,200

(b) #2,000

(c) #4,000

(d) #8,000

(e) #40,000

(f) #120,000

相片 15.1 各 ELID 研削面的 SEM 畫像 (Si)

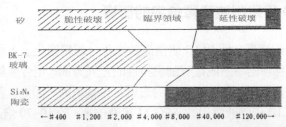

矽
脆性破壞　臨界領域　延性破壞

BK-7
玻璃

Si₃N₄
陶瓷

←＃400　＃1,200　＃2,000　＃4,000　＃8,000　＃40,000　＃120,000→

圖 15.8 磨輪粒度與 ELID 研削上的除去機構

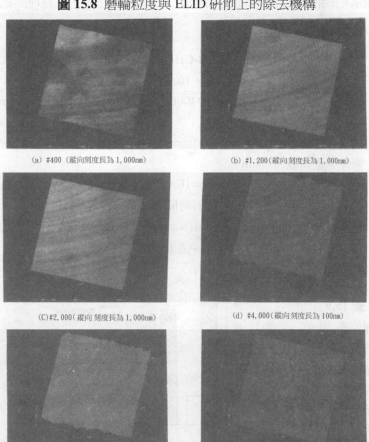

(a) #400（縱向刻度長為 1,000nm）　　(b) #1,200（縱向刻度長為 1,000nm）

(C)#2,000（縱向刻度長為 1,000nm）　　(d) #4,000（縱向刻度長為 100nm）

(e) #8,000（縱向刻度長為 100nm）　　(f) #40,000（縱向刻度長為 100nm）

相片 15.2 各 ELID 研削面的 AFM 畫像(Si)

15.3 ELID 用研削液稀釋倍率的影響

　　研削液的選擇在使 ELID 研削高效率化、超精密化上，視爲重要因素，至於其稀釋倍率造成電解削銳特性的差異方面，至今並無明確的調查。甚至這是關係到研削液壽命的方針，事關重大。因此，就以下條件之下，在 ELID 研削液常用的 AFG-M 稀釋倍率，於 10~70 倍之間變化，就電解削銳特性，予以調查非導體薄膜與電解溶出量，並整理出結論。

(1) 實驗條件

　　加工機：往覆式平面磨床 GS-CHF，2.2kW(黑田精工公司)，ELID
　　　　　　專用電源裝備(90V，10A)

　　磨輪：鐵系黏結鑽石磨輪(SD4000 N 100M)　ϕ 150mm ×W10mm 平
　　　　　直形

　　電極：紅銅電極 1/6，間隙 0.1mm

　　條件：迴轉數 900min^{-1}
　　　　　電解條件 Eo=60V，Ip=10A，τ_{on}、τ_{off}各 2 μs
　　　　　純矩形脈衝波形，電解時間 30min

　　研削液：Noritake cool AFG-M(Noritake 公司)
　　　　　　自來水稀釋(日本東京都板橋區)

(2) 實驗結果

　　圖 15.9 顯示稀釋倍率 10~70 的電解削銳所生非導體薄膜厚度與電解溶出量調查結果。相對一般使用 50 倍率稀釋，若爲 30 倍的話，電解溶出

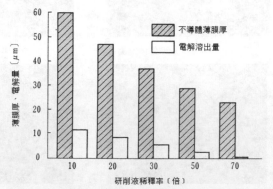

圖 15.9 稀釋倍率與非導體薄膜、電解量之關係

量大約可到 2 倍。亦即相對 2 倍左右的磨粒直徑的磨輪，可有效適用電解削銳。另一方面，非導體薄膜並非那樣相對增加許多，故在鏡面研削上大概期待 50 倍稀釋率，而在高效率研削上，則採用 30 倍稀釋率的使用方法吧！

15.4 CBN 磨輪對石英玻璃的 ELID 鏡面研削

有關石英或玻璃系材料的 ELID 鏡面研削方面，至今與其它許多硬脆材料一樣，皆採用鑽石磨輪。儘管硬脆材料一詞而言，其材質分多方面，研削也有容易的或困難的，然而並非如陶瓷般難削材的玻璃來說，適用鑽石磨輪此點，事實上可說始終並無明確的理由。因此，本實驗乃嘗試以鑄鐵黏結 CBN 磨輪來對石英作 ELID 鏡面研削，並與鑽石磨輪的加工表面粗度作比較。

(1) 實驗條件

加工機：往覆式平面磨床 GS-CHF，2.2kW(黑田精工公司)

　　　　ELID 專用電源裝備(90V，10A)

磨　輪：鐵系黏結鑽石(ϕ 150mm ×W10mm 平直形)

　　　　SD6000N100M：鑽石磨輪

　　　　CB8000N25M：CBN 磨輪

電　極：紅銅電極面積 1/6，間隙 0.1mm

條　件：迴轉數 900min^{-1}(電解削銳時)，1800min^{-1}(研削時)

　　　　進給速度 f=20m/min，進刀深度 d=1~0.54 μ m

　　　　橫進間距 p=0.8mm

　　　　電解條件 Eo=60V，Ip=10A， τ_{on} 、 τ_{off} 各 20 μ s

　　　　純矩形脈衝波形，電解時間 30min

研削液：Noritake cool AFG-M(Noritake 公司)

　　　　自來水稀釋 50 倍(日本東京都板橋區)

(2) 實驗結果

　　圖 15.10 顯示各磨輪的 ELID 研削表面粗度。使用#6000SD 磨輪可得 164nmRy 或 21nmRa，而選用#8000CBN 磨輪，可得 45.5nmRy 或 6.6nmRa 之值。這些差異大約 3 倍，可知極大。

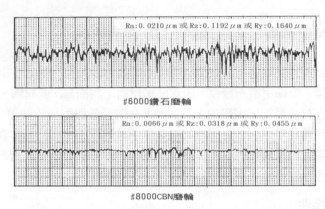

圖 15.10 鑽石、CBN 鑽石對石英的 ELID 研削面

　　本實驗所用鑽石磨輪與 CBN 磨輪各為#6000、#8000，粒度不一致，因為粒度差異可得以上明確效果，大概可理解吧！**相片 15.3** 顯示所加工樣本的外觀。此外，CBN 磨輪施行鏡面研削時，CBN 磨粒前端與鑽石磨粒比較，一般認為從效果上可以發現容易平坦化，而且實際進刀量低落。此作為 ELID 鏡面研削秘訣之一，是可寄望大大地活用。

相片 15.3 #8000CBN 磨輪對石英的 ELID 研削表面

15.5 ELID 研削實用上的各種試製及開發事例

　　最後，針對無法解說的幾個試製及開發事例，予以介紹。**相片 15.4** 係搭載在切削中心等機器上而可迴轉驅動、傾斜工件的迴轉式工作台〔**相片 15.4(A)**〕及由此對電鑄模具公模的 ELID 研削之例〔**相片 15.4(B)**〕。**圖 15.11** 顯示深凹面施予 ELID 研削刀具開發之例，係使磨輪主軸傾斜，以避免與工件外周干涉。包含如**相片 15.5** 所示簡易型分力計在內而希望依用途開發其周邊機器、裝置。

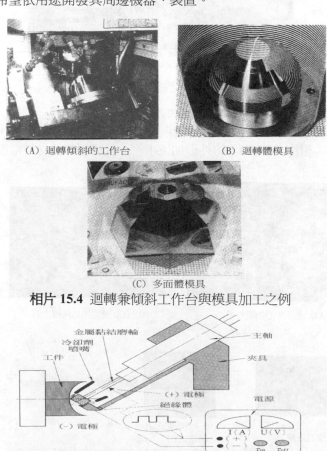

(A) 迴轉傾斜的工作台　　　　　　(B) 迴轉體模具

(C) 多面體模具

相片 15.4 迴轉兼傾斜工作台與模具加工之例

圖 15.11 深凹面加工用 ELID 研削刀具 (45°傾斜)

(A) 簡易型分力計（左）與常用型分力計（右）

(B) 簡易型分力計近景

相片 15.5 簡易型分力計開發例

　　相片 15.6 係在車削中心〔**相片 15.6(A)**〕上進行燒結鑽石 PCD 螺旋端銑刀〔**相片 15.6(B)**〕的外形加工事例。就切削刀具材料常用燒結鑽

(A) 車削中心加工外徑

(C) PCD 車刀加工溝槽之例

PCD 部位

超硬部位

(B) 附刀刃後的 PCD
螺旋端銑刀

(D) PCBN 加工溝
槽之例

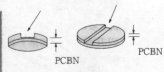

PCBN

PCBN

相片 15.6 鑽石、CBN 刀具加工之例

石〔PCD 車刀：**相片 15.6(C)**〕或燒結 CBN〔**PCBN：相片 15.6(D)**〕而言，有待高效率 ELID 研削技術的確立。

此外，作為 ELID 研削高效率化一法而言，係透過內輪與外輪配上不同粒度磨輪的 2 重式磨輪，使用同軸進行粗加工與鏡面加工方式(**相片 15.7**)。就輪廓加工來說，藉附加截波動作(chopping)而試圖磨輪磨耗量均一化方式，現正在工模磨床施行 ELID 研削之事例(**相片 15.8**)。

(A) 2 重式磨輪

(B) 加工模樣
（內輪與外輪分別使用不同粒度的磨輪）

相片 15.7 2 重式磨輪施行(縱進)ELID 研削

(A) 機器全景

(B) ELID 部位放大

相片 15.8 ELID 工模磨床施行鏡面研削裝置之例
(3GCN，三井精機工業公司)

　　圖 15.12 顯示至今所培養 ELID 研削技術體系圖概要。雖然介紹不完事例仍多，不止於此處解說過的基礎研究及應用開發、適用事例，ELID 研削法現今正由相關國內外許多研究者、技術者夜以繼日地研究進展當中。再者近年來，新式應用的研發或新加工原理發明、應用研究等等，不斷進步擴展，作為 21 世紀初的新時代加工系統，更進一層期望實用化。有關此新技術開發與應用展開，若有機會的話，將予以解說。

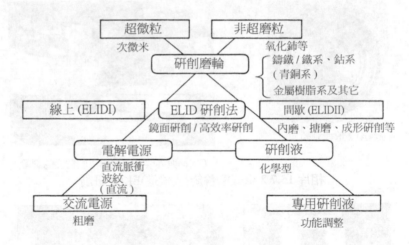

圖 15.12 ELID 研削技術體系圖概略

　　藉此篇幅，再度感謝共同研究者各位前輩以及懇切指導的諸位先進，同時就至今活動給予莫大支援的關係企業，特別是參與 ELID 研削研究會同時推進研究開發的會員企業各位專家，由衷一併感謝。

索 引

1 畫

2 畫

3 畫

4 畫

5 畫

6 畫

7 畫

8 畫

9畫

10 畫

11 畫

12 畫

14 畫

15 畫

16 畫

19 畫

21 畫

22 畫

23 畫

25 畫

國家圖書館出版品預行編目資料

ELID 鏡面研削技術 / 大森整原著；黃錦鐘編譯.
-- 初版. -- 臺北市：全華，2006[民 95]
　面； 公分
含索引
譯自：ELID 研削加工技術基礎開発から実
用ノウハウまで
ISBN 978-957-21-5591-2(平裝)

1. 磨削機

446.895　　　　　　　　　　　95020631

ELID 鏡面研削技術

ELID 研削加工技術
基礎開発から実用ノウハウまで

原出版社	株式会社　工業調査会
原　著	大森　整
編　譯	黃錦鐘
執行編輯	廖之萍
封面設計	董晶玲
發 行 者	台灣磨粒加工學會
發 行 人	陳本源
出 版 者	全華科技圖書股份有限公司
地　址	104 台北市龍江路 76 巷 20 號 2 樓
電　話	(02) 2507-1300　(總機)
傳　眞	(02) 2506-2993
郵政帳號	0100836-1 號
印 刷 者	宏懋打字印刷股份有限公司
圖書編號	10330
初版一刷	2006 年 11 月
定　價	新台幣 500 元
I S B N	978-957-21-5591-2　(平裝)
I S B N	957-21-5591-1　(平裝)

有著作權・侵害必究

全華科技圖書
www.chwa.com.tw
book@ms1.chwa.com.tw

全華科技網 OpenTech
www.opentech.com.tw